Christoph Hoffmann

Schreiben im Forschen

Historische Wissensforschung
Essay

herausgegeben von

Caroline Arni, Stephan Gregory, Bernhard Kleeberg,
Andreas Langenohl, Marcus Sandl und Robert Suter †

1

Christoph Hoffmann

Schreiben im Forschen

Verfahren, Szenen, Effekte

Mohr Siebeck

Christoph Hoffmann, geboren 1963; Studium der Germanistik und Geschichte in Frankfurt a. M. und Freiburg i. Br.; 1995 Promotion; 2004 Habilitation; 2004–10 Co-Leiter der Forschungsinitiative „Wissen im Entwurf" am Max-Planck-Institut für Wissenschaftsgeschichte in Berlin; Herbst 2008 Gastprofessor an der Columbia University, New York; seit 2010 Professor für Wissenschaftsforschung an der Universität Luzern.

Mit Dank an Cornelia Ortlieb, Valérie Bürgy, Monika Nideröst und Kris Decker.

Gedruckt mit Unterstützung der Fritz Thyssen Stiftung für Wissenschaftsförderung in Köln.

ISBN 978-3-16-156320-1 / eISBN 978-3-16-156321-8
DOI 10.1628/978-3-16-156321-8

ISSN 2569-3484 / eISSN 2512-0220
(Historische Wissensforschung Essay)

Die Deutsche Nationalbibliothek verzeichnet diese Publikation in der Deutschen Nationalbibliographie; detaillierte bibliographische Daten sind im Internet über *http://dnb.dnb.de* abrufbar.

Das Buch wurde von Martin Fischer in Tübingen aus der Minion gesetzt, von Hubert & Co. KG. BuchPartner in Göttingen auf alterungsbeständiges Werkdruckpapier gedruckt und gebunden.

Printed in Germany.

Inhalt

Schriftverbundenheit

Kaum etwas wird heute mit mehr Respekt behandelt als Geschriebenes und Gedrucktes. Aushänge, Bescheide, Gesetzbücher, Urteile, heilige Schriften, Urkunden, Kontoauszüge, Zeugnisse, all das und noch vieles mehr genießt eine Autorität, gegen die man mit bloßem Gerede nicht ankommt. Die Wissenschaften machen in dieser Hinsicht keine Ausnahme. Nur was publiziert ist, kann für sich Geltung beanspruchen, Publikationen stehen für den Stand des Wissens ein, mehren die Reputation von Forscherinnen und Forschern und dienen zur Einschätzung ihrer Arbeit. So unterschiedlich es im Einzelnen zugeht, am Ende läuft alles unweigerlich auf Aufsätze, Bücher oder mindestens ein Arbeitspapier hinaus. Näher besehen ergibt sich allerdings ein etwas anderes Bild. Eine wissenschaftliche Veröffentlichung darf auf keine ehrfürchtige Behandlung hoffen. Nur selten wird das Mitgeteilte umstandslos anerkannt, weit häufiger fortgeschrieben, zurückgewiesen oder selektiv aufgegriffen. Mit dem Hinweis, daß eine Sache da oder dort geschrieben stehe, läßt sich unter Kollegen wenig bewirken. Höchstens wird man in eine Literaturdiskussion verwickelt, aber, niemand, nicht einmal ein Philologe, kann mit dem Finger auf eine Textstelle deutend irgendeine Diskussion beenden. Papier ist geduldig, Aussagen lassen sich drehen und wenden, wie man will, jeder Satz kann Fragen aufwerfen, unverrückbare Fakten werden auf diesem Weg nicht geschaffen.

Die Situation ist durchaus komisch: Ständig wächst die Zahl der Veröffentlichungen und doch weiß jeder, daß sich mit keinem Wort irgend eine Angelegenheit endgültig erledigen läßt. Mit diesem Zustand korrespondieren zwei Haltungen zum Publizieren. In den Natur- und in vielen Teilen der Sozialwissenschaften wird die Sache als ein technischer Akt begriffen. Ist der Zeitpunkt gekommen, geht man ans Zusammenschreiben; *write up the research*, wie es im Englischen heißt. Die zugehörigen Publikationsformate sind passend standardisiert. Einen Aufsatz für ein Fachzeitschrift zu schreiben, bedeutet heute eine Reihe von Rubriken zu bedienen: Zusammenfassung, Einleitung, Methoden, Ergebnisse, Diskussion. Variationen sind möglich, aber im Großen und Ganzen gleicht der Vorgang dem Abarbeiten eines Schemas; ohne daß damit gesagt werden soll, daß es sich um eine triviale Tätigkeit handelt. Im Gegenteil: Einen Artikel zu schreiben, gilt als eine Kunst für sich.

Die Verhältnisse in den Geisteswissenschaften werden hingegen davon bestimmt, daß Schreiben dort als Ausweis der Forscherpersönlichkeit gilt. Von der Seminararbeit über die Dissertation bis zur Habilitationsschrift vollziehen sich spätestens seit dem 19. Jahrhundert akademischer Werdegang und wissenschaftlicher Auftritt in der Abfassung von Texten.[1] Schreiben bezeichnet in den Philologien, in Philosophie und Geschichtswissenschaft mehr noch als eine Tätigkeit eine Existenzweise. Man lebt eingetaucht ins Schreiben, legt Wert auf Stil und Witz, schreibt gerade an einem Buch, einem Aufsatz, wie andere an einem Roman arbeiten. Tatsächlich drängt sich der Eindruck auf, daß hier niemand nur „etwas schreibt", sondern mit einer Unterscheidung Roland Barthes' jeder sich als jemand versteht, der „schlechterdings schreibt", dem mit anderen Worten Schreiben zum Selbstzweck wird – auch wenn am Ende bloß ein weiterer Sammelband herauskommt.[2]

Hält man sich nur beim Publizieren auf, dann scheint Schreiben für Wissenschaftlerinnen und Wissenschaftler zwar ohne Zweifel eine wichtige, aber zugleich zwiespältige Aufgabe zu sein. Nun lautet der Titel dieses Buch aber *Schreiben im Forschen* und an einer Veröffentlichung zu arbeiten, bildet darunter nur eine Möglichkeit. So aufgeladen, wie das Publizieren ist, kann dies leicht in Vergessenheit geraten. Fragt man die Akteure, woran sie beim Stichwort Schreiben denken, werden sie mit einiger Sicherheit anfangen, von dem Aufsatz oder Buch zu berichten, an dem sie gerade sitzen. Alles andere, wovon sich in diesem Zusammenhang sprechen ließe, von Laborjournalen bis Lektürenotizen, scheint hingegen nicht der Rede wert zu sein. Vorstellig machen sich diese Schreibereien erst, wenn etwas schief gelaufen ist. Aufschlußreich ist ein Fall, der deutsche Verwaltungsgerichte beschäftigt hat. Aus der Angelegenheit – es ging im Kontext von Betrugsvorwürfen um den Entzug eines akademischen Grades – soll hier nur ein Detail interessieren. Als „prima-facie-Beweis" für ein wissenschaftliches Fehlverhalten gilt demnach schon der Umstand, daß ein Forscher „die Primärdaten seiner Untersuchungen nicht aufbewahrt und die durchgeführten Experimente nicht ordnungsgemäß dokumentiert hat", so daß deren Ergebnisse „nicht nachvollzogen und geprüft werden [können]".[3]

Nimmt man die Richter beim Wort, dann schaffen Aufzeichnungen aus dem Forschungsbetrieb – im Unterschied zu Publikationen – Tatsachen. Gemeint ist damit nicht, daß das Aufgezeichnete in seiner Aussage unstrittig ist. Vielmehr soll ein korrekt geführtes Laborjournal dafür einstehen, daß und wie ein Experiment durchgeführt worden ist. Wo dies nicht der Fall ist, soll man hingegen begründet annehmen dürfen, daß alles frei erfunden ist. Aufzeichnungen aus dem Forschungsbetrieb werden unter dieser Perspektive gleichsam als Abdruck konzipiert: Durch sie wird wiedergegeben, was sich zugetragen hat. Dieses Verständnis paßt recht gut mit der partiellen Amnesie zusammen, die Wissenschaftlerinnen und Wissenschaftler gegenüber ihren Schreibereien während des Forschens zeigen. Zwar kann, wie gesehen, im Zweifel alles von ihnen abhängen, im Alltag werden solche anscheinend bloß reproduktiven Tätigkeiten aber kaum auf Beachtung rechnen dürfen.

Daß ein ordentlich geführtes Laborjournal es gestatten soll, ein Experiment in seinem Ablauf und nach der Plausibilität seiner Ergebnisse zu überprüfen, dürfte allerdings zu optimistisch gedacht sein. Wer derartige Aufzeichnungen gesehen hat, weiß um die Schwierigkeiten, von den Zeichen auf dem Papier auf die Handlungen der Forscher, auf ihre Beobachtungen und ihre Kalküle zurückzuschließen. Frederic Holmes, ein Pionier solcher Rekonstruktionen auf dem Gebiet der Wissenschaftsgeschichte, bemerkt unmißverständlich: „[R]esearch notebooks are not transparent accounts of the progress of an investigator along the historical trajectory".[4] Aufzeichnungen, ob aus Labor, Feld, Archiv oder Bibliothek, unterliegen immer den Besonderheiten des jeweiligen Unternehmens, hängen deshalb stets mit einem lokalen Kontext zusammen und sind in aller Regel nicht für die Nachwelt geschrieben. In solchen Aufzeichnungen bleibt das nicht eigens zu formulierende Hintergrundwissen der Forscher ausgeklammert und ebenso fehlen die kleinen Überlegungen und Anstöße von außen, die erst verstehen lassen, wie man von einem aufs andere gekommen ist. Deutlich wird damit nicht nur, daß schriftliche Aufzeichnungen bestenfalls äußerlich (zum Beispiel durch ihre penible Machart) dazu taugen, für den korrekten Ablauf eines Forschungsunternehmens einzustehen. Deutlich wird auch, daß Schreiben bereits im vermeintlich schlichten Sinne von Dokumentieren keine triviale Tätigkeit darstellt.

Zunächst einmal enthalten Forschungsaufzeichnungen, wie erwähnt, keineswegs Alles, was man zu ihrem Verständnis benötigt. Das tatsächlich Aufgezeichnete schiebt sich derart zwischen das Forschungsgeschehen in seiner ganzen Mannigfaltigkeit und den Leser, der auf dieses Geschehen zurückschließen will. Ist der Leser identisch mit dem Schreiber der Aufzeichnungen, wird dieser Umstand nicht weiter in Erscheinung treten, weil das Fehlende quasi automatisch in Gedanken ergänzt wird. Aber auch in diesem Fall muß man manchmal feststellen, daß ein wichtiger Punkt vergessen gegangen oder daß einem der Sinn der eigenen Worte rätselhaft geworden ist. In solchen Momenten werden die Aufzeichnungen zu einem veritablen Hindernis. Man kommt nicht weiter, muß vielleicht einen Versuch wiederholen oder noch einmal in ein bestimmtes Archiv fahren. Es wäre aber falsch, dem Schreiben im Forschen ausschließlich unter der Perspektive der Störung oder des Mangels eine Rolle im Erkenntnisprozeß zuzugestehen. Lücken und Unverständliches sorgen nur dafür, daß der Vorgang der Aufzeichnung als eigener Umstand des Forschens unübersehbar hervortritt. Wenn in einem Versuchsprotokoll bestimmte Details fehlen, mag dies eventuell der Schludrigkeit des Schreibers geschuldet sein. Zugleich liegt aber auf der Hand, daß auch jedes vollkommen kunstgerechte Protokoll nur einen mehr oder weniger umfangreichen Auszug des gesamten Geschehens liefern kann; eine restlose Verschriftung ist schlicht unvorstellbar. Diese Verknappung beunruhigt niemanden, sie ist sogar notwendig. Ein Versuchsprotokoll, das ohne Einschränkung alles nur Erdenkliche in sich aufnimmt, würde seinen Zweck verfehlen; geht es doch darum, das jeweils Wichtige aus der Unzahl möglicher Vorgänge und Erscheinungen herauszufiltern.

Von solchen und anderen epistemischen Effekten des Schriftgebrauchs im Forschungsprozeß wird dieses Buch handeln. Ich werde dafür in die Welt all jener Schreibereien eintauchen, die im Forschen vorkommen und an der Entstehung von Erkenntnissen teilhaben. Allerdings ist es nicht meine Absicht, eine vollständige Übersicht über alle Verwendungen von Schrift im Kontext von Forschungshandlungen zu liefern. Ebenso wenig kann dieses Buch eine Geschichte des Schreibens im Forschen bieten. Letzteres würde zuallererst verlangen, daß man sich gegenüber großen Bögen und bruchlosen Entwicklungsgeschichten vorsichtig verhält. Selbst ein ubiquitäres Format wie das Exzerpt, das nach Bezeichnung und Technik schon über eine lange Zeit recht stabil zu sein scheint, gewinnt je nach den lokalen Umständen deutlich abweichende Funktionen. So reagiert Johann Joachim Winckelmann mit seiner „höchst persönlichen, handgeschriebenen Bibliothek" auf den Umstand, daß zur Mitte des 18. Jahrhunderts Bücher Luxusware sind und der Einlaß in zumeist private Bibliotheken keine Selbstverständlichkeit ist.[5] Noch vor jedem weiteren Kalkül bilden die vielen 1000 in seinen Heften gesammelten Exzerpte zur Geschichte der Künste eine Versicherung gegen die Unwägbarkeiten der Literaturversorgung. Wer sich hingegen heute durch seine Kopienstapel oder durch die PDFs auf dem Rechner pflügt, wird genau umgekehrt das Exzerpt vornehmlich dazu benutzen, die Textmasse auf das Wichtigste einzudampfen. Nicht die begrenzte Verfügbarkeit von Literatur instruiert hier den Gebrauch des Exzerpts, sondern das für ihre Verarbeitung zur Verfügung stehende Zeitbudget. Heute schreiben höchstens noch die Besucher von Rara-Lesesälen ellenlange Exzerpte.

Dieses Buch folgt einem anderen Plan. Statt Übersichten und Entwicklungslinien zu bieten, sollen die mannigfaltigen Leistungen von Schreibvorgängen im Forschungsprozeß schärfer hervortreten. Das Interesse verschiebt sich damit von manifesten Formaten wie dem Exzerpt und materiellen Einheiten wie etwa dem Notizbuch auf die Effekte von Aufzeichnungen im Forschungsprozeß. Dies klingt nach einem verhältnismäßig einfachen Vorhaben, bringt aber die Schwierigkeit mit sich, daß Schreiben dafür in einer Weise in Betracht gezogen werden muß, wie dies üblicherweise nicht der Fall ist. Die Probleme beginnen damit, daß wir alle inzwischen gewohnt sind zu schreiben, weil es (in der westlichen Welt) jeder in der Schule lernt. Schreibvorgänge fallen mit anderen Worten unter normalen Umständen kaum auf. Oder wie Bruno Latour es formuliert hat: Schreiben ist „so praktisch, so bescheiden, so allgegenwärtig, Händen und Augen so nah", daß es geradewegs der „Aufmerksamkeit entgeht".[6] Es verwundert deshalb um so weniger, daß für Forscherinnen und Forscher das Schreiben meist erst mit dem Schreiben von Publikationen zu einer besonderen Angelegenheit wird; an einem Punkt also, an dem Schreiben die Züge einer mit Sprache arbeitenden intellektuellen Tätigkeit gewinnt.

Diese Art des Schreibens ist kulturell privilegiert. Sie wird traditionell im Genre des Aufsatzes an den Schulen eingeübt, hat im Essay oder dem Vortrag ihre herausgehobenen Exempel und dominiert unterschwellig unseren Begriff vom Schreiben.

Nicht nur in den Wissenschaften kann man beobachten, daß Schreiben landläufig mit dem Ausarbeiten eines Textes gleichgesetzt wird und näher ausgeführt mit der Disposition über Einfälle und Überlegungen mit dem Ziel ihrer sprachlichen Fassung. Der Nebeneffekt einer solchen Auffassung liegt auf der Hand: Die Aufmerksamkeit verschiebt sich von den Umständen und Abläufen des Schreibens hin zu kognitiven Operationen wie Formulieren oder Argumentieren. Wenn dann geschrieben wird, ob mit dem Stift in der Hand oder am Rechner, muß es zwangsläufig so scheinen, als würde nur aufgeschrieben, was sich im Kopf ergeben hat. Dies bildet zum Beispiel die nicht weiter besprochene Voraussetzung der verschiedenen Schreibprozeßmodelle, die eine kognitionspsychologisch aufgerüstete Pädagogik seit den 1970er Jahren entwickelt hat.[7] Ein ähnlicher Befund ergibt sich am anderen Ende der Verwertungskette: Schlägt man einen der zahllosen Ratgeber zum wissenschaftlichen Schreiben auf, wird man schnell entdecken, daß Schreiben dort ebenfalls als Formulieren von Texten und primär als Problem der Disposition behandelt wird. Wird hingegen explizit vom Schreiben im Forschen gesprochen, steht wieder der Dokumentationsaspekt nach den Regeln guter wissenschaftlicher Praxis im Mittelpunkt. Ordentlich geführte „experimental notes", heißt es in einem aktuellen Ratgeber aus dem Feld der Biowissenschaften, „will help you establish that your research has been conducted honestly".[8]

Daß Schreiben im Forschen weit mehr leistet, als Gedanken aufs Papier zu bringen und sich gegen alle Eventualitäten abzusichern, scheint vorsichtig ausgedrückt kein naheliegender Gedanke zu sein. Erst wenn man Schreiben nicht vom Fluchtpunkt des Textes her einzig als Problem des Disponierens und Formulierens versteht und auch nicht bei der reinen Speicherfunktion von Schreiben als Dokumentieren stehenbleibt, kann man beginnen, darüber nachzudenken, zu welchem Zweck und mit welchen Effekten denn sonst noch in den Wissenschaften geschrieben werden könnte. Ein erster Schritt in diese Richtung besteht darin, Schreiben performativ zu verstehen. Analog zu John Austins Überlegungen zu Sprechakten kann man problemlos auch von Schreibakten sprechen.[9] Ein Beispiel hierfür ist die Unterschrift, die man unter einen Vertrag setzt, ein anderes das eigenhändige Testament. In diesen Fällen wird durch Schreiben etwas bewerkstelligt, ein Geschäft abgeschlossen oder über das Erbe verfügt. Hiervon läßt sich eine zweite, enger operative Performanz des Schreibens unterscheiden. Erneut wird durch Schreiben etwas bewirkt, nur ist der Effekt dieses Mal an ein regelhaftes Vorgehen auf dem Blatt gebunden. Alltägliche Fälle sind das Addieren und Subtrahieren von Zahlenkolonnen oder das Anlegen einer Liste. Zur Unterscheidung möchte ich bei solchen Schreibvorgängen davon sprechen, daß durch sie eher etwas behandelt als bewerkstelligt wird, auch wenn Letzteres nie ganz fehlt. Schreiben gewinnt in diesen Fällen den Charakter eines Instruments, mit dem eine bestimmte Leistung verknüpft ist.

Sich für das Schreiben im Forschen zu interessieren, meint im Weiteren, Schreiben nach seinen epistemischen Effekten zu untersuchen. Damit einher geht eine Reihe von Ausschlüssen. Zunächst liefern meine Überlegungen keine Anleitung zum Schreiben im Forschen. Es geht hier nicht um *best practice*, die in dieser Allgemeinheit sowieso nicht beschrieben werden könnte. Weiter wird in diesem Buch nicht jener große Bereich von physiologischen, psychologischen und psychiatrischen Untersuchungen behandelt, in denen Schreibvorgänge als Anzeichen für physische und psychische Prozesse und deren pathologische Veränderungen in Betracht gezogen werden.[10] Schreiben wird in diesem Zusammenhang als eine Praxis begriffen, die, sei es nach der Form des Schriftzugs, sei es nach dem Inhalt der Aufzeichnungen, Daten generiert. Schreiben ist hier nicht Instrument, sondern Gegenstand der Untersuchung. Schließlich wird eine für das Thema des Buches einschlägige Verwendungsweise von Schrift, nämlich das Operieren mit Symbolen und Ziffern in Mathematik und Naturwissenschaften nur beiläufig Berücksichtigung finden.[11] Es handelt sich hierbei um besonders augenfällige Formen instrumentalen Schriftgebrauchs (ein weiteres Beispiel wäre das Schreiben von Programmen), die aber zugleich den Eindruck vermitteln, man habe es dabei mit einem sehr speziellen Vorgang zu tun. Für mein Argument kommt es jedoch darauf an zu zeigen, daß instrumentale Verwendungen von Schrift keinen Sonderfall darstellen, sondern eine ganz gewöhnliche Dimension des wissenschaftlichen Schriftgebrauchs bilden. Die Aufmerksamkeit gilt daher den auf den ersten Blick unauffälligen Schreibereien, mit denen niemand von vornherein eine besondere Leistung verbindet.

Das Buch ist in vier größere Abschnitte gegliedert. Im ersten will ich meinen Zugang zum Schreiben vertiefen. Schreiben auf seine Instrumentalität hin in Blick zu nehmen, wirft die Frage auf, in welcher Weise eine eingespielte Geste überhaupt Effekte entwickeln kann. Mein Vorschlag ist, Schreiben in diesem Kontext als Verfahren zu begreifen. Ich gehe davon aus, daß seine epistemische Leistung mit einem spezifischen Vorgehen verknüpft ist, das sich teils in zeitlichen, teils in räumlichen Ordnungen ausführt. Hieran anschließend werden mit Aufschreiben, Bearbeiten und Publizieren drei Grundszenen des Schreibens im Forschen durchgespielt. Diese Abfolge suggeriert eine gewisse Linearität wissenschaftlicher Schreibvorgänge ausgehend von ersten Überlegungen, Beobachtungen und Erhebungen über die Aufbereitung der im Forschungsprozeß gewonnenen Einsichten bis zur Formulierung der Ergebnisse. Näher betrachtet wird man ein solches schematisches Verständnis kaum durchhalten können. Die Grenzen zwischen Aufschreiben, Bearbeiten und Publizieren verlaufen fließend und was in der einen Szene passiert, wirkt sich auf die anderen aus. Wenn sie dennoch getrennt verhandelt werden, dann um den je eigentümlichen Einsatz der Schrift in diesen Situationen deutlicher hervorzukehren. Zwischen den größeren Abschnitten beschäftige ich mich jeweils mit einem Beispiel instrumentellen Schriftgebrauchs. In diesen Materialstudien verdichtet sich, worum es im folgenden Abschnitt jeweils gehen wird. In ihnen geht es aber auch darum, im Kleinen die Aufmerksamkeiten zu entwickeln, die es braucht, um Schreiben unter der Perspektive seiner epistemischen Effekte in Blick zu nehmen.

Der Korpus an Aufzeichnungen, von dem aus ich argumentiere, ist schmal und heterogen. Im Wesentlichen beziehe ich mich auf Material aus den Nachlässen des Physikers Ernst Mach und des Zoologen Karl von Frisch.

Ebenfalls Eingang finden Überlegungen zu einem Bestand von Sektionsprotokollen und Beobachtungen aus aktuellen Forschungsunternehmen im Bereich der Biowissenschaften. Hinzu kommt die Literatur zu meinem Thema, die inzwischen für einige Aspekte recht umfangreich geworden ist, aber insgesamt immer noch große Lücken aufweist und die hier interessierenden Punkte häufig nur nebenbei bespricht. Zeitlich liegt der Fokus auf der Periode zwischen dem Ende des 19. Jahrhunderts und der Gegenwart, ohne daß die in dieser Spanne stattfindenden Veränderungen in den Formen und Gerätschaften des Aufzeichnens auch nur annähernd eingeholt werden können. Im Vordergrund stehen ferner die Naturwissenschaften und auch hier nur einige Ausschnitte, während die Geistes- und Sozialwissenschaften, nicht zuletzt weil zu diesem Bereich bislang erst sehr wenige Studien vorliegen, nur gelegentlich berührt werden.

Alle diese Lücken und Unausgewogenheiten setzen meinen Überlegungen Grenzen. Weder können sie ohne weiteres auf die Schreibereien in irgendeinem beliebigen Forschungskontext zu jeder beliebigen Zeit übertragen werden, noch deckt dieser Flickenteppich alle denkbaren Verwicklungen des Schreibens in den Erkenntnisprozeß ab. Mir scheinen diese Einschränkungen aber so lange unschädlich, wie es in diesem Buch nur darum geht, die Schriftverbundenheit wissenschaftlicher Unternehmungen eingehender in Betracht zu ziehen. Dieses Wort – Schriftverbundenheit – bezeichnet einigermaßen genau, wie sich für mich das Verhältnis von Schreiben und Forschen im Ganzen darstellt. Ob man nun Beobachtungen festhält, Quellen auswertet, eine Idee einkreist oder die gesammelten Daten durchgeht, jedesmal ist es so, daß

Schreibtätigkeiten dem Forschungsgegenstand Verfügbarkeit und Konkretion leihen. Auf dem Papier (oder jeder anderen Schreibfläche) kann man mit diesen Gegenständen weiter umgehen, sie nach verschiedenen Richtungen entwickeln, Übereinstimmungen zusammentragen und manchmal gewinnen diese Gegenstände dort auch erst sinnliche Präsenz. Schriftliche Verfahrensweisen haben derart Teil an der Formierung der Forschungsobjekte und bilden eine Randbedingung der gewonnenen Einsichten. Nicht alle Fälle sind so schlicht wie der einer Krankenakte, die schon dadurch, was in ihr aufgezeichnet wird – und vor allem was nicht, ihre mögliche Auswertung für klinische Studien steuert. Auch wird sich zeigen, daß Schreibvorgänge am Forschen je nach Kontext und Szene sehr verschieden teilhaben. Insgesamt ergibt sich aber ein Bild der Verbundenheit. Was erforscht wird, ist ins Schreiben eingesponnen.

Von Schriftverbundenheit zu sprechen, hat noch einen zweiten Sinn. Zum Ausdruck kommen soll damit eine Abhängigkeit des Forschens vom Schreiben, ohne daß damit Schrift und Schreiben als Medium und materielles Geschehen diesen Forschungsprozeß restlos beherrschen. Man kann zwar überlegen, ob wir auf andere Phänomene und Prozesse kämen, eine andere Vorstellung von ihnen gewännen und sich vielleicht sogar unser Begriff von wissenschaftlicher Erkenntnis änderte, wenn Forschung in jeder Phase ausschließlich mit Hilfe von Bildern oder Rechenoperationen stattfinden würde. Mangels Beispiel muß dies aber Spekulation bleiben. Bislang fügt sich alles immer noch in irgendeiner Weise in Schrift und Sprache. Abgesehen hiervon scheint mir die Rolle von Aufzeichnungen im Forschungsprozeß besser als ein Eingriff in das Spiel der Möglichkeiten beschrieben. Schriftliche Verfahrensweisen bestimmen nicht im vorhinein, was sich beobachten und denken läßt, sie haben vielmehr an der Strukturierung des Forschungsgegenstands teil, begrenzen die Grundlage weiterer Überlegungen und gehen damit als ein Umstand unter anderen in die jeweils gewonnenen Einsichten ein. Diese abstrakte Formel einsichtig werden zu lassen, wird die Aufgabe dieses Buch sein.

[1] Vgl. Otto Kruse, The Origins of Writing in the Disciplines. Traditions of Seminar Writing and the Humboldtian Ideal of the Research University, in: *Written Communication* 23 (2006), 331–352; und William Clark, *Academic Charisma and the Origins of the Research University* (2006), Chicago, London 2007, Teil 1, Kapitel 5 und 6.

[2] Roland Barthes, Schreiben, ein intransitives Verb? (1966), in: *Das Rauschen der Sprache. Kritische Essays IV*, übers. von Dieter Hornig, Frankfurt a. M. 2006, 18–28, 25.

[3] *VGH Baden-Württemberg*, Urteil vom 14. September 2011, Az. 9 S 2667/10, Entscheidungsgründe, Absatz 38.

[4] Frederic L. Holmes, Laboratory Notebooks and Investigative Pathways, in: Frederic L. Holmes, Jürgen Renn, Hans-Jörg Rheinberger (Hg.), *Reworking the Bench. Research Notebooks in the History of Science*, Dordrecht 2003, 295–307, 297.

[5] Vgl. Élisabeth Décultot, Theorie und Praxis der Nachahmung. Untersuchungen zu Winckelmanns Exzerptheften, in: *Deutsche Vierteljahrsschrift für Literaturwissenschaft und Geistesgeschichte* 76 (2002), 27–49, 29.

[6] Bruno Latour, Drawing Things Together, in: Michael Lynch, Steve Woolgar (Hg.), *Representation in Scientific Practice*, Cambridge/Mass, London 1990, 19–68, 21. Latour spricht an dieser Stelle außer vom Schreiben auch von Techniken der Visualisierung.

[7] Für eine Übersicht über solche Modelle siehe Deborah McCutchen, Paul Teske, Catherine Bankston, Writing and Cognition. Implications of the Cognitive Architecture for Learning to Write and Writing to Learn, in: Charles Bazerman (Hg.), *Handbook of Research on Writing. History, Society, School, Individual, Text*, New York, London 2008, 451–470.

[8] Aysha Divan, *Communication Skills for the Biosciences. A Graduate Guide*, Oxford, New York 2009, 17.

[9] Vgl. Béatrice Fraenkel, Writing Acts. When Writing is Doing, in: David Barton, Uta Papen (Hg.), *The Anthropology of Writing. Understanding Textually Mediated Worlds*, London, New York 2010, 33–43. Allerdings unterscheidet Fraenkel nicht zwischen Schreibakten, in denen durch Schreiben eine Handlung vollzogen oder angestoßen wird, und Schriftakten, nämlich den performativen Effekten von Geschriebenem, etwa von Verbotstafeln, Verkehrsschildern, Warnhinweisen usw. John Austins Konzept des *speech act* benutzen Karine Chemla und Jacques Virbel, um die performativen Effekte wissenschaftlicher Publikationen herauszuarbeiten. Sie sprechen in diesem Zusammenhang vom „textual act" und vom „discourse act"; siehe Karine Chemla, Jacques Virbel, Prologue. Textual Acts and the History of Science, in: dies. (Hg.), *Texts, Textual Acts and the History of Science*, Cham 2015, 1–46.

[10] Vgl. für einen Überblick Cornelius Borck, Armin Schäfer (Hg.), *Psychographien*, Zürich, Berlin 2005; sowie Barbara Wittmann (Hg.), *Spuren erzeugen. Zeichnen und Schreiben als Verfahren der Selbstaufzeichnung*, Zürich, Berlin 2009.

[11] Vgl. Sybille Krämer, Kalküle als Repräsentation. Zur Genese des operativen Symbolismus in der Neuzeit, in: Hans-Jörg Rheinberger, Michael Hagner, Bettina Wahrig-Schmidt (Hg.), *Räume des Wissens. Repräsentation, Codierung, Spur*, Berlin 1997, 111–122; Bettina Heintz, *Die Innenwelt der Mathematik. Zur Kultur und Praxis einer beweisenden Disziplin*, Wien, New York 2000, Kapitel 4.3; Ursula Klein, Paper Tools in Experimental Cultures, in: *Studies in History and Philosophy of Science* 32 (2001), 265–302; Anouk Barberousse, Dessiner, Calculer, Transmettre. Écriture et Création Scientifique chez Pierre-Gilles de

Gennes, in: *Genesis* 20 (2003), 145–162; Andrew Warwick, *Masters of Theory. Cambridge and the Rise of Mathematical Physics*, Chicago, London 2003, Kapitel 3; Claude Rosental, *Weaving Self-Evidence. A Sociology of Logic* (2003), übers. von Catherine Porter, Princeton, Oxford 2008. Zur Arbeit von Mathematikern an der Wandtafel: Michael J. Barany, Donald MacKenzie, Chalk. Materials and Concepts in Mathematics Research, in: Catelijne Coopmans, Janet Vertesi, Michael Lynch, Steve Woolgar (Hg.), *Representation in Scientific Practice Revisited*, Cambridge/Mass, London 2014, 107–129.

Systematische Sudelei

Das Ideal der unbefleckten Buchseite ist eine neuere Erscheinung. Erst seitdem Leihbibliotheken die Regel sind und Bibliothekar ein Beruf, gelten Randnotizen uneingeschränkt als regreßpflichtige Schmiererei.[1] In früheren Tagen war man weniger zimperlich. Über die gelehrte Praxis zu Zeiten des Humanismus berichtet Anthony Grafton:

„Representations of work in the library during this period consistently show the most learned readers defacing the books in front of them, with a zeal that would horrify any modern librarian, as part of a systematic effort to excavate every bit of marrow from what now look like the dry bones of Latin erudition."[2]

Ausgestorben sind solche Umgangsweisen nicht, nur werden sie heute als äffischer Mangel an Kultur begriffen.[3] Um so bemerkenswerter ist es, daß Martin Heideggers Randnotizen zu Ernst Jüngers Schrift *Der Arbeiter* (1930) vollständig ediert worden sind. In Band 90 der Gesamtausgabe, der Heideggers Auseinandersetzung mit Jüngers Positionen gewidmet ist, füllen sie 100 Druckseiten.[4] Zwar nehmen die jeweils mitgegebenen Bezugsstellen aus *Der Arbeiter* den meisten Platz ein, diese herausgerechnet machen die Notizen aber immer noch etwa ein Drittel der Textmasse aus. Noch eindrücklicher ist ein Blick in Heideggers Handexemplar: Gelegentlich verschwindet Jüngers Schrift fast vollständig hinter den Anstreichungen und hineingekritzelten Bemerkungen. Mit dem beigegebenen Faksimile hat der Herausgeber ein besonders prächtiges Beispiel ausgewählt (Abb. 1), aber hält man sich an die Edition, müssen viele Stellen im Buch ähnlich aus-

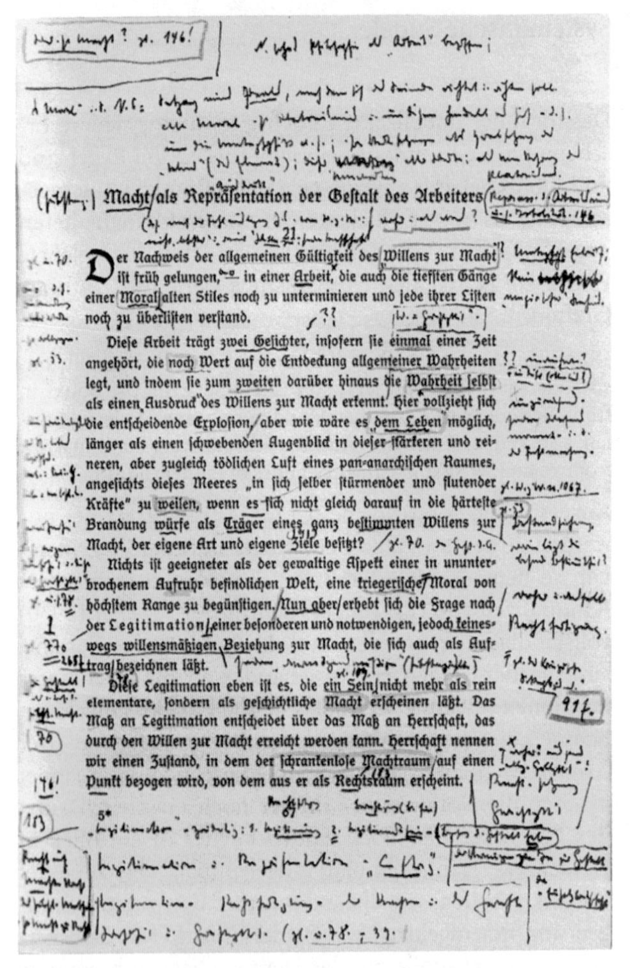

Macht als Repräsentation der Gestalt des Arbeiters

Der Nachweis der allgemeinen Gültigkeit des Willens zur Macht ist früh gelungen, in einer Arbeit, die auch die tiefsten Gänge einer Moral alten Stiles noch zu unterminieren und jede ihrer Listen noch zu überlisten verstand.

Diese Arbeit trägt zwei Gesichter, insofern sie einmal einer Zeit angehört, die noch Wert auf die Entdeckung allgemeiner Wahrheiten legt, und indem sie zum zweiten darüber hinaus die Wahrheit selbst als einen Ausdruck des Willens zur Macht erkennt. Hier vollzieht sich die entscheidende Explosion, aber wie wäre es dem Leben möglich, länger als einen schwebenden Augenblick in dieser stärkeren und reineren, aber zugleich tödlichen Luft eines pan-anarchischen Raumes, angesichts dieses Meeres „in sich selber stürmender und flutender Kräfte" zu weilen, wenn es sich nicht gleich darauf in die härteste Brandung würfe als Träger eines ganz bestimmten Willens zur Macht, der eigene Art und eigene Ziele besitzt?

Nichts ist geeigneter als der gewaltige Aspekt einer in ununterbrochenem Aufruhr befindlichen Welt, eine kriegerische Moral von höchstem Range zu begünstigen. Nun aber erhebt sich die Frage nach der Legitimation einer besonderen und notwendigen, jedoch keineswegs willensmäßigen Beziehung zur Macht, die sich auch als Auftrag bezeichnen läßt.

Diese Legitimation eben ist es, die ein Sein nicht mehr als rein elementare, sondern als geschichtliche Macht erscheinen läßt. Das Maß an Legitimation entscheidet über das Maß an Herrschaft, das durch den Willen zur Macht erreicht werden kann. Herrschaft nennen wir einen Zustand, in dem der schrankenlose Machtraum auf einen Punkt bezogen wird, von dem aus er als Rechtsraum erscheint.

5*

Abb. 1: Martin Heidegger überschreibt Ernst Jünger.
Seite 67 aus Martin Heideggers Handexemplar
von Ernst Jüngers Schrift *Der Arbeiter.*

sehen und tatsächlich gibt es kaum eine Seite, für die gar keine Lektürespuren vermerkt sind.

Was ist hier zu sehen? Nach dem Klappentext von Band 90 vermittelt das Faksimile „einen unmittelbaren Eindruck des genauen Lesens."[5] Man möchte dem nicht grundsätzlich widersprechen, präziser gesagt gewinnt man aber keinen „unmittelbaren Eindruck" von Heideggers Lektüre, sondern sieht sich ausschließlich mit ihren graphischen Auswüchsen konfrontiert. Lesen hinterläßt anders gesagt notorisch wenig direkte Spuren: Man kann Augenbewegungen verfolgen und Ausleihkarteien auswerten, darüber hinaus bleibt aber von diesem Vorgang kaum mehr übrig als aufgebrochene Buchrücken, umgeknickte Ecken, Krümel im Falz, Kaffeeflecken und vom Befingern schweißig aufgewellte Seiten. Anstreichungen, Einkreisungen, Fragezeichen, Seitenverweise und Kommentare zeugen hingegen nicht vom Lesen selbst, sondern von der Verarbeitung des Gelesenen. Sie folgen dem Lesen auf dem Fuß, resümieren aber nicht einfach das Gelesene und die Gedanken, die sich bei der Lektüre ergeben haben, sondern schaffen – mit Roland Barthes' Wendung – wortwörtlich einen „Lese-Text".[6] Auf die Frage, was hier zu sehen ist, lautet die Antwort demnach zunächst: Zwei Texte, nämlich ein Drucktext und ein Text, der aus Markierungen sowie handschriftlichen Bemerkungen besteht und zum Drucktext in Konkurrenz tritt.

Auch wenn das Gewimmel auf der Seite reichlich undurchdringlich erscheint (die Transkription muß eine Herkulesarbeit gewesen sein), ist Heidegger bei der Produktion seines Lese-Texts keineswegs planlos vorgegangen. Zunächst kann man eine Logik des Raumes ausmachen: Randbemerkungen beziehen sich auf nebenstehende Textstellen oder werden mit Textstellen durch ein verweisendes Zeichen verkoppelt. Allgemeines – zum Beispiel „Was ist Macht?“, oben links – wird an den Kopf der Seite gesetzt. Diese Regeln lassen sich leicht erschließen und eigentlich erschließen wir sie gar nicht, sondern gehen bei der Betrachtung der Seite bereits von ihnen aus; es handelt sich um übliche Vorgehensweisen. Ähnliches gilt für Heideggers Repertoire von graphischen Markierungen. Auch dieses bereitet keine Überraschungen: Abgesehen von Verweiszeichen und Trennlinien, die bei der räumlichen Strukturierung der Kommentare helfen, wird mit verschiedenen Farben und Formen von Hervorhebungen gearbeitet. Neben der hauptsächlich verwendeten schwarzen Tinte kommen ein roter, ein gelber und ein grüner Buntstift zum Einsatz, außerdem werden Wortgruppen und einzelne Worte teils unterstrichen, teils eingerahmt. Es ergeben sich daraus acht Kombinationen, die alle mindestens einmal auf der Seite wiederzufinden sind.

Weniger offenkundig ist, ob jede Kombination auch tatsächlich für separate Aspekte des Lese-Texts einsteht, ob also rote Unterstreichungen und Einrahmungen etwas anderes signalisieren als gelbe, grüne oder schwarze, und ob Unterstreichungen und Einrahmungen für Heidegger je verschiedene Bedeutung besaßen. Im nachhinein läßt sich das kaum mehr entscheiden. Vielleicht, wenn man sich die Mühe machte, das Exemplar ganz durchzugehen, würde sich durch bloße Häufung allmählich ein Prinzip andeuten, aber selbst dann bewegte man sich im Bereich der Spekulation.[7] Für mein Argument kommt es aber nicht darauf an, daß ich heute sagen kann, wofür beispielsweise eine rote Einrahmung steht (und ob sie für etwas anderes steht als eine gelbe Einrahmung), sondern nur darauf, daß alles, was wir summarisch als Anmerkungen bezeichnen, in ein systematisches Vorgehen eingebettet ist. Die Bedeutung der einzelnen Elemente mag sich uns verschließen, daß sie aber nicht alle dieselbe Bedeutung besitzen, wird man voraussetzen dürfen.

Über die Regeln, denen Heidegger folgt, läßt sich nur mutmaßen. Sehr wohl studieren läßt sich hingegen der unmittelbare Effekt seiner Kommentare und Hervorhebungen. Nicht nur tritt der Lese-Text in Konkurrenz zum Drucktext und schiebt sich in der Aufmerksamkeit des Betrachters vor ihn. Dieser Lese-Text gibt dem Drucktext auch eine neue Ordnung. Der ursprüngliche Fluß der Sätze wird vielfach unterbrochen, einzelne Worte gewinnen gegenüber anderen an Gewicht, Kommentare lassen den Raum zwischen Überschrift und Text sowie zwischen den Absätzen verschwinden und füllen die Ränder fast vollständig aus. Insgesamt geht mit der Zerstörung des ursprünglichen Druckbilds zugleich eine physische Aneignung und intellektuelle Überwältigung des Textes einher. Jüngers Buch verwandelte sich unter der Hand in Heideggers Buch. Nach der Bearbeitung stand nicht mehr länger im Mittelpunkt, was sich der Verfasser an dieser oder jener Stelle gedacht haben mochte und was ihm besonders wichtig erschien, sondern was der Leser Heidegger für bemerkenswert hielt, welche Verbindungen sich für ihn ergeben hatten (angezeigt unter anderem durch die Verweise auf andere Seiten des Buches) und vor allem was für ihn aus diesem Abschnitt im Weiteren zu lernen war. Drastisch ausgedrückt weidete Heidegger Jüngers Text aus, zerlegte ihn in kleine Happen, sortierte diese nach eigenem Gusto und bereitete so ihre weitere Zubereitung vor.

Das dichte Netz von Hinzufügungen und Hervorhebungen zeitigt zwei Konsequenzen. Erstens gewinnt Jüngers Text eine neue Lesbarkeit, die vorgängig von Heideggers Interessen bestimmt wird. Zweitens gilt dies nicht nur augenblicklich im Moment der Lektüre, sondern auch für die Zukunft. Konfrontiert mit den Handexemplaren der Schriften Kants aus der Bibliothek Friedrich Heinrich Jacobis, einem anderen Philosophen, der mit dem Stift in der Hand seinen Lesestoff zerpflückte, bemerkt Cornelia Ortlieb: „Als ewig zweiter Leser muß man bei der Lektüre des Drucktexts notgedrungen mit dessen Architektonik auch die der Hervorhebungen zur Kenntnis nehmen, zumal dann, wenn diese sich in einer Weise über den Haupttext legen, daß sie ihn beinahe überdecken."[8] Um wie viel mehr aber muß dies für den ersten Leser gelten, der späterhin noch einmal in seinem Buch blättert. Im Falle Heideggers ging die Akzentuierung im Text so weit, daß er sich auf einer leeren Seite sein eigenes Register einrichtete und dies gleich am Anfang des Buchs.[9] Fortan regelten 40 Stichworte, was für Heidegger in *Der Arbeiter* wichtig war.

Es hat eine innere Schlüssigkeit, daß die Herausgeber Heideggers Randnotizen in die Gesamtausgabe aufgenommen haben. Jüngers Schrift wird durch die Kommentare und Hervorhebungen, durch Buntstifte, graphische Markierungen, über die Zeilen gezwängte Bemerkungen und vollgeschriebene Ränder in ein Werk Heideggers verwandelt. Wenn solche Schreibereien gewöhnlich nicht über die Schwelle der Edition geraten, dann wohl deshalb, weil sie in zweifacher Weise als keine eigenständige Leistung begriffen werden. Erstens scheint Lesen für den passiven Nachvollzug und vollständigen Einschluß des Lesers in das Gelesene zu stehen, weshalb zweitens die Hinterlassenschaften der Lektüre im Buch nichts anderes wiedergeben können als das, was dort mehr oder weniger schon steht. Daß diese Hinterlassenschaften im Gegenteil auf den Ausschluß des Verfassers aus seinem Text hinarbeiten und das Gelesene grundsätzlich neu strukturieren, läßt sich in der Auseinandersetzung mit Heideggers Vorgehen erkennen. Nicht immer geschieht dies in derselben Intensität, aber schon ein einzelnes Ausrufe- oder Fragezeichen am Rand hat dieselbe Wirkung.

[1] William H. Sherman, *Used Books. Marking Readers in Renaissance England*, Philadelphia 2008, 156 f. Siehe ferner Katja Stopka, Vernutzt, verstellt, entwendet. Vom ‚ungebührlichen' Umgang des Lesers mit den Büchern, in: Mona Körte, Cornelia Ortlieb (Hg.), *Verbergen, Überschreiben, Zerreißen. Formen der Bücherzerstörung in Literatur, Kunst und Religion*, Berlin 2007, 203–226.

[2] Anthony Grafton, A Contemplative Scholar: Trithemius Conjures the Past (2003), in: *Worlds Made by Words. Scholarship and Community in the Modern West*, Cambridge/Mass, London 2009, 56–78, 65.

[3] Vgl. die bildliche Gegenüberstellung von äffischem und gelehrtem Umgang mit Büchern in einem Archivleitfaden, kommentiert bei Davide Giuriato, Lesen als Kulturtechnik (Annotieren und Exzerpieren), in: Felix Christen, Thomas Forrer, Martin Stingelin, Hubert Thüring (Hg.), *Der Witz der Philologie. Rhetorik – Poetik – Edition. Festschrift für Wolfram Groddeck zum 65. Geburtstag*, Frankfurt a. M., Basel 2014, 314–327, 315 f.

[4] Vgl. Martin Heidegger, *Gesamtausgabe, 4. Abteilung: Hinweise und Aufzeichnungen, Bd. 90: Zu Ernst Jünger*, hgg. von Peter Trawny, Frankfurt a. M. 2004, 303–410. Heidegger besaß Jüngers Schrift in der 3. Auflage, Hamburg 1930, sowie in der 4. Auflage, Hamburg 1941. Ich beziehe mich hier auf die Edition der Randnotizen aus dem ersten Handexemplar. Die weniger um-

fangreichen Randnotizen aus dem zweiten Handexemplar sind vom Herausgeber ebenfalls aufgenommen worden (siehe ebd., 411–433).

[5] Ebd., Schutzumschlag, hintere Innenseite.

[6] Roland Barthes, Das Lesen schreiben (1970), in: *Das Rauschen der Sprache. Kritische Essays IV*, übers. von Dieter Hornig, Frankfurt a. M. 2006, 29–32, 30.

[7] Anhand von Heideggers Arbeitsexemplar der *Briefe über die ästhetische Erziehung des Menschen* von Friedrich Schiller ist eine funktionelle Differenzierung des Farbeinsatzes vorgenommen worden. Schlüsselwörter im Text (Schlüsselwörter für wen?) sollen demnach schwarz und rot markiert worden sein, kritisch in Betracht gezogene Ausdrücke und Passagen gelb; siehe *Ordnung. Eine unendliche Geschichte* (Marbacher Katalog 61), hgg. vom Deutschen Literaturarchiv, Marbach am Neckar 2007, 195.

[8] Cornelia Ortlieb, Anstreichen, Durchstreichen. Das Schreiben in Büchern und die Philosophie der Revision bei Friedrich Heinrich Jacobi, in: Mona Körte, Cornelia Ortlieb (Hg.), *Verbergen, Überschreiben, Zerreißen. Formen der Bücherzerstörung in Literatur, Kunst und Religion*, Berlin 2007, 247–270, 255.

[9] Vgl. Heidegger, *Gesamtausgabe, Bd. 90: Zu Ernst Jünger*, 304–306.

Verfahren

In den Carnets, die Pablo Picasso in der Zeit vor dem Ersten Weltkrieg benutzte, kam es immer wieder zu kleinen Störungen des Entwurfsprozesses. Mal drückten sich Skizzen von einer Seite auf die andere durch, mal hinterließen sie beim Zuklappen auf dem gegenüberliegenden Blatt einen Abdruck. Diese Effekte, eigentlich lästig, gewannen bei Picasso zunehmend „einen operativen Wert".[1] Aus dem Papier als Trägermaterial wurde ein „Überträger", mit dessen Hilfe Spiegelungen produziert und Entwürfe von einer Seite zur nächsten weitergetragen wurden.[2] Gänzlich anders und doch nicht völlig verschieden steht es um die Hefte, die Roland Barthes bei seinen aushäusigen Streifzügen begleiteten. Unterwegs kam es auf Geistesgegenwärtigkeit an, irgendetwas sprang ins Auge und gleich mußte es, „so wie ein Gangster seinen Colt zieht",[3] erlegt werden. Dieser „Schnappschuß" hinterließ im Heft nicht mehr als ein schnell hingeworfenes Stichwort, das zur vollen „Notatio" erst später am Schreibtisch ausgearbeitet wurde, wenn alles, was dann (noch) in der Erinnerung Form gewann, vom Heft auf eine Karteikarte wanderte.[4]

Picassos Carnets und Barthes' Hefte haben mit den Schreibereien der Wissenschaften wenig zu tun. Dafür zeigt sich an ihnen besonders augenfällig, worum es in diesem Kapitel gehen wird. Der Abdruck, den eine Zeichnung unwillkürlich im Skizzenbuch hinterläßt, respektive die Zeitspanne, die zwischen Festhalten im Heft unterwegs und Formulierung zu Hause vergeht, werden nicht als unvermeidlicher Nebeneffekt unwillig in Kauf genommen, sondern ganz im Gegenteil von Picasso und Barthes regelrecht in Dienst gestellt. In der Anfertigung der Skizze ist der folgende Zugriff auf ihren Abdruck impliziert. Beim Notieren werden die Stunden oder Tage zwischen Stichwort und folgender Abschrift nicht als tote Zeit begriffen, sondern bekommen von vornherein im Ganzen des Notizen-machens eine Rolle zugeordnet. Solche Konstellationen habe ich im Sinn, wenn ich im Weiteren von Verfahren spreche. Ein Geschehen – bei Picasso der Entwurfsprozeß, bei Barthes die Arbeit mit Notizen – nimmt die Form eines geregelten Ablaufs an, in dem alle Schritte zusammen „im Raum eines Verfahrens“[5] unter einem Zweck organisiert sind.

Konkretion

Wer sich in wissenschaftstheoretischen Enzyklopädien über den Begriff des Verfahrens informieren möchte, macht eine interessante Entdeckung: In den wichtigsten deutschsprachigen Nachschlagewerken fehlt ein entsprechendes Lemma. Schaut man daraufhin im Index nach, führt die Mehrzahl der Verweise auf den Artikel Methode. Der gesuchte Ausdruck fällt hier sofort in den ersten Zeilen. Methode, erfährt man, bezeichnet wörtlich den „Nachgang im Verfolgen eines Zieles im geregelten Verfahren“, „ein nach Mittel und Zweck planmäßiges (= methodisches, in Schritte gegliedertes) Verfahren“ respektive „eine mehr oder weniger scharf umrissene Verfahrensweise zur Erreichung vorgegebener Ziele“.[6] Diese Definitionen weichen in Nuancen voneinander ab, sie stimmen aber darin überein, daß die Ausdrücke Verfahren und Methode ohne Weiteres synonym gebraucht werden. Zwar gilt die Gleichung nur für „geregelte“, „planmäßige“,

„mehr oder weniger scharf umrissene" Verfahren, diese Einschränkungen erweisen sich aber näher betrachtet als gegenstandslos. Ein ungeregeltes, planloses, konturloses Verfahren bildet einen Widerspruch in sich. Ein Verfahren muß ein Mindestmaß an Regelhaftigkeit, Voraussicht und Gestaltung besitzen, weil es sich sonst gerade nicht *als Verfahren* von anderen Formen des Vorgehens abhebt.

Bei einem Verfahren, das keines dieser drei Merkmale aufweist, handelt es sich nicht um ein Verfahren, sondern um Bricolage. Auch die geschieht nicht ohne Kalkül, nur wird hier ausschließlich mit ad hoc-Kombinationen von Mitteln und Zwecken gearbeitet. „[Die] Regel seines Spiels", so Claude Lévy-Strauss über den Bastler,

„besteht immer darin, jederzeit mit dem, was ihm zur Hand ist, auszukommen, d.h. mit einer stets begrenzten Auswahl an Werkzeugen und Materialien, die überdies noch heterogen sind, weil ihre Zusammensetzung in keinem Zusammenhang zu dem augenblicklichen Projekt steht, wie überhaupt zu keinem besonderen Projekt, sondern das zufällige Ergebnis aller sich bietenden Gelegenheiten ist, den Vorrat zu erneuern oder zu bereichern oder ihn mit den Überbleibseln von früheren Konstruktionen oder Destruktionen zu versorgen."[7]

In der Summe unterscheidet sich das Verfahren von Bastelei dadurch, daß das Vorgehen in irgendeiner Weise fixiert und vorab geplant ist. In diesem Sinne wird ein Verfahren durch Regelmäßigkeit charakterisiert. Es fällt deshalb aber, anders als uns die Enzyklopädien glauben machen, keineswegs unter den Begriff der Methode.

In bestimmter Hinsicht bezeichnen Methode und Verfahren einen maximalen Gegensatz. Methoden gehören in die Welt der grauen Theorie, der Lehrbücher und Einführungsvorlesungen, der *methods section* in Publikationen, des Methodenstreits und der Methodendebatten. Methoden sind Gegenstände der Besprechung und Beschreibung, der Kontroverse und nicht zuletzt des disziplinären Selbstverständnisses (notorisch der Methodenstolz der Sozialwissenschaften). Von Methoden macht man sich einen Begriff, Methoden sind mit einem Wort Diskursobjekte, nämlich Gegenstände der Aussage. Verfahren verlangen hingegen aufgekrempelte Ärmel. Auch sie werden erlernt, aber dies geschieht nicht primär auf dem Weg der Erläuterung, sondern auf dem der Anwendung. Verfahren muß man sich durch Zuschauen, Nachmachen und fortgesetzte Übung aneignen. Verfahren stehen für Formen des Handelns ein. Man kann sie zwar durchaus aufschreiben (in jedem Labor gibt es eine Art Rezeptbuch für bestimmte Vorgehensweisen), aber letztlich kommt es bei Verfahren auf die Umsetzung an. Anders als Methoden sind wissenschaftliche Verfahren nicht allgemeingültig und universal. Im Gegenteil: Wird ein Verfahren um seine Umstände und jeweiligen besonderen Zielsetzungen bereinigt, verwandelt es sich in eine abstrakte Methode. Der Satz: Um Zeichnungen zu reproduzieren, kann man im Skizzenbuch die Linien so fest ziehen, daß sie sich auf die Rückseite durchdrücken, gibt keinerlei Idee davon, wie Picasso diesen Vorgang in seinen Carnets ausgenutzt hat.

Wer über Verfahren und Verfahrensmäßigkeit des Forschens nachdenkt, kann dies nicht vorrangig in abstrakter Form tun. Sobald man von Verfahren spricht, befindet man sich mitten im Bereich der Praxis. Verfahren sind wesentlich Anwendungen und Anwendungen wiederum sind in zweierlei Hinsicht alles andere als trivial. Erstens bedeutet etwas anzuwenden nicht einfach, gegebene

Kenntnisse, ein Instrument oder einen Zusammenhang von Tätigkeiten bei der Lösung eines Problems zu übernehmen. Vielmehr müssen Kenntnisse, Instrumente und Tätigkeiten auf das Problem hin neu abgestimmt werden. Das geht mit Abwandlungen und Hinzufügungen einher, gleicht in bestimmten Phasen einer Improvisation und damit fast einer Bastelei. Zweitens steht das Verfahren als Anwendung für die Realisierung von Absichten und Vorhaben ein. Barthes notierte nicht einfach vor sich hin. Vielmehr bildeten Heft, Karteikarte und die Zeitspanne, die zwischen Stichwort und Ausformulierung verging, einen Filter, durch den hindurch die Welt Bedeutsamkeit gewann. Notieren hieß für Barthes zu akzentuieren.

Mit meinem Verständnis des Verfahrens schließe ich an Überlegungen Martin Heideggers in seinem Vortrag *Die Zeit des Weltbilds* (1938) an. Forschung als das Kennzeichen neuzeitlicher Wissenschaft wird dort mit dem „Entwurf" von Gegenstandsbezirken gleichgesetzt. Etwas zu erforschen, meint, Natur oder Kultur (Heidegger spricht von Geschichte) unter einen „Grundriß" zu bringen, von dem her sich bestimmt, was an ihnen zum Problem wird.[8] In diesem Zusammenhang kommt dem Verfahren die elementare Aufgabe zu, den jeweiligen Entwurf in Forschungshandlungen zu übersetzen. „Die Wissenschaft", so Heidegger,

> „wird zur Forschung durch den Entwurf und durch die Sicherung desselben in der Strenge des Vorgehens. Entwurf und Strenge aber entfalten sich erst zu dem, was sie sind, im Verfahren. Dieses kennzeichnet den zweiten für die Forschung wesentlichen Charakter. Soll der entworfene Bezirk gegenständlich werden, dann gilt es, ihn in der ganzen Mannigfaltigkeit seiner Schichten und Verflechtungen zur Begegnung zu bringen."[9]

Dem Verfahren kommt damit eine Schlüsselposition zu. Pointiert gesagt: Ohne Verfahren keine Erfahrung. Diese Beziehung wird von Heidegger wiederum als eine dynamische geschildert. Das Verfahren „häuft nicht einfach Ergebnisse an. Es richtet sich vielmehr selbst mit Hilfe seiner Ergebnisse jeweils zu einem neuen Vorgehen ein."[10] Denkt man noch ein Stück weiter, dann gewinnt das Verfahren seine vollständige Ausprägung erst in dem Moment der „Begegnung" mit dem Forschungsgegenstand, sich an diesem herausbildend und durch diesen weiter ausdifferenziert. In der Konsequenz bildet ein Verfahren keinen starren Zusammenhang: Auch wenn die Redeweise eine andere ist, gibt es keine Routine- oder Allzweckverfahren, sondern nur Regelmäßigkeiten, die an die jeweiligen Verhältnisse immer neu anzupassen sind. Insgesamt kennzeichnet Verfahren des Forschens ein zweifacher Akt der Konkretion. Ein Verfahren konkretisiert sich in seiner Ausführung und ist von dieser Ausführung nicht abzulösen. Und ein Verfahren läßt den Gegenstand der Untersuchung konkret werden, schafft einen Zugang zu ihm und schließt den Gegenstand auf. Das zeigt sich nicht zuletzt an Heideggers Randnotizen: Durch Buntstifte, Tinte, Unterstreichungen, Einrahmungen und Kommentare eroberte er sich Jüngers Buch.

Verfahrensmäßigkeit

Das Verfahren, wie es Heidegger beschrieben hat, zählt seiner Funktion nach zu dem, was Hans-Jörg Rheinberger die „technologischen Objekte" des Forschens nennt. Durch sie gewinnt das „Wissenschaftsobjekt" Präsenz: „Sie bilden dessen ‚Fassung' im doppelten Sinne des Wortes:

Sie erlauben, es anzufassen, mit ihm umzugehen, und sie begrenzen es."[11] Mit dem zweiten Punkt geraten wir allerdings über Heideggers Überlegungen hinaus. Denn technologische Objekte führen offenkundig nicht nur die „Begegnung" mit dem Wissenschaftsobjekt herbei, sondern greifen zugleich auch in dessen Entfaltungsmöglichkeiten ein. Sie lassen bestimmte Aspekte eher hervortreten als andere und entscheiden dadurch mit, was im Weiteren am Gegenstand der Untersuchung ins Auge fällt. Dies läßt sich leicht verdeutlichen, wenn man zum Beispiel an Verfahren zur Färbung von Gewebeschnitten in der Histologie denkt. Je nach gewähltem Farbstoff (und einigen weiteren Faktoren) treten verschiedene Strukturen hervor, wodurch wiederum die weitere Untersuchung fokussiert wird. Dieses Beispiel zeigt nicht nur, wie Verfahren ihren Gegenstand umreißen. Mit ihm habe ich auch die Ebene der Analyse gewechselt. Statt, wie Heidegger, unter Verfahren insgesamt den Vorgang der Erschließung eines Forschungsgegenstands zu verstehen, bilden Färbetechniken, wie es in den Wissenschaften üblich ist, jeweils für bestimmte Aufgaben speziell eingesetzte Verfahren.

Was zeichnet Verfahrensmäßigkeit aus? Die Spanne technologischer Objekte reicht von einfachen Werkzeugen wie einer Lupe, über Instrumente und Apparate, etwa Laser und Ultrazentrifuge, bis hin zu komplexen Maschinen wie Sequenzierautomaten oder ganzen Infrastrukturen; man kann dann an Großrechner denken, an Bibliotheken oder Archive. Verfahren scheinen in diesem Kontext zunächst als überschaubare, stabile, eingeschliffene Zusammenhänge von Arbeitsschritten definiert, die teils unter Verwendung von Werkzeugen, Instrumenten und Apparaten stattfinden und teils im Ganzen (etwa im Fall von Sequenzierverfahren) in Maschinen oder (im Fall von statistischen Verfahren) in Rechenprogramme eingelagert sind. Gemeinsames Kennzeichen von Verfahren scheint so betrachtet zunächst, daß sie schrittweise geordnet in der Zeit ablaufen. Dies geschieht, so viel ist schon klar, immer zweckorientiert. An dieser Stelle ergeben sich allerdings zwei Möglichkeiten: Verfahren können in ihrem geordneten Ablauf auf ein bestimmtes Ziel ausgerichtet sein oder sie können in ihrem geordneten Ablauf einer Tätigkeit oder einem Geschehen eine bestimmte Struktur verleihen.

Beispiele für ersteres liefert der Anlagenbau, etwa historisch besonders prominent das Haber-Bosch Verfahren zur Stickstoffsynthese. Das erwünschte Ergebnis steht hier von vornherein fest und instruiert entsprechend die Kombination der einzelnen Verfahrensschritte. Für die zweite Möglichkeit steht das Rechtswesen ein. Verfahren geben in diesem Kontext einem zunächst willkürlich formbaren Geschehen eine fixe Ordnung vor. So muß bei einem Strafprozeß in der Hauptverhandlung die Verlesung der Anklage der Vernehmung des Angeklagten vorhergehen. Selbstverständlich sind rechtliche Verfahren zielorientiert: Am Ende der Hauptverhandlung soll ein Urteil gesprochen werden. Die Strafprozeßordnung legt aber nicht fest, wie dieses Urteil ausfällt, sondern nur auf welchem Weg es erreicht werden muß. Ein Verfahren, so Niklas Luhmann, ist kein Ritual (das auf Wiederholung und Wiederholbarkeit abzielt), sondern ein offenes Spiel: Die „Ungewißheit des Ausgangs ist verfahrenswesentlich."[12] Blickt man auf die Wissenschaften, so sind Laborverfahren in der Regel zielbestimmt: Mit ihnen soll ein vorgegebenes Ergebnis erreicht werden, etwa durch Wahl eines geeigneten Färbeverfahrens ein bestimmter Zelltyp hervorgehoben werden. Statistische Verfahren ähneln hingegen eher einer Struktur: Mit ihrer Hilfe werden Daten in verschiedene Richtungen analysiert, ohne daß das Ergebnis vorab bereits feststeht.

Insgesamt charakterisiert Verfahren, daß eine Reihe von Operationen unter einem Zweck in einen fixen, in der Abfolge nicht beliebigen Zusammenhang gebracht werden. Der Zweck eines Verfahrens besteht entweder in der Erreichung eines vorab festgelegten Ziels oder darin, eine Tätigkeit oder ein Geschehen zu strukturieren. In Verfahren der Forschung können sowohl Stofflichkeiten als auch immaterielle Objekte, etwa Daten, verarbeitet werden. Weiter kennzeichnet Verfahren, daß der prozessierte Gegenstand im Ablauf der einzelnen Verfahrensschritte immer in irgendeiner Weise eine Veränderung oder Verwandlung durchmacht. Am Ende des Verfahrens ist die Lage eine andere als zu Anfang. Schließlich gehört es zum Kern eines Verfahrens, daß es der Sphäre der Ausführung angehört und in Bezug auf Zweck und Gegenstand jeweils eine situative Ausprägung erfährt. Dies alles hält sich im Hintergrund, wenn man in den Wissenschaften von Verfahren spricht, und dies alles beinhaltet Verfahrensmäßigkeit als Kategorie, unter der eine eigene Klasse von technologischen Objekten gruppiert wird. Auf welche Weise aber kann nun Schreiben ein Verfahren des Forschens bilden? Was an ihm ist verfahrensmäßig, wo ist diese Verfahrensmäßigkeit zu lokalisieren und in welcher Weise kommt Schreiben gegenüber einem Forschungsgegenstand Instrumentalität zu?

Instrumentalität des Schreibens I: Widerstand, Stimulanz, Formulierung

Schreiben als Tätigkeit besitzt zunächst selbst Züge eines Verfahrens. Schreiben wird erlernt und dies geschieht, erinnert man sich an den Schreibunterricht, in seiner Ausführung. Dafür müssen zunächst Hand, Schreibgerät und Schreibfläche zueinander in Beziehung gesetzt werden, sie bilden einen Verbund. Im Schreiben sind ferner einige Regeln zu beachten: Die Wörter sind durch einen Leerraum von einander zu trennen, sie sind in einer Schriftlinie anzuordnen, die Schreibfläche wird gewöhnlich in einer vorgegebenen Richtung gefüllt (dazu kommen die sprachlichen Regeln, Grammatik, Zeichensetzung, Rechtschreibung). Der ganze Schreibvorgang findet außerdem in der Zeit statt. Zuerst Geschriebenes schränkt die Zahl möglicher Anschlüsse ein, führt also zu einer Ausrichtung, die primär von syntaktischen und semantischen Vorgaben abhängig ist (obwohl der begrenzte Raum einer Seite mitunter ähnlich in den weiteren Verlauf eines Schreibvorgangs interveniert).

Betrachtet man Schreiben nur auf dieser Ebene, ergeben sich bereits einige mögliche Arten von Instrumentalität. Zuerst kann man an die Materialitäten des Schreibens denken. Unter einer medientechnischen Perspektive stünde zu vermuten, daß Schreibvorgang und Produkte des Schreibens in spezifischer Abhängigkeit zu den verwendeten Schreibgeräten stehen. Einschlägig ist in dieser Hinsicht Friedrich Nietzsches Diktum (das auf ein Stichwort seines ständigen Adlatus Heinrich Köselitz reagiert): „Sie haben Recht – unser Schreibzeug arbeitet mit an unseren Gedanken."[13] Martin Stingelin hat von dieser Überlegung ausgehend angedeutet, daß im Aufmerken auf das Schreibgerät bei Nietzsche nicht zuletzt ein anderer Bezug zur Sprache Raum gewinnt.[14] Weniger klar ist hingegen, in welcher Weise die Materialitäten des Schreibens darüber hinausgehend in einen Gedankengang eingreifen können. Daß Federn kratzen, Farbbänder schmieren und Tastaturen klemmen, daß Schreiben eine körperliche Anstrengung verlangt, ein schlechter Bildschirm ermüdet, die Handschrift nach einer gewissen Zeit unleserlicher wird, das alles bezeichnet zwar wichtige Umstände des Schreibvorgangs, die zum Beispiel dazu führen können, daß sich der Stil verändert, man sich kurz faßt (Nietzsche über seine Schreibmaschine: „Wann werde ich es ueber meine Finger bringen, einen langen Satz zu drücken!“[15]), und begründet hinlänglich, warum man den Schreibgeräten „einen selbständigen Anteil am schöpferischen Produktionsprozeß“ einräumen muß.[16] Der Beitrag der Schreibgeräte wird darüber aber vornehmlich als eine Art Widerstand bestimmt, gegen den angearbeitet werden muß. Offen bleibt hingegen, in welcher Weise die Materialitäten des Schreibens das eigene Nachdenken und Forschen positiv weiterbringen könnten.

Für Vilém Flusser steht fest:

> „Es ist falsch zu sagen, daß die Schrift das Denken fixiert. Schreiben ist eine Weise des Denkens. Es gibt kein Denken, das nicht durch eine Geste artikuliert würde. Das Denken vor der Artikulation ist nur eine Virtualität, also nichts. Es realisiert sich durch die Geste hindurch.“[17]

Auch Flusser legt den Akzent auf den Widerstand, den das Schreiben dem Denken entgegensetzt, wenn auch weiter gefaßt, weil neben den Gerätschaften noch die ganze Dimension der sprachlichen Regeln hinzugenommen wird.

Zugleich lenkt er die Aufmerksamkeit aber auf die zeitlichen Verhältnisse: Schreiben und Denken finden bei ihm im Modus der Koproduktion zusammen. Gedacht wird im und nicht vor dem Schreiben. Schreiben meint nicht, seinen Gedanken freien Lauf zu lassen, sondern ihnen Zügel anzulegen. Man kann sich das zunächst so vorstellen, daß Schreiben das Denken in Gang bringt, etwa indem man etwas vor sich hin kritzelt. Dies zeugte dann gerade nicht von Gedankenlosigkeit, sondern von einem Denken im Leerlauf, das sein Ziel noch nicht gefunden hat. Schreiben gliche hier einem Katalysator: Alternativ könnte man auch zur Zigarette greifen oder zur Kaffeetasse. Schreiben als Stimulanz des Denkens läßt sich aber auch direkter begreifen. Im Vorwort zu *Orion aveugle* (1971) bemerkt Claude Simon:

„Was mich angeht, so kenne ich keine anderen Pfade der Schöpfung als jene, die Schritt für Schritt, das heißt Wort für Wort, durch den Fortgang des Schreibens selbst gebahnt werden.

Bevor ich mich daran mache, Zeichen aufs Papier zu setzen, gibt es nichts außer einem formlosen Magma mehr oder weniger verworrener Empfindungen, mehr oder weniger präziser, angehäufter Erinnerungen und einen vagen – sehr vagen – Plan."[18]

Im Schreiben scheint sich so besehen mehr aufs Blatt zu drängen als zunächst anvisiert. Der Text, könnte man meinen, schreibt sich von selbst voran, aufgeschrieben wird, was sich schreibend ergibt.

Ein Vorbild hierfür bildet die Rede in der Fassung, die sie in Heinrich von Kleists Aufsatz *Über die allmähliche Verfertigung der Gedanken beim Reden* (1807/08) erhalten hat. Hierauf Bezug nehmend vermutet Wolfgang Raible, daß das Sprechen und analog das Schreiben vor allem auf das Denken einwirken, indem sie dazu zwingen, die

Fülle inwendiger Überlegungen in eine lineare Ordnung zu bringen.[19] Das temporäre „bei" wird unter dieser Perspektive in ein instrumentelles „durch" verwandelt. Der behauptete Effekt verbindet sich aber zu Ende gedacht weniger mit dem Schreiben als materieller, physischer Tätigkeit als vielmehr mit der Arbeit der Formulierung. Man könnte es auch so sagen: Weil man zu schreiben oder zu sprechen beginnt, muß man seine Überlegungen sortieren. Schreiben lieferte so besehen wieder nur den Anstoß für Denkbewegungen, ohne diese weiter zu beeinflußen. Bloß daß diesmal nicht das Schreibgerät zum Auslöser wird, sondern das schiere Vorhaben der Artikulation. So bald aber das Formulieren in Gang gerät, kommt dem Schreiben als Tätigkeit keinerlei weitergehende Bedeutung mehr zu. Man schreibt dann doch nur auf, was man denkt.

Raible bezeichnet Schreibvorgänge, die mit der Klärung von Überlegungen einhergehen, als „epistemisches Schreiben".[20] Er schließt damit an die angelsächsische Schreibdidaktik und deren Untersuchungen über die Vermittlung von Schreibfähigkeiten an. Für Carl Bereiter, auf den der Begriff zurückgeht, bildet „epistemic writing" den Schlußpunkt respektive „the culmination of writing development, in that writing comes to be no longer merely a product of thought but becomes an integral part of thought."[21] Wie genau dies stattfindet, bleibt bei Bereiter offen. Bemerkenswert ist aber, daß Schreiben auch in diesem Fall dem Denken beigebunden wird. Als dessen Begleiter zieht es Interesse auf sich. In den entsprechenden empirischen Untersuchungen gerät folgerichtig alles faktisch Geschriebene primär als Supplement von Denkvorgängen in Blick. Notizen werden zum Beispiel als „kognitive Zwischenprodukte" in der Ausformulierung eines Textes behandelt.[22] Wie man aber zu seinen Notizen kommt und was dabei auf dem Blatt passiert, findet keine Aufmerksamkeit. Und noch in einer anderen Hinsicht liefert dieser Zugriff ein sehr einseitiges Bild von der Rolle des Schreibens in Erkenntnisprozessen. Denn was auch jeweils geschrieben wird, im Ganzen betrachtet geht es um die Produktion von Texten. Schreiben führt somit immer von einem Anfangs- auf einen Endpunkt hin und der Prozeß insgesamt geht idealerweise mit einer zunehmenden Schärfung des Gedachten und seiner Organisation in einer stabilen Form einher. Diese Fokusierung ist schon häufiger kritisiert worden, aber selbst wenn man demonstrativ auf der Analyse der faktischen Schreibprozesse besteht, wie das etwa für den literaturwissenschaftlichen Ansatz der *critique génétique* gilt, bleibt dabei immer vorausgesetzt, daß sich in diesen Schreibprozessen – das Adjektiv *génétique* läßt daran keinen Zweifel – etwas entwickelt.[23] Und was wäre das, wenn nicht ein Text?

Wer Schreiben in seinen mannigfaltigen Formen und Funktionen näher kennenlernen will, wird die Orientierung auf den Text als Leitkategorie aufgeben müssen. Natürlich läßt sich, ist die Definition nur weit genug gewählt, auch ein Einkaufszettel als Text analysieren. Das Interesse richtet sich dann aber auf Aspekte, die den besonderen operativen Charakter eines Einkaufszettels, sagen wir im Vergleich zu einem Roman, weitgehend unsichtbar werden lassen. Dasselbe gilt für Schreibvorgänge in den Wissenschaften. Mit etwas Anstrengung mag man alle derartigen Schreibereien als Texte qualifizieren und am Ende läuft zudem, wie wir wissen, alles auf einen Text hinaus. Was dazwischen passiert, geht aber weder in der Publikation auf, noch führt es notwendig auf diese hin.

Richtig verstanden umfaßt epistemisches Schreiben weit mehr als die Komposition von Texten. Vor allem sind Listen, Journale, Protokolle, Tabellen, Randnotizen, Hervorhebungen, Exzerpte usw. aber in viel direkterer Weise im Forschungsprozeß instrumentell wirksam denn einzig als materieller Widerstand des Denkens respektive als Anstoß und Stimulanz von Formulierungsprozessen. Effekte des Schreibens beginnen nicht damit, daß mich das leere Blatt vor meinen Augen dazu zwingt, mir klarzumachen, was ich sagen will. Sie beginnen damit, daß Aufzeichnungsvorgänge die Erfahrung strukturieren und ebenso damit, daß sie Möglichkeiten bereit stellen, Überlegungen anzustellen.

Instrumentalität des Schreibens II: Mit und auf dem Papier

Mit „paperwork“ und „paper tool“ stehen zwei Begriffe bereit, um die Instrumentalität von Aufzeichnungen im Forschungsprozeß zu erfassen. Ungeachtet des gemeinsamen Bezugs auf das Papier als besonderem Kennzeichen der verhandelten Angelegenheiten sprechen sie von deutlich verschiedenen Dingen. Mit „paperwork“ bezeichnet Bruno Latour alle Aktivitäten, die dazu dienen, Aufzeichnungen oder mit seinem Wort Inskriptionen anzuhäufen und in weiteren Inskriptionen – man kann hier zum Beispiel an Karten denken, an Karteien, Tabellen oder Statistiken – miteinander zu kombinieren oder zusammenzuziehen.[24] Im Fokus steht dabei einerseits die Verfügungsgewalt, die man sich auf diesem Wege über die verhandelten Dinge sichern kann: „‚paper shuffling‘ is the source of an essential power“.[25] Andererseits aber die Möglichkeit, durch das Arbeiten mit Aufzeichnungen

Phänomene überhaupt erst untersuchen zu können. Eine Nationalökonomie, bemerkt Latour an einer Stelle, ist schlicht unsichtbar,

> „as long as cohorts of enquirers and inspectors have not filled in long questionnaires, as long as the answers have not been punched onto cards, treated by computers, analyzed in this gigantic laboratory. Only at the end can the economy be made visible inside piles of charts and lists."[26]

In dieser Variante bezeichnet „paperwork" eine Form der Erschließung von wissenschaftlichen Gegenständen durch das Anfertigen, Sammeln und teils schreibende Verarbeiten unter anderem von schriftlichen Aufzeichnungen.

Sich für die Arbeit *mit Papieren* zu interessieren, schließt nicht notwendig ein, daß man sich auch für die Arbeit *auf dem Papier* interessiert. Wie beim Aufzeichnen jeweils vorgegangen wird, bleibt bei Latour weitgehend ausgespart. Erst wenn man mit der Analyse auf diese Ebene wechselt, kann jedoch in den Blick rücken, in welcher Weise Schreiben (und nicht, wie bei Latour, vornehmlich der Umgang mit Schriftgut) im Forschungsprozeß instrumentelle Effekte zeitigt. Genau diese Frage hat Ursula Klein im Sinn, wenn sie chemische Summenformeln – in der heute geläufigen Schreibweise 1813 von Jacob Berzelius eingeführt – als „paper tools" bezeichnet. Für die organische Chemie in der ersten Hälfte des 19. Jahrhunderts macht sie drei Gebrauchsweisen aus. Erstens dienen die Formeln der Darstellung der Zusammensetzung von Stoffen und des Ablaufs von chemischen Reaktionen. Zweitens werden sie zur Interpretation der stattfindenden Prozesse und der resultierenden Produkte benutzt. Drittens werden mit ihrer Hilfe chemische Reaktionen und Zusammensetzungen prospektiv modelliert.[27] Man hat es insofern zunächst mit einem Werkzeug der Sichtbarmachung von nicht direkt beobachtbaren Eigenschaften und Abläufen zu tun. Dann mit einem analytischen Werkzeug, mit dem unklare und unvollständig ablaufende Prozesse im Labor nachträglich auf dem Papier sondiert werden können. Schließlich mit einem heuristischen Werkzeug, das im Durchspielen von Summenformeln nicht zuletzt auf neue Reaktionstypen und Stoffe führen kann.

Wie sich zeigt, geht die Leistung in allen Fällen über die üblicherweise mit Schreiben verknüpfte Fixierung und Wiedergabe von gegebenen Sachverhalten hinaus. Für Klein spielen dabei zwei Merkmale von Summenformeln die entscheidende Rolle: Zum einen besteht zwischen den gewählten Symbolen und den durch sie dargestellten stofflichen Komponenten eine eindeutige Beziehung, zum anderen gelten für ihre Verknüpfung untereinander nur wenige, einfache Regeln.[28] Sie sind deshalb leicht zu handhaben und bewahren gleichzeitig bei ihrer Transformation jederzeit den Bezug auf den Ausgangspunkt. Zu den Eigenschaften des Zeichensystems und seiner „simple manoeuvrability" kommt schließlich noch etwas hinzu, das Klein „graphic suggestiveness" nennt.[29] Gemeint ist damit, daß sich die Arbeit auf dem Papier – wie in einer Art Sog angetrieben von der Logik des Zeichensystems – vom reinen Nachvollzug chemischer Prozesse ablöst und sich in ein eigenständiges regelgeleitetes Durchspielen von Denkmöglichkeiten verwandelt. Reaktionsverläufe und -produkte würden in solchen Fällen, so wie nach Simon das Schreiben den Text schreibt, in den „actual manipulations on paper" Kontur gewinnen.[30]

Bei chemischen Summenformeln handelt es sich um eine sehr spezielle Verwicklung von Schreibvorgängen in

Forschungsprozesse. Klein selbst stellt sie in eine Reihe mit dem Einsatz von mathematischen Formeln und Diagrammen in der theoretischen Physik und bemerkt an einer Stelle unumwunden, daß es sich bei dem Ausdruck „paper tool" um eine Metapher handelt.[31] Das ist sicher richtig, insofern die Leistungen dieses Werkzeugs hauptsächlich mit dem Zeichensystem Summenformel verknüpft sind, während der Beitrag von Stift und Papier sich vornehmlich darauf beschränkt, daß man ohne sie (oder entsprechende Äquivalente) das Werkzeug nicht benutzen kann. Aus demselben Umstand geht aber auch hervor, auf welche Weise Schreiben den Status eines Verfahrens annimmt, in dem Forschungsgegenstände eingefaßt und bearbeitet werden können. Nicht nur in solchen randständigen Verwendungen von Schrift, sondern auch in eher gewöhnlichen Schreibereien kommt es nämlich auf die Regelhaftigkeit an, die sich *im Schreiben* umsetzt. Diese Regelhaftigkeit kann, wie im Falle der Summenformeln, identisch sein mit den Anwendungsregeln eines Zeichensystems, sie kann aber auch wesentlich niederschwelliger mit einer bestimmten Abfolge oder räumlichen Verteilung von Aufzeichnungen einhergehen. Entscheidend ist, daß nicht schon der schiere Akt des Schreibens, mit dem die Zeichen aufs Papier kommen, ein Verfahren der Forschung bildet, sondern die jeweilige besondere Art, wie geschrieben wird.

Ein mittlerweile klassisches Beispiel hierfür liefert die Liste in der Lesart des Kulturanthropologen Jack Goody. „Die Liste", so Goody,

„beruht eher auf Diskontinuität denn auf Kontinuität; entscheidend ist die Plazierung, die Verortung auf der Fläche. Die Liste kann in unterschiedlichen Richtungen gelesen werden, waagrecht und senkrecht, von links oder von rechts, von oben oder von unten her. Die Liste hat einen klar umrissenen Anfang und ein ebenso klares Ende, also eine Begrenzung, eine Art Saum wie bei einem Kleidungsstück. Wichtig ist aber vor allem, daß die Liste dazu anhält, die einzelnen Elemente zu ordnen, nach Anzahl, nach Anlaut, nach Kategorie etc."[32]

Der Ausdruck Liste bezeichnet so besehen eine graphisch, durch Schreiben hergestellte zweidimensionale räumliche Anordnung von Elementen. Der Ausdruck bezeichnet ferner eine bestimmte Form, über die angeordneten Elemente zu verfügen: Sie können nun überschaut werden. Damit verbindet sich wiederum eine Aufforderung: Listen implizieren ihre weitere Bearbeitung, etwa indem ein Element der Liste durchgestrichen wird. Zunächst aber bezeichnet der Ausdruck Liste einen Modus zur Hervorbringung eines spezifischen schriftlichen Gebildes. Wie man eine Liste erzeugt, läßt sich vermutlich nirgendwo nachlesen, dennoch wird man unter einer Menge von Schriftstücken ohne Zögern einige als Listen, andere als Tabellen, wieder andere als Protokolle, Synopsen oder was auch immer bezeichnen können. Eine Liste besitzt mit anderen Worten eine charakteristische Gestalt, die aus einer regelhaften Verteilung von Schriftzeichen auf der Schreibfläche herrührt.

Das Beispiel der Liste zeigt sehr schön, wie durch Schreiben eine Struktur zur Verfügung gestellt wird, in die sich eine Tätigkeit oder ein Geschehen einlagern kann. Dennoch zögere ich, die Liste selbst ein Verfahren zu nennen, weil es dabei nicht allein um die Regelhaftigkeit des Vorgehens geht, sondern auch um die jeweilige situative Verwebung mit einem Zweck. Goody betont, daß es ganz verschiedene Arten von Listen gibt und meint damit nicht verschiedene Erscheinungsbilder, sondern verschiedene Verwendungsweisen.[33] Retrospektive Listen erfassen, was war beziehungsweise zu einem bestimmten Zeitpunkt gegeben ist: Man kann hier an Inventarlisten denken. Prospektive Listen dienen hingegen als Plan für künftige Handlungen: Die Einkaufsliste steht dafür ein oder die Zusammenstellung der Zutaten für ein Rezept. Checklisten wiederum bilden eine Art Mittelding zwischen retrospektiven und prospektiven Listen: Sie fassen zusammen, was in einem bestimmten Zusammenhang, etwa vor dem Start im Cockpit eines Flugzeugs, zu beachten ist (insofern liefern sie ein Inventar) und geben gleichzeitig eine Handlungsanweisung: Alles auf der Liste muß abgearbeitet werden. Bei einigen dieser Verwendungsweisen kommt es auf die Abfolge der Einträge an und entsprechend werden diese eher unter- als nebeneinander aufgeführt werden. Bei anderen ist die Reihenfolge der Einträge von einer impliziten Logik abhängig. Manch einer schreibt sich seine Einkaufslisten nach dem Weg, den man im Geschäft nehmen muß.[34]

Letztlich folgt daraus, daß unter dem Ausdruck Liste recht verschiedene Aufzeichnungen laufen können, die miteinander die Grundstruktur des Vorgehens teilen, nicht aber die Zwecke, denen sie dienen. Unter diesem Vorbehalt kann man die Liste – ohne nähere Spezifikation – ein schriftliches Verfahren nennen (und derselbe Vorbehalt gilt für die Tabelle, das Protokoll, die Synopse). Es besteht aus zwei Schritten: Zunächst dem Auflisten und dann, wie Goody betont, dem weiteren Bearbeiten des Aufgelisteten. Damit einher geht zum einen eine Konkretion: Im Erstellen und weiteren Bearbeiten einer Liste gewinnt eine Tätigkeit oder ein Geschehen eine vorläufige Form, sei es nun ein Einkauf oder, denkt man an Literaturlisten, etwas ambitionierter ein Forschungsantrag. Zum anderen zeigt der Fall der Literaturliste, daß Listen nicht nur organisatorisch, sondern zugleich auch epistemisch wirksam sein können. Dazu braucht es nicht einmal eine Gestaltung der Liste, keine graphischen Zuordnungen, keine Überschriften. Im Extremfall reicht es schon, daß die Elemente als Listeneinträge zusammengefaßt und damit *in Zusammenhang gebracht werden*. Eine Reihe bibliographischer Angaben auf einem Blatt, etwa Luhmann, Latour und Klein, schafft eine Konstellation, in der jede einzelne Angabe von jeder anderen ein wenig eingefärbt wird. Mit drei Namen, neben- oder untereinander gesetzt, wird eine Formation generiert; sie mag noch kaum mehr verkörpern als eine Idee.

Wie erkennt man Schreibverfahren?

Daß durch Schreiben in den Wissenschaften „epistemische Effekte" erzielt werden können, geht leicht über die Lippen.[35] Dabei ist es gar nicht so einfach, sich Schreiben in einer Weise vor Augen zu führen, daß man zu solchen Aussagen kommen kann. Notwendig dafür ist ein „Perspektivenwechsel", der an Schrift und Schreiben, so Sybille Krämer, all jene Aspekte hervorkehrt, „die im Sprachcharakter von Schrift gerade *nicht* aufgehen."[36] Einen Zugang zu den eigenen Leistungen von Schreiben zu gewinnen, heißt deshalb zunächst, Geschriebenes nicht wieder gleich in semantische und syntaktische Einheiten, also in Wörter und Sätze zu verwandeln. Es heißt, kurz gesagt, auf das Lesen Verzicht zu leisten.

Nicht lesen zu dürfen, was da geschrieben steht, ist eine schwer einlösbare Forderung. Als vor gut 15 Jahren die ersten Notizhefte Friedrich Nietzsches im Faksimile mit diplomatischer Umschrift erschienen, ließ Ulrich Raulff seine Besprechung für die *Süddeutsche Zeitung* in der Frage gipfeln: „Wer soll all diese Notate lesen – und vor allem wie? Was kann angesichts dieses ‚Texts' überhaupt noch ‚lesen' heißen?"[37] Der Stoßseufzer ist symptomatisch: Wer einmal Lesen gelernt hat, hat anscheinend unwillkürlich das Bedürfnis, Buchstaben in Fließtext zu verwandeln. Gelingt das nicht, erzeugt das leichte Irritation: „Vielleicht ist dies der Augenblick, das Lesen neu zu lernen", mutmaßt Raulff.[38] Bleibt man diesem Gedanken auf der Spur, müßte man allerdings vorab in Erwägung ziehen, daß Nietzsches Hefte gar nicht zum Lesen im landläufigen Sinn gemacht sind. Es geht in ihnen nicht darum, etwas mitzuteilen. Diese Hefte kennen keinen anderen Adressaten als den Schreiber. Das „Lesen neu zu lernen", verlangt deshalb zunächst, sich nicht mehr länger als Leser zu begreifen, der einen Text Nietzsches vor Augen hat, sondern sich an die Stelle des Schreibers zu versetzen, der seine Hefte füllt.

Auch diese Forderung klingt wenig aussichtsreich, wenn man sich darunter vorstellt, daß im nachträglichen Zugriff auf die Hefte der Schreiber in der Fülle seiner Absichten wieder lebendig werden soll. Zu Händen ist ja meist nicht mehr als Einiges an Schreibereien, die mitnichten umstandslos auf irgendeine zielstrebige Instanz, in diesem Fall den Philosophen Nietzsche, verrechnet werden können. Etwas anders liegen die Dinge allerdings, wenn man die Forderung, sich an die Stelle des Schreibers zu versetzen, der seine Hefte füllt, als Anweisung begreift, den dabei vorkommenden Schreibvorgängen zu folgen. Auch diese sind, sitzt man nicht direkt daneben, nur vermittelt durch die entstandenen Aufzeichnungen verfügbar.

Immerhin beschäftigt man sich unter diesem Zugriff aber weit mehr mit dem, was auf der Schreibfläche manifest geworden ist, als mit dem, was sich erst durch die Buchstaben und Zeichen hindurch Ausdruck verschafft.

Schreiben als Verfahren des Forschens zu untersuchen, bedeutet exakt diesen Standpunkt einzunehmen. Weder gilt die Aufmerksamkeit zuerst dem finalen Ertrag (ein Text, eine Einsicht, eine Idee), noch zuerst dem Produzenten, dem Schreiber, und dem, was er vielleicht sagen will oder sich beim Schreiben gedacht haben mag. Stattdessen steht *das Vorgehen im Schreiben* im Mittelpunkt, so weit es sich aus den Aufzeichnungen und ergänzenden Materialien herleiten läßt. Die Formulierung ist so vorsichtig gewählt, weil viele der Umstände, die sich in Schreibverfahren geltend machen, in den überlieferten Dokumenten direkt keine Spuren hinterlassen. Zum Beispiel war es am Anfang des 20. Jahrhunderts üblich, daß Sektionsprotokolle entweder während der Leichenöffnung einem Gehilfen diktiert oder im nachhinein aus dem Gedächtnis, gestützt auf ein paar Notizen, vom Obduzenten angefertigt wurden. Diese zwei Vorgehensweisen haben erhebliche Konsequenzen für das Protokoll (schon allein mit Blick auf die Zuverlässigkeit des Inhalts), trotzdem ist einem einigermaßen ordentlich abgefaßten Sektionsprotokoll nicht anzusehen, nach welchem Verfahren es angefertigt wurde. Entscheiden läßt sich das erst, wenn man die Organisation der Arbeit im jeweiligen Sektionssaal kennt. Sich im Blick auf die Verfahrensmäßigkeit des Schreibens ein genaueres Bild von den Effekten zu verschaffen, die Schreibvorgängen im wissenschaftlichen Erkenntnisprozeß zukommen, bedeutet also keineswegs, daß man mit weniger Problemen konfrontiert ist, als wenn man dieselben Aufzeichnungen als Zeugnisse für Denkprozesse oder, wie es in der Wissenschaftsgeschichte üblich ist, als Quellen für die Rekonstruktion einer wissenschaftlichen Unternehmung heranzieht.

Die Schwierigkeiten fangen damit an, daß sich Schreibverfahren im Forschungsprozeß keineswegs immer sofort zu erkennen geben. Einfach ist die Situation einzig für solche Typen von Aufzeichnungen, bei denen die Verfahrensmäßigkeit zu ihren offenkundigen Merkmalen gehört. Ich denke hier an das Protokoll oder das Tagebuch, die jeweils fest mit einem bestimmte Procedere verknüpft sind. Das Protokoll verlangt immer nach einem institutionellen Rahmen und wird in diesem Rahmen von vornherein unter der Perspektive angefertigt, daß man zu einem späteren Zeitpunkt darauf zurückgreifen kann.[39] Das Tagebuch wiederum gibt eine Regel des Aufzeichnens schon in seiner Bezeichnung an: Es ist Tag für Tag zu führen, weshalb jeder Tag ohne Eintrag eine merkliche Lücke bezeichnet.[40] Auch weniger formalisierte Typen von Aufzeichnungen sind in ihrer Verwendung fest mit einer Verfahrensmäßigkeit gekoppelt. Das Beispiel der Liste, die ihre weitere Bearbeitung als Aufforderung in sich trägt, wurde bereits erwähnt. Ähnliches gilt für Randnotizen und Unterstreichungen während der Lektüre, die ebenfalls an diese anschließende Handlungen antizipieren. Denkt man noch einmal an Heideggers Umgang mit *Der Arbeiter* zurück, deutet sich hier aber zugleich an, daß die situativen Anpassungen des Vorgehens nicht unbedingt nachvollziehbar sind. Für Heideggers Mix aus Farben und Hinzufügungen gilt dasselbe, was Cornelia Ortlieb den Annotationen Friedrich Heinrich Jakobis attestiert: Sie sind „gleichermaßen idiosynkratisch wie durchsichtig".[41]

Der Eindruck einer Systematik ist unabweisbar, für deren Entschlüsselung bleibt man aber auf Mutmaßungen angewiesen.

Ins Spiel kommt hier, daß Gelehrte und Forscher ihre Schreibereien selten zum Gegenstand von Erläuterungen machen. Warum der Biologe Carl Correns seine Protokolle der Pisum-Versuche so ausführlich angelegt und mit einem breiten Rand versehen hat, findet sich auf keinem der Protokolle und anscheinend auch nirgendwo sonst vermerkt. Es mag in der Botanik um 1900 so üblich gewesen sein, vielleicht folgte er darin seinem Lehrer Carl Wilhelm von Nägeli, vielleicht war es auch Usus in Tübingen, wo Correns damals arbeitete. Entscheidend ist aber, daß es keine Veranlassung gegeben hat, dieses Vorgehen ausdrücklich zu besprechen. Correns wußte, warum er seine Protokolle in der geschilderten Weise anfertigte. Für das Studium von Schreibverfahren hat diese Schweigsamkeit eine systematische Unsicherheit zur Folge. Denn es stellt sich die Frage, ob die Kalküle, die wir zu erkennen glauben, tatsächlich dem Forscher vor Augen gestanden haben. Vielleicht kommt es darauf aber auch nicht an, sofern es nur um die Verfahrensmäßigkeit des Vorgehens geht. Diese muß keineswegs als solche präsent sein, um sich zu realisieren: Tradition, Umgebung, Schulung erklären leicht, wie eine Weise des Aufschreibens befolgt werden kann, ohne dem Schreiber als besondere Art des Vorgehens bewußt zu sein. Gleich ob mit Vorsatz oder unter der Hand ins Werk gesetzt trug die spezifische Gestalt der Pisum-Protokolle – Hans-Jörg Rheinberger hat dies beschrieben[42] – das ihre dazu bei, daß Correns wieder auf jene Regeln der Vererbung stieß, die 30 Jahre früher schon Gregor Mendel mitgeteilt hatte. Intentionalität gehört sicher dazu, wenn eine Sache verfahrensmäßig bearbeitet wird. Man kann sich aber darauf einigen, daß die Absichten, die in einem Vorgehen stecken, für Forscher häufig den Charakter von unwillkürlichen Gewohnheiten annehmen können.

Weil wissenschaftliche Schreibereien selten ihre Regeln explizieren, können wir oft nur Regelhaftigkeiten feststellen, ohne daß sich genau sagen läßt, ob sie bewußt eingesetzt werden, auf wen sie zurückgehen und wie genau sie inhaltlich gefüllt sind. Falsch wäre es allerdings, Schreibverfahren dem Bereich des *tacit knowing* zuzuschlagen. Zwar habe ich vorhin gesagt, daß man wahrscheinlich nirgends auf eine Anleitung zum Schreiben von Listen stoßen wird. Michael Polanyis Leitsatz: „There are things that we know but cannot tell",[43] trifft auf Schreibverfahren aber nicht zu. Nicht nur läßt sich im Prinzip sehr wohl sagen, wie man eine Liste schreibt, Randnotizen macht, ein Protokoll führt usw. In einigen Wissenschaften werden Aufzeichnungsvorgänge auch eingehend thematisiert. Dies geschieht zumeist durch die Formulierung von Empfehlungen und, wie es sich für ein Verfahren gehört, deren Aneignung in der Praxis. Bis heute finden sich in jedem Sektionshandbuch ausführliche Empfehlungen zur richtigen Dokumentation der Befunde und wer sich durch die Vorlesungsverzeichnisse der Berliner Charité blättert, wird entdecken, daß am Anfang des 20. Jahrhunderts jeder Sektionskurs mit Übungen im Protokollieren gekoppelt gewesen ist.

Auf die eine oder andere Weise kennt wahrscheinlich jede Wissenschaft eine Art Standardregime der Aufzeichnung, das im Studium, ob in eigenen Kursen oder durch Nachahmung, eingeübt wird. Zeugnisse davon finden sich in der Erinnerungsliteratur, manchmal im Archiv, wenn man dort auf Vordrucke und Instruktionen stößt, oder heute zum Beispiel in der Ratgeberliteratur für die Anfertigung von Seminar- und Abschlußarbeiten. Schreibverfahren bilden darum sicher kein stilles Wissen, sie werden aber zumeist stillschweigend übernommen und dabei den eigenen Bedürfnissen angepaßt. Mehr noch als ein Schreibverfahren zu erkennen, besteht das Problem deshalb darin, es in seinem spezifischen situativen Zuschnitt zu rekonstruieren. Mehrere parallel zueinander verlaufende Textsäulen, durch Trennlinien in Spalten gefügt, wird fast jede akademisch sozialisierte Person als Synopse identifizieren. Je nachdem, ob man sie in der Philologie zum Textvergleich oder in der Soziologie zur Auswertung von Interviews und Beobachtungsnotizen einsetzt, wird die Synopse aber unter je verschiedenen Zwecken und Stoßrichtungen gebraucht und mit einiger Sicherheit je spezifisch modifiziert.

Grundsätzlich anders liegt der Fall für solche Schreibverfahren, die nicht an eine bekannte Form des Aufzeichnens anschließen, sondern vom Schreiber gleichsam erfunden worden sind. Hier hilft uns kein geteilter kultureller Hintergrund, in einer Schreiberei umstandslos zum Beispiel eine Synopse zu erkennen. Private, privatime Schreibverfahren stechen nicht ins Auge, sie dürften der Aufmerksamkeit sehr häufig entgehen. Stellen wir uns vor, Barthes hätte über das Zusammenspiel von Heft in der Tasche, Karteikarte und Zeitspanne zwischen Notiz und Ausformulierung Schweigen bewahrt. In seinem Nachlaß stieße man dann zwar auf die Hefte und die Karteikarten und begänne man sie abzugleichen, könnte man sich auch verhältnismäßig leicht ausmalen, daß der Inhalt der Hefte in irgendeiner Weise auf den Karteikarten wiederkehrt. Keinesfalls könnte man aber auf die entscheidende Rolle der in diesem Zusammenspiel jeweils vergehenden Zeit kommen. Dafür müßte Barthes schon jedes aufnotierte Stichwort mit Tag und Stunde datiert haben und, noch unwahrscheinlicher, auch jede daraus entstandene Notiz auf der Karteikarte. Man kann demnach Verfahren oder wichtige Elemente davon übersehen, wenn man nicht vom Schreiber selbst darüber belehrt wird. Und ebenso kann die Verfahrensmäßigkeit von Aufzeichnungen überdeutlich zu Tage treten, gleichwohl lassen sich die Regelhaftigkeiten des Vorgehens bestenfalls unter Vorbehalt angeben. Diese Unsicherheit läßt sich nicht beseitigen: Sie insistiert in allem, was sich über Schreibverfahren sagen läßt.

Wie entstehen Schreibverfahren?

In der Frage, wie Schreibverfahren entstehen, ist vorausgesetzt, daß sie nicht von vornherein gegeben sind und nur darauf warten, zur Anwendung zu kommen. Damit ist nicht gemeint, daß die Liste, die Randnotiz usw. einen historischen Entstehungsort besitzen. Dies ist zwar sicher der Fall, auch wenn man das Wann und Wo kaum wird präzis angeben können, mir geht es aber um den Punkt, daß Verfahren ihre Ausprägung im Moment der Anwendung gewinnen. Rüdiger Campe spricht pointiert von „Vorgehensweisen, die sich einspielen, ohne auf eine Methode voraus- oder eine Routine zurückzugreifen."[44] Wie er an Georg Christoph Lichtenbergs Heften zeigt, gerät das Schreiben dort allmählich an und über die Schwelle der Verfahrensmäßigkeit. Vor- und Rückgriffe, die dort sprachlich oder graphisch markiert vorkommen, setzen eine gewisse Verfahrensmäßigkeit des Schreibens voraus: „Denn nur in einem durch Verfahren tatsächlich oder doch der Projektion nach gestalteten Raum kann man auf das zurückkommen, was gesagt ist; oder kann vorausnehmen, was noch zu sagen geblieben ist."[45] Dieses Verfahren entsteht im Gebrauch der Hefte, es entsteht in der Wiederholung und gewinnt hierüber Festigkeit; aber nicht als etwas, das man sich zurechtlegt, sondern als etwas, das sich ergeben hat. „Das Formale am Verfahren", so Campe, „ist nicht wie bei der Methode die Vorschrift, nicht also eine Anweisung und eine Schrift, die *vor* dem Schreiben kommen."[46] Im Falle von Lichtenbergs Heften heißt das, daß diese Schreibereien, anders als ihre heutige Bezeichnung als *Sudelbücher* nahelegt, nicht vorab von dem aus der Buchführung bekannten *waste book* inspiriert sind, sondern Lichtenberg umgekehrt in der Kladde der Kaufleute ein Schema für das findet, was er vorher bereits praktiziert hat.[47] Man könnte sogar vermuten, daß Lichtenberg nicht nur „bemerkt, dass er so schon früher vorgegangen ist",[48] sondern ihm das Verfahrensmäßige seiner Hefte überhaupt erst deutlich wird, als er vom *waste book* hört.

Daß Verfahren sich einspielen, ist sicher keine Besonderheit von Lichtenbergs Heften. In Picassos Carnets begegnet, was einmal als Verfahren in den Dienst genommen werden wird, zunächst als kontingenter Umstand, dem seine Zweckmäßigkeit erst noch abgerungen werden muß. Man kann sich leicht vorstellen, daß Picasso zunächst keineswegs glücklich darüber war, daß sich seine Zeichnungen auf den benachbarten oder folgenden Blättern abdrückten. Dabei ist der Moment, da man mit seinem Vorgehen über die Schwelle der Verfahrensmäßigkeit gerät, nicht unbedingt merklich. Wie Henning Trüper zeigt, verfügte der belgische Mediävist François Ganshof über ein hoch entwickeltes System von Notizzetteln und Dossiers, getrennt für Unterrichtszwecke und Forschungsprobleme. Nichts davon findet sich allerdings unter den frühesten überlieferten Notizen. „Von einer Präfiguration der späteren Verfahrensweisen kann kaum die Rede sein, da keine funktionale Differenzierung feststellbar ist."[49] Das einigende Band zwischen allen Notizen zu allen Zeiten scheint eher ein „strikte[s] Regime der Sparsamkeit" zu sein, das Ganshof jeden Papierfetzen, der ihm in die Hände kam, einer Zweitverwertung für seine akademische Tätigkeit zuführen ließ.[50] Ist das richtig, wäre die Schwelle zum Verfahren in etwa da erreicht gewesen, wo sich angetrieben von dem Hang, nichts ungenutzt zu lassen, unter der Hand eine Zahl von Ordnungs- und Operationsmöglichkeiten eingestellt haben. Auch hier spielte sich demnach das Verfahren über die Zeit ein, indem nach und nach bestimmte Arten von Zetteln – Trüper erwähnt zum Beispiel „Hochzeits- und Todesannoncen" – beim Wiedergebrauch mit bestimmten Zwecken verknüpft wurden.[51]

Nach dem eben gesagten gibt es in der Herausbildung von Verfahren zwei Schwellen. Die eine liegt da, wo sich im Schreiben, teils auch in der Umdeutung von störenden Umständen oder in der Verselbständigung von zunächst anders motivierten Handlungen, Verfahrensmäßigkeiten einschleichen. Die andere Schwelle ist überschritten, wo Verfahren, die sich eingespielt haben, als solche erfaßt und bezeichnet werden. Zur Unterscheidung könnte man von spontanen und etablierten Verfahren sprechen. Dabei ist aber zu beachten, daß man das Verhältnis zwischen ihnen nicht notwendig als einsinnig begreift: Spontane Verfahren können zu etablierten Verfahren werden, spontane

Verfahren können auch niemals die Schwelle ihrer Etablierung erreichen und umgekehrt sind etablierte Verfahren in ihrem Gebrauch immer offen für spontane, nicht weiter besprochene Anpassungen an die jeweilige Situation. Wer heute ein Experiment protokolliert, greift auf eine allseits bekannte, eingeführte Vorgehensweise zurück. Gleichwohl darf man vermuten, daß ein Protokoll im Labor A anders aussieht als im Labor B und das sogar dann, wenn ähnliche oder gar übereinstimmende Gegenstände untersucht werden.[52] In diesem Sinne hat Campe für etablierte Verfahren zwischen „Standardverfahren" und „ausdrücklichen Verfahren" unterschieden, „die auf der Grundlage des Standards operieren und weitere organisatorische und semantische Dimensionen betreffen."[53]

Folgte man diesem Vorschlag, wären die Verfahrensweisen insgesamt gleichsam konstant, vielfältig hingegen die Möglichkeiten ihrer Modifikation. Dabei läßt Campe offen, ob die Verwandlung eines Standardverfahrens in ein ausdrückliches Verfahren bewußt geschieht. Ausdrücklich könnte ein Verfahren dann sein, insofern es Züge aufweist, durch die es sich ausdrücklich von einem etablierten oder Standardverfahren abhebt. Dies kann geschehen, ohne daß man sich darüber Rechenschaft gegeben haben muß. Ebensogut könnte mit ausdrücklichen Verfahren aber gemeint sein, daß ein Standardverfahren gezielt an die eigenen Bedürfnisse adaptiert wird. Ein solches Verfahren spielt sich dann nicht mehr ein, sondern wird vom Forscher oder Gelehrten absichtsvoll eingerichtet. Beide Fälle werden vorkommen, im Bereich der Wissenschaften muß man aber überwiegend von der ersten Möglichkeit ausgehen. Anpassungen und Hinzufügungen, die in ausdrücklichen Verfahren zu Standardverfahren hinzukommen, werden hier selten mit Vorsatz ausprobiert, sondern ergeben sich situativ an den aktuellen Gegebenheiten im Gebrauch, das heißt im Anwenden.

Verfahren spielen sich letztlich nicht irgendwie ein, sondern in Berührung mit einer Aufgabe. Carl Correns experimentierte ab Mitte der 1890er Jahre nicht mit Elementen des Protokollierens, sondern betrieb ergebnisoffen über mehrere Jahre angelegte Kreuzungsversuche mit Erbsen- und Maispflanzen. Diese zu dokumentieren oder lebensnäher ausgedrückt, hier nicht die Kontrolle über die Merkmale der Pflanzen und ihre Abstammungsverhältnisse zu verlieren, bildete die Herausforderung. Gelöst werden konnte sie auf verschiedenen Wegen. Man hätte jede einzelne Pflanze samt Früchten und Samen zum Beispiel fotografieren, die Platten mit Nummern versehen und in eine riesige Fotothek einordnen können, was aber ziemlich teuer gewesen wäre und ein recht starres Ordnungssystem aus Schränken, Schüben und Kästen mit sich gebracht hätte. Correns hätte auch die ihm wichtigen Teile der Pflanzen sammeln können und für die Samen hat er genau dies auch „als eine Art natürliches, digitales [weil sich die Samen in einem Merkmal unterschieden], materielles Protokoll“ getan.[54] Das schriftliche Protokoll bezeichnet demnach eine Möglichkeit unter verschiedenen anderen, die gestellte Aufgabe zu lösen. Seine Organisation hatte auf Kontinuität und Übersichtlichkeit Rücksicht zu nehmen, zugleich verlangte die offene Anlage der Versuche, im Umgang mit den Aufzeichnungen eine gewisse Flexibilität zu gewährleisten. Minutiöses Aufzeichnen von Merkmalen und breiter Rand der Protokolle sind von diesen Vorgaben her sinnvoll. Es gilt, was Arno Schubbach über die Notizen des Philosophen Ernst Cassirer geschrieben hat: „Der leere Rand scheint die Zukunft gleichsam als Ressource vorzuhalten."[55] Das Layout von Correns' Protokollbögen zeugt so besehen davon, daß er schon einmal vorbaute.

Wissenschaftliche Schreibszenen

In den Wissenschaften wird an einer ganzen Reihe von Plätzen geschrieben: Draußen im Feld, unterwegs auf Reisen, in der Bibliothek und im Archiv, beim Gang durch die Sammlung, neben Apparaten und Instrumenten im Labor, bei der Beobachtung im Observatorium, in der Klinik, im Museum, am Schreibtisch im Büro oder zu Hause. Viele dieser Plätze sind zum Schreiben nicht gemacht: Man muß improvisieren, sich ein Fleckchen auf der Laborbank freiräumen, im Feld eine Unterlage finden, im Zweifel das eigene Knie. An anderen Orten kann man sich nur vorübergehend einrichten, hat nur beschränkt Zugang, muß Abends den Platz wieder räumen, wird durch Andere abgelenkt und steht unter Aufsicht. Schreiben, wie und wann man will, kann man nur im eigenen Büro: Hier darf man sich sein eigenes Milieu schaffen, bevölkert von Arbeitsmaterialien, Kopienstapeln, Büchern, Stehordnern, Esswaren, Pflanzen, Fotos und was sonst noch alles auf und um den Schreibtisch herum angeordnet wird.[56] Doch selbst dann lauern Beeinträchtigungen: Rauchverbote, Klimaanlagen, dünne Wände, zwei oder drei Arbeitsplätze in einem Raum, irgendetwas stört immer bei der Arbeit.

Die Umwelten, in denen Schreiben in den Wissenschaften stattfindet, kann man summarisch als ihre „Schreibszenen" bezeichnen. Rüdiger Campe versteht hierunter ein „nicht-stabiles Ensemble von Sprache und Instrumentalität und Geste", das jeweils szenisch, eingebunden in die lokalen Verhältnisse, im Schreiben eine spezifische Ausprägung gewinnt.[57] Die situative Bindung von Schreibverfahren erhält damit noch eine weitere Bedeutung: Neben den Absichten tragen auch die Umstände der Forschungsumgebung dazu bei, wie sich jeweils das Vorgehen ausrichtet. Blickt man unter dieser Perspektive auf Correns' Tübinger Versuche mit *Pisum*, fällt zunächst ins Gewicht, daß in diesem Fall Experimentieren und Schreiben räumlich auseinanderfielen. Die Versuchspflanzen standen im botanischen Garten der Universität, so fein säuberlich, wie die Protokolle ausschauen, wurden sie aber sicherlich an einem anderen Ort, im anliegenden botanischen Institut oder am heimischen Schreibtisch geführt. Hinzu kam, daß die ausgesäten Pflanzen mit dem Ende der Vegetationsperiode abstarben und somit die materielle Grundlage der Versuche im Weiteren nur noch bedingt zur Verfügung stand. Insgesamt hatte dies zur Folge, daß die Protokolle nicht nur festhielten und wiedergaben, was beobachtet worden war, sondern an die Stelle der Pflanzen im Garten traten. Sie waren zur Hand, wenn man sich nicht gerade bei den Beeten stehend einen Überblick verschaffen wollte, und man fand dort (ergänzt um die Schächtelchen mit eingesammelten Samen) immer noch vor, was draußen vor der Tür schon lange verschwunden war. Man versteht nun, daß die Ausführlichkeit der Beschreibung in Correns' Protokollen zwar generell mit der offenen Anlage der Versuche zusammenhängt, daß dieser Punkt aber durch die lokale Situation noch zusätzlich forciert wird. Denn anders als im Labor konnte Correns seine Studien nicht so lange wiederholen, bis schließlich alle Aspekte ausgeschöpft waren. Ausführlichkeit verwandelte sich deshalb unter der lokalen

Situation von einem frommen Wunsch in ein dringendes Gebot.

Auch das zweite Kennzeichen von Correns' Protokollen, der breite Rand, läßt sich zu seiner Schreibszene in Verbindung setzen. Man kann nämlich durchaus sagen, daß die Versuche zuletzt gar nicht im Garten stattfanden, sondern auf dem Papier. Das erfahrene Auge sah selbstverständlich die verschiedenen Merkmale der Kreuzungen draußen am Beet. Aber weder konnte man jederzeit zu den Pflanzen zurückkehren, noch stellte sich am Beet derselbe Überblick ein wie auf dem Blatt. Geht man hiervon aus, dann hielt Correns mit dem breiten Rand, den er ab dem zweiten Jahr der Versuche jeweils auf den Protokollen links freiließ, einen Raum für weitere Beobachtungen bereit; Beobachtungen an den aufgezeichneten Resultaten seiner Versuche. Den Umgang mit den Aufzeichnungen flexibel zu halten, hieß dann konkret, sich ein Stück weit von Vegetationsperioden, Reihen von Beeten und anderen Mühsalen der Forschung frei zu machen, indem man das Protokoll selbst zur Forschungsstätte werden ließ. Man sieht, wie Correns' Schreibszene sich austariert: Wie Sprache (Ausführlichkeit der Beschreibung) und Geste (Raumaufteilung auf dem Blatt) unter den lokalen Verhältnissen den Vorrang gegenüber den Schreibinstrumenten gewinnen (höchstens kommt es darauf an, entsprechend große Blätter zu benutzen, und darauf zu achten, daß die Schrift dauerhaft lesbar bleibt). Und man sieht, wie unter den gegebenen Umständen die verschiedenen Elemente des Schreibens – Sprache, Geste, Instrument – *im Schreiben* konkret als Verfahren des Protokollierens zusammenkommen.

All dies geschieht nicht kontingent, es ist auch nicht die Forschungsumgebung, die von sich aus ein bestimmtes

Verfahren erzwingt, vielmehr wird jede einzelne Szene von „Imperativen ihrer Inszenierung“ respektive einer „Anweisung, wie zu schreiben sei“, beherrscht.[58] Im Falle von Correns’ Protokollen kennen wir diesen Imperativ schon. Die allgemeine Absicht, ein Protokoll zu schreiben, untersteht dort der Forderung, daß die Aufzeichnungen gleichzeitig übersichtlich, vollständig und flexibel gehalten werden müssen. Diese Vorgaben mögen nicht ungewöhnlich klingen, sie stecken aber den Rahmen ab, in dem die lokale Situation für den Vorgang der Aufzeichnung Wirksamkeit gewinnen kann. Daß zum Beispiel das Protokoll zum Beobachtungsraum erweitert wird, gewinnt seinen Sinn besonders dann, wenn Versuche nicht jederzeit leicht zu bewerkstelligen sind. Wer hingegen seine Versuche problemlos anhäufen kann, wird vermutlich eher dazu tendieren, neue oder zusätzliche Ideen, sofort wieder ins Werk zu setzen.

Die Imperative einer Schreibszene können sehr verschieden ausfallen. Einige sind selber schriftlich niedergelegt: Campes Beispiel bilden die Stilhandbücher und Anleitungen zum Studium in der Tradition der Rhetorik. Analog ließe sich auf den modernen wissenschaftlichen Kontext bezogen an die erwähnten Vorgaben zur Anfertigung von Sektionsprotokollen denken, die in jedem Leitfaden der Sektionstechnik zu finden sind. Die Imperative können ebenso den Charakter von Prinzipien besitzen, wie im Falle des Historikers Ganshof, wo Sparsamkeit oberstes Gebot gewesen ist. Manchmal fügt sich die Anweisung grundsätzlicher in eine Art Diätetik, etwa bei Foucault, wenn er von einer „Verpflichtung zum Schreiben“ spricht, weil man „in eine große Angst, eine große Anspannung fällt, wenn man nicht wie jeden Tag sein

Seitchen geschrieben hat."[59] Im Forschen ergibt sich der Imperativ allerdings zumeist pragmatisch aus der jeweiligen Aufgabe.

Genau besehen sind alle wissenschaftlichen Schreibszenen singulär. Da sich die lokalen Umstände abhängig vom Forschungsinteresse je verschieden bemerkbar machen, hat es wenig Sinn, allgemein von einem Schreiben im Labor, im Archiv oder im Feld zu sprechen. Um bei Letzterem zu bleiben: Zwar weist die Feldforschung von Primatologen und Ethnologen einige Gemeinsamkeiten auf: Man muß sich unauffällig verhalten, das forschende Interesse ein wenig zurückhalten, sich der Umgebung anpassen. Aber gerade wenn es darum geht, unterwegs, im Feld, rasch einige Beobachtungen aufzuzeichnen, besteht ein deutlicher Unterschied. Greift der Ethnologe zum Notizbuch, verändert das unmittelbar die Konstellation. Durch den Akt des Schreibens grenzt der Forscher sich ab, er verwandelt das Gegenüber in eine Auskunftsperson, einen Informanden und letztlich in ein Objekt, das man sich im Schreiben einverleibt, das seine Worte wägt und sich wundert, was nur so wichtig ist, daß sich das einer aufschreibt. Die Primatologin hat dieses Problem nicht: Auch sie muß damit rechnen, daß der Stift in der Hand Aufmerksamkeit auf sich zieht, unter Umständen wird ihr, wie es Dian Fossey berichtet,[60] das Notizbuch sogar geklaut und anschließend genüßlich verspeist, aber die Art, wie das Schreiben in die Beobachtung interveniert, hat andere Konsequenzen: Die Aufzeichnungen schaffen einen Reiz, aber ihr Zweck bleibt den Erforschten (soweit wir das für Primaten wissen können) verborgen.

Kaum eigens zu erwähnen braucht man, daß wissenschaftliche Schreibszenen in der Geschichte stehen. Das

Labor, wie wir es heute kennen, als gesonderte Einrichtung und geregelter Betrieb, ist kaum 150 Jahre alt.[61] Vorher bezeichnet es selten mehr als eine Hinterstube mit einem Küchentisch voller Instrumente. So arbeitete der Physiologe Emil du Bois-Reymond noch in den 1840er Jahren zu Hause in seiner Wohnung: Experimentieren, Lesen, Essen, Schlafen geschah dort alles nebeneinander, Wand an Wand.[62] Dreißig Jahre später saß du Bois-Reymond im Direktorenzimmer seines neu errichteten Instituts, um die Ecke die Laborräume zur eigenen Nutzung. Damit einher ging eine funktionale Zweiteilung der Schreibszene: Es gab nun einen Ort, das Büro, den Schreibtisch, an dem, so könnte man sagen, das Schreiben im Sinne des Ausarbeitens von Publikationen explizit zur Aufgabe wurde, und es gab einen anderen Ort, das Labor, wo Schreiben eine Verrichtung unter anderen bildete, quasi mitlief.

Diese Konstellation hat sich in ihren Grundzügen bis heute bewahrt, in einer Hinsicht aber deutlich verändert. Mit Aufzeichnungsapparaten und selbsttätig registrierenden Meßinstrumenten verliert das Protokoll seine Bedeutung als Ort, an dem die Ergebnisse von Versuchen unmittelbar aufgezeichnet werden. Heute findet man dort die Versuchsbedingungen ausgeführt und dann beigeheftet Ausdrucke, Fotos und dergleichen mehr.[63] Genauer gesagt war das die Situation bis etwa in die 1990er Jahre hinein. Inzwischen laufen die Ergebnisse häufig direkt in den Rechner und werden in einer Datei gespeichert. Die Zweiteilung der Schreibszene ist damit nicht aufgehoben, auch wenn sich die Gewichte etwas verschoben haben: Im Labor werden in der Kladde zur Hand vornehmlich die technischen Parameter, kleinen Kniffe und Merkposten festgehalten, während der ganze Prozeß von der Erfassung der Ergebnisse über die Auswertung bis zum Veröffentlichen im Büro oder in der Schreibecke am Rechner geschieht.

Dennoch gibt es einen grundlegenden Unterschied: Vor der Automatisierung von Aufzeichnungen bestand ein direkter Zusammenhang zwischen Beobachten und Schreiben. Nicht nur schloß das Schreiben unmittelbar an das Beobachten an, sondern umgekehrt war es auch möglich, daß Beobachtungen aus dem Schreiben resultierten oder, wie es Michael Faraday in den 1840er Jahren formulierte, „may suggest itself during the writing".[64] Schreiben und Erkennen waren in dieser Konfiguration der Schreibszene im Labor zeitlich anders gekoppelt als unter den heutigen Verhältnissen. Die Versuchsergebnisse wurden nicht erst aufgezeichnet und dann in Betracht gezogen, sondern das eine fiel mit dem anderen zusammen und manchmal war es dabei das Wort, das man wählte, das einen Gedanken anstieß, oder die vom Stift in der Hand diktierte Fokussierung auf das Geschehen kehrte einen sonst vielleicht übersehenen Aspekt hervor. Heute ist hingegen der Versuch fast immer schon vorbei, wenn die Aufzeichnungen in Betracht gezogen werden. Die direkte Schleife zwischen Schreiben, Bemerken und Nachgehen, die Faraday im Sinn hatte, wenn er empfahl, Versuche ohne Ausnahme sofort festzuhalten,[65] ist unter diesen Verhältnissen ausgeschlossen.

Wissenschaftliche Schreibszenen haben den Charakter von Anordnungen in dem doppelten Sinn, den das Wort im Deutschen besitzt. Sie gehen aus einer (als solcher nicht notwendig ausgesprochenen) Instruktion hervor und fügen sich in ein Arrangement des Schreibens. Die jeweilige wissenschaftliche Schreibszene ist aber keineswegs statisch. Das resultierende Arrangement bleibt immer offen gegenüber Veränderungen, die sich aus der Rückkoppelung zwischen eingespieltem Verfahren und Begegnung mit der Sache des Forschens ergeben. Es ist keineswegs nebensächlich, daß Correns seine Protokolle erst ab der zweiten Generation mit einem breiten Rand ausgestattet hat.[66] Vielmehr läßt die Veränderung im Vorgehen zwei Schlüsse zu: Entweder kamen erst jetzt die lokalen Gegebenheiten vollständig im Modus der Aufzeichnung zur Geltung oder die Absichten, unter denen die Versuche angestellt wurden, hatten sich zwischenzeitlich zugespitzt respektive erweitert. Vermutlich ist es aber falsch, hier eine Alternative zu formulieren. Man kann sich nämlich auch vorstellen, daß das eine mit dem anderen einhergeht, daß also neue Fragen auftauchten, die sich auf dem Blatt ebensogut, schneller und weniger beschwerlich beantworten ließen als im Versuchsbeet vor der Tür und von daher Correns dazu gebracht wurde, das Protokoll als einen eigenen Raum des Forschens mit hierfür vorzuhaltendem Rand auszugestalten.

Auch das ist zu berücksichtigen, wenn man sagt, daß Schreibverfahren im Forschen situativ geprägt sind: Nicht nur erhalten sie ihren Zweck und ihre spezifische Ausgestaltung von den momentanen Absichten und Umständen her, sondern jede Veränderung der Situation, jede Verschiebung in den Absichten, jeder weitere Umstand, kann das Vorgehen noch einmal verändern. Ob dies eintrifft, hängt letztlich davon ab, wie scharf umrissen der Gegenstand der Forschung von vornherein ist. Je mehr das „Wissenschaftsobjekt überhaupt erst im Prozeß seiner materiellen Definition begriffen" ist,[67] desto mehr werden die Verfahrensweisen seiner schriftlichen Fassung sich noch einspielen. Ob und wie weit sie dabei den Gegenstand der Forschung jeweils formen und vorstellbar machen, wird im Weiteren zu überlegen sein. In diesem Kapitel galt es nur zu besprechen, in welcher Weise Schreiben im Forschen Instrumentalität entwickeln kann, was es in diesem Zusammenhang heißt, von Schreiben als Verfahren zu sprechen, wie weit solche Verfahren erkenn- und rekonstruierbar sind, wie sie in die Welt kommen und in welcher Beziehung sie zu den Gegenständen des Forschens stehen. Trotz des Versuchs, das Thema dieses Buchs etwas allgemeiner aufzuschließen, bleibt es aber dabei, daß die analytische Grundeinheit die lokale wissenschaftliche Schreibszene bilden muß. Der Begriff des Schreibverfahrens bildet hierfür eine Sehhilfe. Mit ihm soll ein Zugriff umrissen werden, unter dem Schreiben so trivial wie weitreichend in seinen Konsequenzen begegnen kann.

[1] Carolin Meister, Picassos *Carnets.* Das Skizzenbuch als graphisches Dispositiv, in: Werner Busch, Oliver Jehle, Carolin Meister (Hg.), *Randgänge der Zeichnung*, München 2007, 257–282, 260.

[2] Ebd.

[3] Roland Barthes, *Die Vorbereitung des Romans. Vorlesung am Collège de France 1978–1979 und 1979–1980* (2003), hgg. von Éric Marty, übers. von Horst Brühmann, Frankfurt a.M. 2008, 153.

[4] Vgl. ebd., 154f.

[5] Rüdiger Campe, Vorgreifen und Zurückgreifen. Zur Emergenz des Sudelbuchs in Georg Christoph Lichtenbergs „Heft E", in: Karin Krauthausen, Omar W. Nasim (Hg.), *Notieren, Skizzieren. Schreiben und Zeichnen als Verfahren des Entwurfs*, Zürich, Berlin 2010, 61–87, 62.

[6] In der Reihenfolge der Aufzählung: Methode, in: Joachim Ritter, Karlfried Gründer (Hg.), *Historisches Wörterbuch der Phi-*

losophie, Bd. 5, Darmstadt 1980, 1304–1332, 1304; Methode, in: Martin Carrier, Jürgen Mittelstraß (Hg.), *Enzyklopädie Philosophie und Wissenschaftstheorie*, 2. Auflage, Bd. 5, Stuttgart 2013, 379–383, 379; sowie Methode, Methodologie, in: Hans Jörg Sandkühler (Hg.), *Europäische Enzyklopädie zu Philosophie und Wissenschaften*, Bd. 3, Hamburg 1990, 403–412, 403.

[7] Claude Lévy-Strauss, *Das wilde Denken* (1962), übers. von Hans Naumann, Frankfurt a. M. 1973, 30.

[8] Martin Heidegger, Die Zeit des Weltbilds (1938), in: *Gesamtausgabe, 1. Abteilung: Veröffentlichte Schriften 1914–1970. Bd. 5: Holzwege*, hgg. von Friedrich-Wilhelm von Herrmann, Frankfurt a. M. 1977, 77.

[9] Ebd., 79 f.

[10] Ebd., 84.

[11] Hans-Jörg Rheinberger, *Experiment, Differenz, Schrift. Zur Geschichte epistemischer Dinge*, Marburg/Lahn 1993, 70.

[12] Niklas Luhmann, *Legitimation durch Verfahren* (1969), Frankfurt a. M. 1983, 51.

[13] Friedrich Nietzsche an Heinrich Köselitz, Ende Februar 1882, in: *Briefwechsel. Kritische Gesamtausgabe, 3. Abteilung, Bd. 1: Januar 1880–Dezember 1884*, hgg. von Giorgio Colli und Mazzino Montinari, Berlin, New York 1981, Nr. 202, 172.

[14] Vgl. Martin Stingelin, Kugeläußerungen. Nietzsches Spiel auf der Schreibmaschine, in: Hans Ulrich Gumbrecht, K. Ludwig Pfeiffer (Hg.), *Materialität der Kommunikation*, 2. Auflage, Frankfurt a. M. 1995, 326–341, 337.

[15] Friedrich Nietzsche an Heinrich Köselitz, Ende Februar 1882, in: *Briefwechsel, Kritische Gesamtausgabe, 3. Abteilung, Bd. 1*, Nr. 202, 172.

[16] Vgl. insgesamt Martin Stingelin, „UNSER SCHREIBZEUG ARBEITET MIT AN UNSEREN GEDANKEN". Die poetologische Reflexion der Schreibwerkzeuge bei Georg Christoph Lichtenberg und Friedrich Nietzsche (2000), in: Sandro Zanetti (Hg.), *Schreiben als Kulturtechnik. Grundlagentexte*, Berlin 2012, 283–304, 304.

[17] Vilém Flusser, Die Geste des Schreibens (1991), in: Sandro Zanetti (Hg.), *Schreiben als Kulturtechnik. Grundlagentexte*, Berlin 2012, 261–282, 266f.

[18] Claude Simon, *Der blinde Orion* (1971), übers. von Eva Moldenhauer, Frankfurt a.M. 2008, 9.

[19] Wolfgang Raible, Über das Entstehen der Gedanken beim Schreiben, in: Sybille Krämer (Hg.), *Performativität und Medialität*, München 2004, 191–214, 197.

[20] Ebd., 201.

[21] Carl Bereiter, Development in Writing, in: Lee W. Gregg, Erwin R. Steinberg (Hg.), *Cognitive Processes in Writing*, Hillsdale/NJ 1980, 73–93, 88.

[22] Vgl. Gunther Eigler, Thomas Jechle, Monika Kolb, Alexander Winter, *Textverarbeiten und Textproduzieren. Zur Bedeutung externer Information für Textproduzieren, Text und Wissen*, Tübingen 1997, 127f.

[23] Vgl. die Auseinandersetzung mit schreibdidaktisch orientierten Modellen von Textproduktion bei Almuth Gréssilon, die, wie der Titel zeigt, jedoch selbst der Vorstellung verbunden bleibt, beim Schreiben gehe es stets um das Schreiben von Texten; siehe dies., Über die allmähliche Verfertigung von Texten beim Schreiben (1995), in: Sandro Zanetti (Hg.), *Schreiben als Kulturtechnik. Grundlagentexte*, Berlin 2012, 152–186.

[24] Vgl. Bruno Latour, Drawing Things Together, in: Michael Lynch, Steve Woolgar (Hg.), *Representation in Scientific Practice*, Cambridge/Mass, London 1990, 19–68, hier 52–60.

[25] Ebd., 55.

[26] Ebd., 38.

[27] Vgl. Ursula Klein, Paper Tools in Experimental Cultures, in: *Studies in History and Philosophy of Science* 32 (2001), 265–302, 267.

[28] Vgl. ebd., 276.

[29] Siehe ebd., 289, 292 und 295.

[30] Ebd., 289.

[31] Vgl. ebd., 292.

[32] Jack Goody, Woraus besteht eine Liste? (1977), in: Sandro

Zanetti (Hg.), *Schreiben als Kulturtechnik. Grundlagentexte*, Berlin 2012, 338–396, 348 f.

[33] Vgl. ebd., 347.

[34] Zum operativen Gebrauch der Einkaufsliste siehe Anke te Heesen, Die Einkaufsliste, in: Anke te Heesen, Bernhard Tschofen, Karlheinz Wiegmann (Hg.), *Wortschatz. Vom Sammeln und Finden der Wörter*, Tübingen 2008, 137–141, 137.

[35] Vgl. Volker Hess, J. Andrew Mendelsohn, Paper Technology und Wissensgeschichte, in: *NTM. Zeitschrift für Geschichte der Wissenschaften, Technik und Medizin* 21 (2013), 1–10.

[36] Sybille Krämer, ‚Operationsraum Schrift'. Über einen Perspektivenwechsel in der Betrachtung der Schrift, in: Gernot Grube, Werner Kogge, Sybille Krämer (Hg.), *Schrift. Kulturtechnik zwischen Auge, Hand und Maschine*, München 2005, 23–57, 26.

[37] Ulrich Raulff, Klickeradoms. Nietzsche liegt in Stücken: Notizbücher eines Zerstreuten, in: *Süddeutsche Zeitung* Nr. 271 (24/25. November 2001), 16.

[38] Ebd.

[39] Zur Bindung des Protokolls an einen institutionellen Rahmen siehe Michael Niehaus, Epochen des Protokolls, in: *Zeitschrift für Medien- und Kulturforschung* 2 (2011), 141–156, 141 f. Daß im Anfertigen des Protokolls der spätere Rückgriff bereits eingeplant ist, betonen Michael Niehaus, Hans-Walter Schmidt-Hannisa, Textsorte Protokoll. Ein Aufriß, in: dies. (Hg.), *Das Protokoll. Kulturelle Funktionen einer Textsorte*, Frankfurt a. M. 2005, 7–23, 14.

[40] Die disziplinierenden und strukturierenden Effekte dieser Vorgabe werden besonders deutlich von Arno Dusini herausgearbeitet; siehe ders., *Tagebuch. Möglichkeiten einer Gattung*, München 2005.

[41] Cornelia Ortlieb, *Friedrich Heinrich Jacobi und die Philosophie als Schreibart*, München 2010, 317.

[42] Vgl. Hans-Jörg Rheinberger, Zettelwirtschaft, in: *Epistemologie des Konkreten. Studien zur Geschichte der modernen Biologie*, Frankfurt a. M. 2006, 350–361, hier 354–359.

[43] Michael Polanyi, Tacit Knowing. Its Bearing on Some Pro-

blems of Philosophy, in: *Reviews of Modern Physics* 34 (1962), 601–616, 601.

[44] Rüdiger Campe, Verfahren. Kleists Allmähliche Verfertigung der Gedanken beim Reden, in: *Sprache und Literatur* 43/2 (2012), 2–21, 3.

[45] Campe, Vorgreifen und Zurückgreifen, 61 f.

[46] Rüdiger Campe, Kritzeleien im Sudelbuch. Zu Lichtenbergs Schreibverfahren, in: Christian Driesen, Rea Köppel, Benjamin Meyer-Krahmer, Eike Wittrock (Hg.), *Über Kritzeln. Graphismen zwischen Schrift, Bild, Text und Zeichen*, Zürich, Berlin 2012, 165–187, 185.

[47] Vgl. Campe, Vorgreifen und Zurückgreifen, 75.

[48] Ebd.

[49] Henning Trüper, Das Klein-Klein der Arbeit. Die Notizführung des Historikers François Louis Ganshof, in: *Österreichische Zeitschrift für Geschichtswissenschaft*, 18/2 (2007), 82–104, 90. Siehe ferner Henning Trüper, *Topography of a Method. François Louis Ganshof and the Writing of History*, Tübingen 2014.

[50] Trüper, Das Klein-Klein der Arbeit, 85.

[51] Ebd., 86.

[52] Rheinberger, Zettelwirtschaft, 360f, schlägt vor, Laboratorien nicht zuletzt als Schreibkollektive zu verstehen, die durch die „Eigentümlichkeiten" ihrer literalen Techniken charakterisiert sind. Eine vergleichende Untersuchung hierzu fehlt bislang.

[53] Rüdiger Campe, „Unsere kleinen blinden Fertigkeiten". Zur Entstehung des Wissens und zum Verfahren des Schreibens in Lichtenbergs Sudelbüchern, in: *Lichtenberg-Jahrbuch 2011*, Heidelberg 2012, 7–32, 23.

[54] Hans-Jörg Rheinberger, Carl Correns' Experimente mit *Pisum*, 1896–1899, in: *History and Philosophy of the Life Sciences* 22 (2000), 187–218, 216.

[55] Arno Schubbach, *Die Genese des Symbolischen. Zu den Anfängen von Ernst Cassirers Kulturphilosophie*, Hamburg 2016, 248.

[56] Für die Beschreibung solcher Büromilieus in den Sozialwissenschaften der 1980er Jahre siehe Heidrun Friese, Peter Wagner, *Der Raum des Gelehrten. Eine Topographie akademischer Praxis*, Berlin 1993, Kapitel 3.

[57] Rüdiger Campe, Die Schreibszene. Schreiben, in: Hans Ulrich Gumbrecht, K. Ludwig Pfeiffer (Hg.), *Paradoxien, Dissonanzen, Zusammenbrüche. Situationen offener Epistemologie*, Frankfurt a. M. 1991, 759–772, 760. Zur Bindung der Schreibszene an die lokalen Verhältnisse siehe den Abschnitt über den Aufenthalt von Erasmus von Rotterdam im Haus des Druckers Aldus Manutius, ebd., 768–770.

[58] Ebd., 764.

[59] Michel Foucault, *Das giftige Herz der Dinge. Gespräche mit Claude Bonnefoy* (2011), übers. von Franziska Humphreys-Schottmann, Zürich, Berlin 2012, 62.

[60] Vgl. Dian Fossey, *Gorillas im Nebel. Mein Leben mit den sanften Riesen* (1983), übers. von Elisabeth M. Walther, München 1989, 121 f.

[61] Vgl. Philipp Felsch, Das Laboratorium, in: Alexa Geisthövel, Habbo Knoch (Hg.), *Orte der Moderne. Erfahrungswelten des 19. und 20. Jahrhunderts*, Frankfurt a. M. 2005, 27–36.

[62] Vgl. Sven Dierig, *Wissenschaft in der Maschinenstadt. Emil du Bois-Reymond und seine Laboratorien in Berlin*, Göttingen 2006, 29 f.

[63] Vgl. Karin Krauthausen, Omar W. Nasim, Interview mit Hans-Jörg Rheinberger. Papierpraktiken im Labor, in: dies. (Hg.), *Notieren, Skizzieren. Schreiben und Zeichnen als Verfahren des Entwurfs*, Zürich, Berlin 2010, 139–158, 152.

[64] Michael Faraday, *Chemical Manipulation. Being Instructions to Students in Chemistry on the Methods of Performing Experiments of Demonstration or Research with Accuracy and Success*, 3. Auflage, London 1842, 559.

[65] Ebd.

[66] Vgl. das Gewicht auf diesen Punkt bei Rheinberger, Carl Correns' Experimente mit *Pisum*, 1896–1899, 201.

[67] Rheinberger, *Experiment, Differenz, Schrift*, 70.

Papierleichen

Sektionsprotokolle sind Massenware. Allein für das *Westend-Krankenhaus* in Berlin-Charlottenburg, eine städtische Klinik, gegründet Anfang des 20. Jahrhunderts, liegen rund 50.000 Stück vor. Die Tatsache, daß sie immer noch vorhanden sind, deutet aber an, daß ihnen ein gewisser Wert beigemessen wird. Sektionsprotokolle mögen nicht für kommende Generationen geschrieben werden, aber der Gedanke, daß sie über den unmittelbaren Gebrauch hinaus Verwendung finden könnten, haben die Verfasser durchaus im Sinn. Denn Sektionsprotokolle sind nicht nur Dokumente der medizinischen Praxis, sie können auch in ihrer Zeit oder Jahrzehnte später zu wissenschaftlichem Material werden, zum Beispiel für epidemiologische Studien.[1]

Was sich aus diesem Material lernen läßt, kann nicht davon abgetrennt werden, wie dieses Material entstanden ist. Unter der Obduktionsnummer 151 wurde am 13. März 1913 im *Westend-Krankenhaus* die Leiche eines 15 Monate alten Kindes seziert. Das Ergebnis der Untersuchung lautete: „Diffuse Bronchopneumonie. Beiderseits stark ausgebildetes Emphysem. Ödem des Gehirns. Ektasie des l. Nierenbeckens."[2] Mit diesen vier Angaben werden im Protokoll die erhobenen Befunde resümiert. Was darüber hinaus über die Umstände und Hintergründe des Todesfalls noch zu sagen wäre, hat dort keinen Platz. Der Zweck eines Protokolls besteht nicht darin, ein Geschehen in der ganzen Fülle seiner Gegebenheiten, unverändert, ohne jede Auslassung oder Hinzufügung zu erfassen. „Nur für einen unbedarften Menschen stellt das Protokoll ein Bild dar, das einen tatsächlichen Verlauf wiedergibt", schreibt Michael Niehaus mit Blick auf Verhörprotokolle.[3] Dasselbe gilt für Sektionsprotokolle: auch bei ihrer Anfertigung geschieht mehr als die getreue Reproduktion von Feststellungen.

Für seine Aufzeichnungen hat der Obduzent den am *Westend-Krankenhaus* damals gebräuchlichen Vordruck benutzt. Er besteht aus einem in der Mitte gefalteten Doppelbogen, das einzelne Blatt etwa von Folioformat. Im Protokollkopf auf der Vorderseite oben sind Schreibfelder für die Obduktions- und die Aufnahmenummer, Angaben zur Person sowie das Datum des Todes und der Obduktion auszufüllen. Darunter folgen durch Überschriften markiert Felder für die Angabe der klinischen und der anatomischen Diagnose (das heißt der Diagnose nach dem Ergebnis der Sektion). Die zwei Innenseiten gehören, vertikal in vier gleichgroße Spalten unterteilt, den Rubriken „Äußeres und Extremitäten", „Brusthöhle", „Bauchhöhle" sowie „Kopf und Rückenmark". Diese Aufteilung folgt den vier Hauptabschnitten jeder Sektion, wie sie seit dem 19. Jahrhundert im deutschsprachigen Raum Konsens gewesen sind. Den Abschluß bilden die Rubriken „Klinische Bemerkungen" und „Mikroskopische und bakteriologische Untersuchungen", die auf der Rückseite des Bogens platziert sind.

Eine Sektion zu protokollieren, heißt unter diesen Bedingungen, sich durch die Schreibfelder und Rubriken führen zu lassen. Diese bestimmen zum einen, was an welcher Stelle im Protokoll zu erfassen ist, und legen zum anderen die Geste des Schreibens in Fesseln: Man kann nicht überall hinschreiben und nicht überall in frei gewähltem Umfang. Der Vordruck begrenzt und strukturiert hierdurch den Prozeß der Aufzeichnung und dient nebenbei als Gedächtnisstütze. Über die Leerräume auf dem Blatt wird dem Obduzenten vor Augen geführt, welche Angaben noch fehlen. Bei dem vorliegenden Vordruck besteht allerdings in zweierlei Hinsicht ein gewisser Spielraum. Erstens wurde abgesehen von der groben Aufteilung in die genannten Rubriken die Aufzeichnung der Sektionsbefunde auf dem Blatt nicht weiter untergliedert. Zweitens war es anscheinend dem Obduzenten überlassen, mit welchen Formulierungen er die Befunde schilderte.

Dieser Eindruck täuscht allerdings. Schaut man sich die zwei Seiten mit den Beschreibungen der Befunde an, ohne gleich zu lesen, sondern nur als eine Art Bild, fällt auf, daß der Schreiber bei der Aufzeichnung der Befunde den Namen des betreffenden Organs jeweils unterstrichen hat. In der Hervorhebung setzt sich das Raster des Vordrucks fort: Es entstehen lauter kleine Subrubriken (Abb. 2). Dieser Eindruck wird dadurch verstärkt, daß die Befunde nicht in einem Fließtext aufeinander abfolgen, sondern immer für jedes Organ in einen eigenen Absatz gerückt sind. Der Obduzent verfügt nicht frei über den Platz, sondern seine Schriftführung gleicht sich einer vordruckartigen Vorgehensweise an. Diese Praxis war damals am *Westend-Krankenhaus* üblich, besonders akkurat ausgeführt wurde sie in Protokollen von Studenten im Sektionspraktikum wie im vorliegenden Fall.[4]

Ähnlich steht es um die Verfügungsgewalt des Schreibers über die Sprache, die im Protokoll zu benutzen ist. Zur Lunge erfährt man folgendes: „Lungen. Lungen zeigen ein ~~gut ausgebildetes~~ <reichliches> teilweise interstitielles Emphysem. Die Pleura ist glatt und spiegelnd. Die Consistenz der Lunge ist etwa Leberhärte. Auf dem

Äußeres und Extremitäten	Brusthöhle
Kindliche, weibliche Leiche in mäßigem Ernährungszustand mit aufgetriebenem Leib.	Zwerchfellstand beiderseits unterer 5ter Rippenrand. In beiden Pleurahöhlen findet sich etwas klare, seröse Flüssigkeit. Lungen. Lungen zeigen ein diffuses ausgebildetes, teilweise interstitielles Emphysem. Die Pleura ist glatt und spiegelnd. Die Konsistenz der Lungen ist etwa leberhärte. Auf dem Durchschnitt zeigt die linke Lunge eine zum großen Teil trockene, brüchige Schnittfläche. Auch d. rechte Lunge bildet auf dem Durchschnitt ein ähnliches Bild. Herz. Muskelfleisch o. B. Die Klappen sind glatt und zart. Die Größe des Herzens entspricht der Kinderfaust.

Abb. 2: Sektionsprotokoll Nr. 151/1913, linke Seite innen. Prosektur des *Westend-Krankenhauses* Charlottenburg.

Durchschnitt zeigt die linke Lunge eine zum großen Teil trockene, brüchige Schnittfläche. Auch d rechte Lunge bietet auf dem Durchschnitt ein ähnliches Bild."[5] Zum Vergleich folgen zwei weitere Lungenbefunde (bei anderer Diagnose) aus derselben Prosektur und demselben Zeitraum. Zunächst die betreffende Stelle aus einem Protokoll, das von einer der ersten Studentinnen der Medizin an der Berliner Universität angefertigt wurde: „Lungen Auf d Oberfl. find. s. flächenhafte fibröse Auflagerungen. D. Substanz ist morsch, brüchig, mit Kohle pigmentiert. D. Schnittfläche ist rot, lufthaltig. Es entlehrt sich reichlich serös-schaumiges Sekret."[6] Der andere Befund stammt aus einem Protokoll des damaligen Assistenten der Prosektur: „Lungen sinken bei Eröffnung der Brusthöhle zurück. Die Pleuren sind frei. Die Oberfläche ist glatt und spiegelnd. Auf der Schnittfläche ist das Gewebe glatt und elastisch, jedoch von bedeutend vermehrtem Blutgehalt."[7]

Nimmt man die Schilderungen zusammen, kann man zunächst eine gewisse Reihenfolge erkennen: Die Darstellung schreitet vom äußeren Erscheinungsbild der Pleuren (des Lungenfells) über den taktilen Eindruck der Lunge (der im letzten Beispiel fehlt) zur Beschreibung der Schnittfläche voran. Darüber hinaus stößt man auf Überschneidungen im Vokabular (brüchig, glatt, spiegelnd). Schließlich lassen die Obduzenten das Organ jeweils in der dritten Person Singular für sich selbst sprechen und reihen die Befunde ohne besondere Verknüpfung hintereinander auf. Die drei Sektionsprotokolle sind so besehen nur sehr begrenzt Protokolle eines bestimmten Obduzenten: Was in ihnen in welcher Reihenfolge aufgezeichnet wird, wie die Angaben angeordnet werden, in welchem Stil die Beschreibungen erfolgen und welche Ausdrücke gewählt werden, ist in nicht geringem Maß das Ergebnis einer kollektiv eingeübten, lokal sicher variablen, aber stets kalkulierten Vorgehensweise gewesen. Das heißt nicht, daß in dieser Schreibszene keinerlei Eigenwilligkeiten möglich sind. Im Gegenteil: Schon das vollständig ausgefüllte Protokoll ist im Bestand des *Westend-Krankenhauses* (und nicht nur dort) die rare Ausnahme. Der jeweils freigebliebene Raum macht aber immer klar, daß es sich hierbei um eine Abweichung von der Regel handelt.

Mein Beispiel läßt sich verallgemeinern: Was im Sektionsprotokoll von den Todesumständen einer Person zu lesen ist, verdankt sich einem formalisierten Zugriff, der mit der Reihenfolge der einzelnen Schritte bei der Zergliederung der Leiche einsetzt, sich in Rubrikentitel und Spalten des Protokolls fügt und bis weit in die Sprachgebung hineinreicht. Anders als die Formulierungen glauben machen, ist es keineswegs so, daß sich die Dinge am Sektionstisch von selbst ergeben. Die Lunge „zeigt" nicht dieses oder jenes Merkmal und „ist" nicht so oder so beschaffen, vielmehr heißt wissenschaftlich Sehen mit einer Formulierung Ludwik Flecks, „im entsprechenden Moment das Bild nachzubilden, das die Denkgemeinschaft geschaffen hat, der man angehört."[8] Den Filter, den man dafür benötigt, setzt sich in der Prosektur aus der jeweiligen Sektionstechnik, dem Vordruck und der Sprache der Beschreibung zusammen. Durch sie gemeinsam wird das Objekt der Untersuchung und alles an ihm Bemerkenswerte von dem nicht zur Sache gehörigen und Unwichtigen abgetrennt. Durch diese drei Elemente werden Befunde aus dem Meer möglicher Eindrücke hervorgekehrt, dauerhaft fixiert und, zu Ende gedacht, erst konstituiert. Man könnte deshalb sogar behaupten, daß nicht das Protokoll nachgeordnet die Beobachtung unterstützt, sondern das ganze Ensemble von Handgriffen und Blicken im Sektionsaal für das Protokoll stattfindet. Denn mit dem Protokoll ist es nicht nur einfacher, seine Eindrücke zu ordnen, es ist anders auch nur sehr eingeschränkt möglich, über den Gegenstand der Untersuchung dauerhaft zu verfügen.

Was damit gemeint ist, läßt sich am besten im Rückgang zu den Anfängen des regelmäßigen Sektionsbetriebs im 19. Jahrhundert verstehen. Kurz und bündig heißt es in der 1859 veröffentlichten *Sections-Technik* des Wiener Pathologen Richard Heschl: „Der Natur der Sache nach soll das Sectionsprotocoll an die Stelle des untersuchten Objectes treten".[9] Die Formulierung läßt keinen Zweifel: Das Protokoll vertritt nicht bloß mit Worten, was materiell auf dem Sektionstisch gegeben ist, sondern ersetzt das Objekt der Untersuchung. Der „Natur der Sache nach" geschieht dies, weil die Leiche durch die Sektion und die einsetzende Verwesung unumkehrbar in ihren Verhältnissen verändert wird und nach der Übergabe an die Angehörigen dem weiteren Zugriff entzogen ist. In der Prosektur verbleiben nur eventuell konservierte Organe, mit dem Aufkommen der Laboranalytik im 20. Jahrhundert dann auch Gewebeproben, Schnittpräparate sowie die Resultate biochemischer Tests, eher selten zudem Fotografien oder Zeichnungen – aber alles dies überspannend und in sich aufnehmend vor allem die Protokolle. Wer über eine Sektion sprechen will (Pathologen, Klinikärzte, Versicherungen usw.) oder Sektionen auswerten möchte, hat sich deshalb an diese ‚Papierleiche' zu halten.

Im Ganzen betrachtet wird im Sektionssaal auf das Protokoll hingearbeitet. Dieses bildet das Objekt aller weiteren Handlungen: Das Protokoll wird diskutiert, angeführt, bildet die Referenz einer Fallgeschichte, wird in größeren Serien für statistische Zwecke aufbereitet und erfaßt. Der Satz: „Auf dem Durchschnitt zeigt die linke Lunge eine zum großen Teil trockene, brüchige Schnittfläche", hat deshalb zwei Seiten. In ihm wird eingefaßt, was zu einem bestimmten Zeitpunkt als Befund gilt. Zugleich entscheidet dieser Satz aber auch darüber, was in Zukunft über den Zustand des Organs in Erfahrung zu bringen ist. Was schulgemäß nicht für wichtig erachtet wird, nicht eigens im Protokoll zu erfassen ist oder aber dort aus welchen Gründen auch immer fehlt, kann nicht zum Ansatzpunkt weiterer Erwägungen und Fragen werden. Dem Vorgang des Protokollierens kommt deshalb fast noch mehr eine Schalt- als eine Speicherfunktion zu. Durch die Aufzeichnung werden Befunde nicht nur fixiert, sondern die Aufzeichnung vermittelt zwischen Vergangenheit (dem, was für den Obduzenten nach seinen Kriterien gegeben war) und Zukunft (dem, was man über die Sektion nach eventuell anderen Kriterien erfahren will).

Für die Schreibszene Sektionsprotokoll bedeutet dies, daß in ihrer Einrichtung das Objekt der Untersuchung vor allem als ein zukünftig nicht mehr Zuhandenes Wirksamkeit gewinnt. Zwei Imperative bestimmen das Protokollieren in der Prosektur: Vollständigkeit, denn alles, was nicht erfaßt wird, ist für immer verloren, und Verständlichkeit, denn auf das Meiste, was erfaßt worden ist, kann man nach der Sektion nurmehr in Worten zugreifen. Auf ersteres wird mit der Verwendung von Vordrucken geantwortet, die durch das 20. Jahrhundert immer feiner ausdifferenziert werden, auf letzteres mit minutiösen Vorgaben zur Formulierung der Befunde. Darin besteht die Besonderheit des Sektionsprotokolls gegenüber dem Protokoll zum Beispiel eines physikalischen Versuchs, der im Zweifel wiederholt werden kann. Und hiervon gelenkt geht bis heute aus dem allgemeinen Verfahren Protokollieren das spezifische Vorgehen in einer bestimmten Prosektur hervor. Denn an der Situation im Sektionssaal hat sich in dieser Hinsicht, trotz aller technischen Veränderungen – Diktiergeräte und Spracherkennungsprogramme statt Hilfskräften und Notizen, Bildschirmmasken statt Vordrucken – gegenüber dem Jahr 1913 nichts geändert. So mag inzwischen die Zahl der Sektionen in deutschen Krankenhäusern verschwindend gering sein, auch haben die Ergebnisse im klinischen Alltag an Bedeutung eingebüßt, aber für die wissenschaftliche Auswertung von Sektionsprotokollen gilt weiterhin, daß wer auf sie zugreift, ein Schriftstück in den Händen hält und nicht das Organ, dessen Befund man in ihm sucht.

[1] Siehe zum Beispiel Cornelia Proch, Rudolf Meyer, Thomas Schnalke, Manfred Dietel, Roland Hetzer, Analyse of the Heart Weight in Autopsy Reports of the Charité from 1931 to 1999, in: *Der Pathologe* (2011), Supplement 1, 63–64.

[2] Sektionsprotokoll Nr. 151/1913, Westend-Krankenhaus Charlottenburg, *Berliner Medizinhistorisches Museum der Charité*, Vorderseite. Siehe insgesamt Christoph Hoffmann, Schneiden und Schreiben. Das Sektionsprotokoll in der Pathologie um 1900, in: ders. (Hg.), *Daten sichern. Schreiben und Zeichnen als Verfahren der Aufzeichnung*, Zürich, Berlin 2008, 153–196. Zur Protokollierungspraxis gerichtsmedizinischer Obduktionen in Wien Anfang des 20. Jahrhunderts siehe ausführlich und analytisch sehr interessant mit den Protokollsatz-Überlegungen im Logischen Empirismus zusammengeführt Katja Geiger, *Das Wissen der gerichtlichen Medizin. Erkenntnisinteresse zwischen Naturwissenschaft, Recht und Gesellschaft, dargestellt an der Be-*

handlung des Kindsmordes im ersten Drittel des 20. Jahrhunderts in Wien, Diss. Phil., Universität Wien, 2013, Kap. 3.1.

[3] Michael Niehaus, Epochen des Protokolls, in: *Zeitschrift für Medien- und Kulturforschung* 2 (2011), 141–156, 155.

[4] Sieht man sich zum Vergleich Protokolle des damaligen Leiters der Prosektur an, findet man meistens ebenfalls die Organnamen unterstrichen, die Gliederung in Absätze hingegen nur selten. Die Protokolle enthalten zudem, wie bei erfahrenen Obduzenten üblich, für einzelne Hauptrubriken häufig nur wenige oder gar keine Beschreibungen von Befunden.

[5] Sektionsprotokoll Nr. 151/1913, linke Innenseite.

[6] Sektionsprotokoll Nr. 167/1913, Westend-Krankenhaus Charlottenburg, *Berliner Medizinhistorisches Museum der Charité*, linke Innenseite.

[7] Sektionsprotokoll Nr. 34/1913, Westend-Krankenhaus Charlottenburg, *Berliner Medizinhistorisches Museum der Charité*, linke Innenseite.

[8] Ludwik Fleck, Über die wissenschaftliche Beobachtung und die Wahrnehmung im allgemeinen (1935), in: *Denkstile und Tatsachen. Gesammelte Schriften und Zeugnisse*, hgg. von Sylwia Werner und Claus Zittel, Berlin 2011, 211–238, 233.

[9] Richard Heschl, *Sections-Technik. Anleitung zur zweckmässigen Ausführung pathologischer Sectionen und zur Abfassung der Befundscheine. Für Studirende und praktische Ärzte, besonders Gerichts-Ärzte*, Wien 1859, 64.

Aufschreiben

Mitte der 1970er Jahre brach in der Auseinandersetzung mit der Arbeit der Wissenschaften die Zeit der Laborstudien an. Idealtypische Modelle des Forschungsprozesses wurden beiseite geschoben. Stattdessen bezog man direkt an der Arbeitsbank Posten, schaute Biologinnen und Physikern über die Schulter, legte selbst Hand an, lauschte ihren Gesprächen, fragte sie aus und versuchte auf diesem Weg herauszubekommen, wie Erkenntnisse entstehen. Die *black box* öffnen, so lautete das Schlagwort, das Labor studieren wie eine fremde Kultur. Das ist ein schöner Gründungsmythos, nur hat sich die Sache in der Praxis erheblich komplizierter verhalten. Wie Michael Lynch, einer der Laborforscher der ersten Stunde, festgestellt hat:

> „[L]aboratory work seldom provides a very interesting spectacle. For long periods of time one or a few individuals would sit silently, tapping at the keyboard of a computer terminal or scribbling notes while viewing data displays. The bodies did not move, the voices were not animated, and an ethnographer's questions were not always honored with polite answers."[1]

Im Labor liegt also nicht einfach bereit, was die *Science Studies*, wie dieses Feld heute heißt, interessiert. Und das gilt selbst dann oder besser gesagt insbesondere dann, wenn dort größte Geschäftigkeit herrscht.

Handlungen und Gespräche gehören zu den ausnehmend flüchtigen Geschehnissen. Ist man Teil von ihnen, kann man nur schwer die Beobachterposition beziehen. Wohnt man der Szenerie passiv bei, können Augen und Ohren auf die Schnelle kaum einen Bruchteil dessen einfangen, was passiert. Lynchs Laborstudien beruhen deshalb auf „detailed records of moment-to-moment activities“, die aus „repeated playback, transcription and analysis of tape recordings“ hervorgehen.[2] Kurzum: in den Griff bekommt man das Treiben der Forscher erst, wenn man es aufzeichnet, und präziser gesagt dadurch, daß man die auf Audio- und Videobändern immer noch dicht gepackten Geschehnisse fein säuberlich auf dem Papier respektive am Bildschirm in Schriftzeichen übersetzt, in Spalten und nummerierte Zeilen auseinanderlegt, eventuell noch ein paar Skizzen anfertigt und das Ergebnis gemütlich durchblättern kann. Die Laborstudien waren und sind bis heute nicht zum wenigsten Schreibtischarbeit.

Festhalten

Wo von der Rolle des Aufschreibens im Forschen die Rede ist, wird häufig die Speicherfunktion der Schrift in den Vordergrund gerückt. Dies mag besonders für die Frühneuzeit von Bedeutung sein, als man vollständig auf Stift und Papier angewiesen war, um Eindrücke und Beobachtungen für sich zu bewahren.[3] Seitdem in den Wissenschaften ab dem 19. Jahrhundert zahlreiche weitere, oft auch selbstätige Aufzeichnungstechniken zur Verfügung stehen, kann dieser Punkt aber nicht mehr länger zentral sein. Zwar wird, jedesmal wenn ich etwas aufschreibe, das Gedächtnis entlastet und gestützt. Ginge es jedoch einzig darum, könnte man seine Einfälle ebensogut diktieren, das Laborjournal ausrangieren und sich mit Meßstreifen und *prints* begnügen, ausschließlich Kopien und Scans aus Bibliothek und Archiv nach Hause tragen oder bei der

Arbeit im Feld auf Fotos und Videos setzen. Eben das ist aber nicht passiert: Neben allen diesen Möglichkeiten und teils zusätzlich zu ihnen wurden und werden Forschungsgegenstände auch weiterhin verschriftet.

Es liegt deshalb nahe, daß das Aufschreiben mehr leistet, als eine Sache, indem sie festgehalten wird, auf Dauer zu stellen. Festhalten meint in diesem Kontext auch, die Vielfalt einer Sache zu reduzieren, auf sie Zugriff zu bekommen und, damit will ich beginnen, von einer Sache Abstand zu gewinnen. Dies ist nicht metaphorisch, sondern konkret räumlich zu verstehen. Werner Kogge spricht von der „spezifische[n] Distanz zwischen der Fläche des Schriftbilds und dem Ort des Lesenden/Schreibenden", die so abgemessen ist, daß das Geschriebene im Blick bleibt.[4] Eine Sache festzuhalten, fällt dementsprechend mit der Möglichkeit zusammen, eine Sache zu überschauen. Was dies im Forschen bedeutet, kann man sich leicht klarmachen, wenn man noch einmal zu Michael Lynch und seinen Transkripten zurückkehrt.

Eine Laborszene: Der Leiter der Forschungsgruppe vergleicht mit einem fortgeschrittenen Studenten eine Reihe von elektronenmikroskopisch hergestellten Aufnahmen von Gewebeschnitten aus einem Rattenhirn. Lynch führt diese Szene als Beispiel dafür an, wie im Labor die Erzeugnisse des Forschungsprozesses kritisch durchgemustert werden.[5] Mich interessiert aber nur das Lynchs Aufsatz beigefügte Transkript der Szene. In ihm wird ein gestisches, räumliches und sprachliches Geschehen von nicht ganz klarer Dauer, aber kaum länger als ein oder zwei Minuten, auf knapp einer Seite verschriftet. Nachfolgend ein kleiner Auszug (ca. 20–30 sec) aus der Szene unter Beibehaltung von Lynchs Notation:

„1. H: Is the degen- D. G. there?
2. J: Yeah ((low volume, 'slurred'))
3. H: Much dreaded D. G.?
4. J: Yeah, I don't know if that's the starting point.
5. ((finger snapping in the background, probably by H))
6. (brief pause)
7. H: Yeah, it's kind of unfortunate.
8. J: Yeah.
9. (brief pause)
10. H: Shot this a little *high*, didn't you?
11. J: No?"[6]

In diesen Zustand gebracht, ist das Geschehen im Labor nicht mehr dasselbe. Damit meine ich nicht (nur), daß im Transkript, selbst dann, wenn nicht wie hier ein „simplified transcript" benutzt wird, immer Aspekte des Geschehens wegfallen. Ich meine, daß durch die Transkription zeitlich nacheinander und räumlich getrennte Abläufe und Äußerungen (wie gesagt, die gesamte Szene dürfte maximal ein, zwei Minuten gedauert haben) auf dem Blatt so zusammengezogen werden, daß sie sich ohne viel Aufwand gemeinsam in Betracht ziehen lassen. Und ich meine, daß durch die Transkription zeitlich und räumlich ineinander verwickelte Abläufe und Äußerungen so auseinandergesetzt werden, daß ihre Bestandteile den Charakter von eigenständigen, separaten Einheiten gewinnen (siehe zum Beispiel Zeile 4–5, wo das Fingerschnippen des Laborleiters H., das die Äußerung des Studenten J. begleitet, eine eigene Zeile im Transkript erhält).

Im einen wie im anderen Fall kann Lynch im Blick auf das Transkript mehr von der Szene wissen und erkennen als den Akteuren selbst möglich ist. Das Transkript, schreibt Greg Myers, „is an idealization of the fleeting moment and complex interaction that Lynch wants to discuss."[7] Schon eine Minute Gespräch im Leben sind so lang, daß man sie kaum vollständig im Gedächtnis zur Verfügung hat und sie sind oft so sprunghaft (wie auch in diesem Beispiel), daß sie im Augenblick selbst für die Akteure nicht unbedingt den Charakter eines stringenten, folgerichtigen, sinnvollen Geschehens besitzen. Dieselben ein, zwei Minuten nehmen auf dem Papier gerade eine Seite ein, in die man sich beliebig oft mit Finger, Stift und Marker versenken kann, um den Zusammenhang zwischen sprachlichem, phatischem und gestischem Geschehen genau herauszuarbeiten. Lynch resümiert:

„H and J subsequently argued about J's responsibility for the visible ambiguity, and about the adequacy of the particular montage as data to be used for the project's report of measured relations between the two adjacent fields of axon terminals."[8]

Es stellt sich allerdings die Frage, ob Lynch damit die Intentionen ausspricht, denen die Akteure mehr oder weniger bewußt in der Szene folgen, oder ob diese Intentionen eher das Ergebnis der durch die Transkription ermöglichten Form der Analyse darstellen. Die Szene-als-Transkript, Zeile für Zeile, auf ihren Sinn hin abzuklopfen, gestattet die Produktion von Kohärenzen, die in der Szene-als-Szene abwesend sein können.[9]

Ethnomethodologie und Konversationsanalyse, denen Lynch anhängt, sind sicher in besondere Weise von der Verschriftung ihrer Objekte abhängig. Aber auch sonst wird in den empirischen Sozialwissenschaften alles, was untersucht werden soll, zunächst in ein Schriftstück gepackt. Das können Abschriften von Interviews sein, Fragebögen oder Aufzeichnungen im Feld. Wie eben schon gesehen, beinhaltet dieser Vorgang weit mehr als einen technischen Akt (der in diesen Disziplinen üblicherweise – die Literatur füllt Regalbretter – als Angelegenheit der richtigen Methode behandelt wird). Aus seinen Beobachtungen am Kulturwissenschaftlichen Institut Essen schöpfend spricht Leon Wansleben in diesem Zusammenhang von der „Einkulturierung" und „Domestizierung" der Forschungsobjekte.[10] Sie werden passend gemacht für die schriftgewohnte Analyse- und Darstellungspraxis der Sozialwissenschaften. Und sie werden in ihrer Verschriftung eingehegt.

Dieser zweite Punkt wird noch deutlicher, wenn man von den Sozial- hinüber zu den Naturwissenschaften wechselt. Festhalten bedeutet in diesem Kontext, die Umstände und Ergebnisse von Beobachtungen und Versuchen in eine Form zu bringen. Dies kann mit Hilfe von Vordrucken (wie in der Pathologie) oder anderweitig schematisierten Protokollblättern geschehen, heute wird es häufig durch die Bildschirmmaske eines Computerprogramms erledigt, der ganze Vorgang kann sich aber auch in einem schlichten, unlinierten Schulheft abspielen. Entscheidend ist, daß hierdurch zum einen die Menge der Phänomene und Prozesse, die beim Ablauf eines Versuchs oder in Beobachtungen potentiell vor Augen geraten können, erheblich reduziert wird und daß man zum anderen auf seinen Versuch oder seine Beobachtungen in einer Weise Zugriff bekommt, wie das ohne Aufzeichnung nicht möglich ist. Was es damit auf sich hat, will ich an einem Beispiel entwickeln.

Der Zoologe Karl von Frisch ist für seine Forschungen zur Tanzsprache der Bienen berühmt geworden.[11] In umfangreichen Untersuchungen zu Beginn der 1920er Jahre hatte er bereits herausgefunden, daß Bienen durch einen bestimmten Bewegungsablauf im Stock (einen ‚Tanz') anderen Sammlerinnen die Richtung einer Futterquelle anzeigen. Eine neue Wendung nahmen diese Arbeiten im Zweiten Weltkrieg, als von Frisch der für die Ernährungslage relevanten Frage nachging, wie die Bestäubungsleistung von Bienen verbessert werden könnte. Für die Versuche wurde gewöhnlich an einem Futterplatz neben dem Stock ein mit einem bestimmten Duftstoff versetztes Futter angeboten, einige der eintreffenden Bienen markiert, daraufhin ihre Rückkehr zum Stock abgewartet und etwas später an einem mit demselben Futter versehenen Beobachtungsplatz, ebenfalls nahe zum Stock gelegen, die Zahl der neu eintreffenden Bienen festgehalten. Inmitten dieser Unternehmung begann von Frisch im Sommer 1944 weitere Versuche, in denen zusätzlich die Abstände von Futter- und Beobachtungsplatz vom Stock variiert wurden. Die ersten Aufzeichnungen zu einem solchen Versuch finden sich in von Frischs Arbeitsjournal unter dem Datum 12. August (Abb. 3).[12]

Was wird auf diesen zwei Seiten festgehalten? Da wären das Datum des Beobachtungstags, Bemerkungen zum Wetter (allgemeine Wetterlage, Temperaturangaben, Windrichtungen), Art und Menge des Futters am Futterplatz und an den Beobachtungsplätzen A und B, die Lage aller drei Plätze und ihr Abstand zum Stock, die Namen der Beobachterinnen an den Beobachtungsplätzen, die Anflugrichtung der Bienen, Uhrzeiten (Beginn und Ende der Fütterungen, Beginn und Ende der Beobachtungen), Zahlen der Besuche am Futterplatz durch einzelne durchnummerierte Bienen, die Zeiten, zu denen Bienen an den Beobachtungsplätzen auftauchen, Gesamtzahl der Besuche dort und einzelne Bemerkungen zum Verhalten

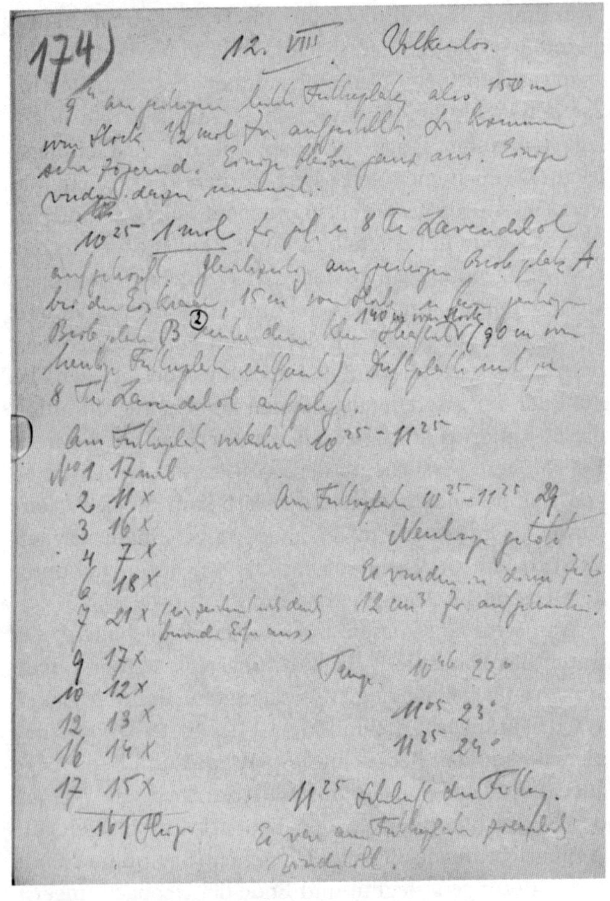

Abb. 3: Aufzeichnungen zum Versuch 174 am 12. August 1944. Als Beobachtungsjournal diente Karl von Frisch ein gewöhnliches Schulheft, Format DIN A5.

13

Beobachtungsplatz A (Frl. [illegible]) 15 m Abstand
(ab 10²² beobachtet)

10 25	59	09	32
26	11 00	09	33
35	02	11	52
35	02	12	52
45	03	14	[illegible]
46	05	20	
48	07	27	
49	08	32	
49			

Der Anflug erfolgt aus der Richtung [illegible] vom Stock her, [illegible] also im ganzen von rechts nach links.

Summa 29 (5, 11)

Anfliegen kamen 2x Nr 2, 1x Nr 5 u 1x eine nicht eindeutig numerierte.

Es sind Anflüge der [illegible] in der unmittelbaren Nähe der Duftplatte [illegible] haben, [illegible]

Beobachtungsplatz B (Frl. Walter) 140 m Abstand

10 31	04	19
41	04	20
43	05	20
43	05	22
47	05	25
48	07	25
49	07	29
54	07	31
59	07	32
11 00	08	32
01	09	34
02	11	39
02	17	

11⁵⁵ Schluss der Beobachtung

Anflug erst von links unten den Hang hinauf, dann von links oben den Hang herunter.

[illegible]

Summa 38 (12)

([illegible])

der Bienen bei der Fütterung sowie zum Prozedere der Beobachtung (was gilt als Besuch) und der Aufzeichnung (was bedeutet eine geschlängelte Unterstreichung).

Die Fülle dieser Angaben kann nicht darüber hinweg täuschen, daß hier keineswegs alles aufgeschrieben worden ist. Der Versuch fand auf den Wiesen neben von Frischs Sommerhaus am Wolfgangsee statt. Es handelte sich, wie man den Wetterangaben entnehmen kann, um einen recht angenehmen Sommertag, so daß aller Wahrscheinlichkeit nach an diesem Fleck noch einige andere Lebewesen unterwegs waren. Darüber herrscht im Beobachtungsjournal ebenso Schweigen, wie über die Geräusche und Gerüche in der Luft oder die Flora auf den Wiesen. Weiter fällt auf, daß die Aufzeichnungen teilweise unklar sind: So bleibt offen, was die einfache Unterstreichung von Uhrzeiten bedeutet; während die Bedeutung geschlängelter Unterstreichungen auf der rechten Seite eigens vermerkt wird.

In der Aufzeichnung des Versuchs ergeben sich zwei Arten von Lücken. Die einen betreffen die äußeren Verhältnisse des Versuchs: Diese Lücken sind unmerklich, man stößt auf sie erst durch eine zusätzliche Überlegung: Wie mag es auf der Wiese ausgesehen haben? Näher besehen handelt es sich auch gar nicht um Lücken, sondern um Auslassungen: Im Aufschreiben werden eine Reihe von Aspekten beiseite gelassen und dadurch Szene und Ablauf des Versuchs isoliert. Was im Labor häufig schon durch die örtlichen Verhältnisse gewährleistet wird: Fokussierung, Unterdrücken von Nebenumständen, reine Bedingungen, wird im Feld durch Stift und Papier erledigt. Auf dem Blatt ist alles nicht zur Sache gehörende verschwunden. Die zweite Art von Lücken betreffen die innere Logik der Aufzeichnungen: Diese Lücken werden merklich, wenn der Leser sie nicht füllen kann. Geschlängelte Unterstreichungen bedeuten: nahe zum Beobachtungsplatz gesehen, aber was bedeuten dann die einfachen Unterstreichungen, die ebenfalls separat im Gesamtergebnis ausgewiesen werden? Auch diese Lücken bezeichnen näher betrachtet Auslassungen, allerdings anderer Art. Was hier fehlt, ist nicht überflüssig, sondern dem Schreiber, von Frisch, sowieso klar gewesen: Warum eigens aufschreiben, was einfache Unterstreichungen bedeuten, wenn man es im Kopf hat?

Was von dem Versuch festgehalten wird, ist ohne Zweifel durch von Frisch entschieden worden. Nur ein Uneingeweihter wie ich sieht Lücken in den Aufzeichnungen, für den Versuchsleiter sind sie im Moment der Aufzeichnung vollständig. Insofern könnte man sagen, daß die Aspekte, die aufgezeichnet worden sind, zusammen mit dem, was sich aus von Frischs Sicht von selbst verstanden hat, seinen Zugriff abbilden: In ihnen äußert sich, was für den Forscher in diesem Versuch auf dem Spiel steht, was er generell voraussetzt, was er für bedeutsam hält; zum Beispiel die Richtung, von der aus die Bienen die Beobachtungsplätze anfliegen. So wird in dem, was festgehalten wird, letztlich nicht das Geschehen in seiner ganzen Mannigfaltigkeit überliefert. Vielmehr drücken sich darin die Vorannahmen und Erwägungen aus, die in den Versuch eingehen. Es ist deshalb auch nicht der Vorgang des Aufschreibens selbst, in dem das Geschehen auf der Wiese eingedampft wird, sondern in diesem Vorgang reproduziert sich nur das über die Jahre der Versuche mit Bienen herausgebildete Aufmerksamkeitsraster. Allerdings – und diesen Punkt darf man nicht unterschätzen – bleibt von Frisch im Weiteren von diesen Aufzeichnungen abhängig: Alle Aspekte, die nicht festgehalten worden sind und sich nicht von selbst verstehen, sind auch für ihn im zeitlichen Abstand nicht mehr verfügbar. Insofern wird im Aufschreiben präformiert, was sich mit den Vorgängen am Vormittag des 12. August 1944 fernerhin anfangen läßt.

Das Geschehen rund um einen Versuch wird im Aufschreiben nicht nur erheblich reduziert. Odile Welfelé hat auf die Spannung zwischen der linear nacheinander erfolgenden Aufzeichnung auf dem Blatt und den realen Zeitverhältnissen im Forschen hingewiesen. Eine der Forscherinnen, deren Journale sie untersucht hat, bemerkt: „Le cahier est chronologique, la manière dont on fait les choses ne l'est pas."[13] Was bei der Beschreibung der Verrichtungen vor oder während eines Versuchs ein Problem darstellt, kann bei der Verzeichnung der Versuchsergebnisse wiederum von Vorteil sein. Der Besuch der Bienen an den Beobachtungsplätzen A und B wird gleichzeitig kontrolliert. In von Frischs Arbeitsjournal kommen die jeweiligen Angaben hingegen ordentlich getrennt hintereinander zu stehen. Umgekehrt finden auf den zwei Seiten Vorgänge zusammen, die an drei verschiedenen Orten in einigem Abstand zueinander stattfinden und vom Forscher während des Versuchs gar nicht überblickt werden können; es sei denn von Frisch hätte die Gabe der Omnipräsenz besessen. Tatsächlich griff er auf seine Studentinnen als Hilfskräfte zurück.

Hans-Jörg Rheinberger bezeichnet solche Effekte des Aufschreibens als „‚Redimensionalisierung' des experimentellen Arrangements": Was sich ursprünglich in vier Dimensionen abspielt, wird „auf einen zweidimensionalen Rahmen gezogen".[14] Welche Vorteile das hat, wurde schon bei der Besprechung von Michael Lynchs Transkript der Laborszene deutlich. An von Frischs Arbeitsjournal läßt sich aber verstehen, daß es in vielen Forschungssituationen vor der Möglichkeit der intensiven Analyse (die Lynch betreibt) zunächst einmal darum geht, im Festhalten ein räumlich und zeitlich ziemlich ausgebreitetes Geschehen auf einer relativ kleinen Fläche einzugrenzen. Besonders evident ist das, wenn ein Zoologe wie von Frisch Versuche in der freien Natur durchführt. Man kann aber auch an eine Historikerin denken, die von Archiv zu Archiv reist und alle ihre Aufzeichnungen zu Hause am Schreibtisch in ein paar Dateien zusammenführt. Im einen wie im anderen Fall wird das Forschungsobjekt, durch das, was festgehalten wird, zugleich zur Verfügung gestellt. Das ist keine übermäßig spektakuläre Leistung, sie ist aber unabdingbar. Erst im Arbeitsjournal wird der Versuch für von Frisch im Ganzen handhabbar und was dort von dem Versuch aufgeschrieben wird, besagt, was auf der Sommerwiese am Wolfgangsee stattgefunden hat.

Bestand gewinnen

In den einzelnen wissenschaftlichen Schreibszenen bestimmt sich die Leistung des Aufschreibens immer ein wenig anders. Im Falle von Lynchs Transkript der Laborszene wird die vertiefte Analyse eines komplexen Vorgangs ermöglicht. Bei von Frischs Aufzeichnungen steht zunächst im Vordergrund, einen ausgedehnten Vorgang zusammenzuziehen. In anderen Kontexten wird man davon sprechen können, daß der Gegenstand der Untersuchung erst im Aufschreiben Gestalt gewinnt. Wie Chad Wickman zeigt, wird in einem Labor, in dem die Eigenschaften von Flüssigkristallen untersucht werden, das *lab notebook* des Forschers zu dem Ort, an dem „a-perceptual chemical processes are made textual",[15] wo also die Sache, um die es geht, nicht nur reduziert und überschaubar wird, sondern durch das Aufschreiben – natürlich zusammen mit den im Versuch verwendeten Instrumenten und Apparaten – sinnlich faßbar wird. Noch einen Schritt weiter geht Ursula Klein, wenn sie ebenfalls mit Blick auf chemische Reaktionen herausarbeitet, wie chemische Summenformeln seit den 1820er Jahren gestatteten, die Produkte chemischer Reaktionen nicht nur genauer nachzuverfolgen als dies im Labor bis dahin häufig möglich war, sondern zugleich auch Hinweise auf bislang unentdeckte Reaktionsprodukte lieferten.[16] Summenformeln machten so nicht nur chemische Prozesse auf dem Papier faßbar, sondern deckten zugleich bis dahin nicht bemerkte Komponenten auf.

Auch wenn im Aufschreiben, abhängig von den besonderen Umständen eines Forschungsgebiets, je verschiedene Aspekte stärker hervortreten, ist dieser Vorgang insgesamt dadurch charakterisiert, daß in ihm Gegenstände der Forschung Bestand gewinnen. Das mag trivial klingen, solange man nicht in Betracht zieht, daß damit im gleichen Moment eine ganze erdenkliche Zahl von möglicherweise bedeutsamen Informationen vorerst außer Sicht gerät. Etwas aufzuschreiben, ist ein unscheinbarer Vorgang, aber ein Vorgang mit Konsequenzen. In ihm entscheidet sich, was Sache ist, Präsenz gewinnt, vertieft studiert werden kann und was diesen Status nicht gewinnt, obwohl es ebenfalls hätte aufgegriffen werden können und denkbar gewesen wäre. Dazu kommt, daß diese Sache, wie sie nun manifest vorliegt, beim Aufschreiben in Form gebracht wird und eine Ordnung erhält, die den Zugriff auf sie im Weiteren strukturiert.

Keine Wissenschaft kann sich diesem Effekt des Aufschreibens entziehen. Davon zeugt schon, daß der Vorgang des Aufschreibens, mal informell und mit viel individuellem Spielraum, mal stärker reguliert eingeübt wird. In welchem Maße dieser Effekt für eine Wissenschaft Wirksamkeit gewinnt, hängt dabei davon ab, wie leicht sie sich Zugang zu ihren Forschungsgegenständen verschaffen kann und wie leicht Untersuchungen wiederholt werden können. Wer mit einigen Büchern aus der heimischen Bibliothek auskommt oder in einem Labor Messungen an einem beliebig erhältlichen Material vornimmt, sieht sich in dieser Hinsicht in einer anderen Situation als ein Forscher, der in seiner Arbeit auf seltene, wohl verwahrte Buchbestände angewiesen ist, oder im Feld darauf rechnen muß, seinen Gegenstand, wenn überhaupt, nur flüchtig zu Gesicht zu bekommen. Daraus folgt nicht notwendig, daß Wissenschaften, die weniger leicht über ihren Gegenstand verfügen können, zu einer stärkeren Formalisierung des Aufschreibens neigen. Dafür, wie man mit dem Problem umgeht, auf die Manuskripte einer weit entfernten Handschriftensammlung zurück am Schreibtisch nicht mehr zugreifen zu können, hat wahrscheinlich jeder Philologe seine eigene Lösung. Der Punkt ist vielmehr, daß die erschwerte Verfügbarkeit in diesen Wissenschaften für die Einrichtung der Schreibszene prägend ist. Die Angst, auf seinen Gegenstand nicht ohne Weiteres zurückkommen zu können, steht hier gewissermaßen schon im Raum, noch bevor man mit dem Aufschreiben beginnt.

Der Fall des Sektionsprotokolls hat bereits gezeigt, wie eine ganze wissenschaftliche Praxis davon bestimmt sein kann, daß der Gegenstand der Untersuchung primär im Schreiben eines Dokuments Bestand gewinnt. Konkret drückt sich dieser Umstand in der Regulierung des Aufzeichnungsprozesses und einem besonderen Verhältnis zur Formulierung der Befunde aus. Im Ensemble der Schreibszene rücken damit Geste und Sprache in den Blick: Ihnen gilt die Sorge und man kann die Geschichte des Sektionsprotokolls durch das 20. Jahrhundert als eine erzählen, die davon beherrscht ist, Geste und Sprache im Zaum zu halten. Als Mittel der Wahl wurde dabei zunehmend die Regulierung der Schriftführung durch die Vorgaben des Vordrucks, also die Einengung der Geste, begriffen. Folgt man diesem Vorgang, wird sehr schön deutlich, was es heißt, dem Effekt des Aufschreibens für den Bestand einer Sache Rechnung zu tragen.

Pathologen dürften sehr gut verstanden haben, worum es sich bei jener merkwürdigen Sprachskepsis handelte, die im Jahrzehnt an der Wende vom 19. zum 20. Jahrhundert unter Literaten notorisch wurde. Wenn Friedrich Nietzsche in *Ueber Wahrheit und Lüge im aussermoralischen Sinne* bemerkt, daß niemand mehr von Gesetzmäßigkeiten der Natur reden würde, „sähe der eine von uns denselben Reiz als roth, der andere als blau", war das vornehmlich als Gedankenspiel gemeint.[17] Für Pathologen bildete hingegen die Empfindung von Farben und ihre Bezeichnung – zugegeben in feineren Nuancen – ein beständiges Problem. Johannes Orth, Nachfolger Rudolf Virchows an der Berliner *Charité*, gibt sich keinen Illusionen hin: „ob eine Färbung als hellrot oder dunkelrot, blaurot oder violettrot, ob sie gelbrot, orangerot, rostrot, gelbbraun, rotbraun usw. bezeichnet werden soll, dafür ist das subjektive Ermessen massgebend, [...]."[18] Solche Einsichten setzen dem Wunsch, „objektive Beschreibungen des tatsächlichen Befundes" zu erhalten, nicht nur Grenzen.[19]

Sie geben auch zu verstehen, daß alle Formulierungen in einem Sektionsprotokoll, die Qualitäten eines Befunds betrafen (außer Farbe zum Beispiel auch Konsistenz, Größe, Lage, Struktur usw.), zugespitzt gesagt unter dem Verdacht standen, die betreffende Sache etwas willkürlich zu bezeichnen. Kollegen aus anderen medizinischen Fächern kamen zur selben Zeit zu ähnlichen Überlegungen. Der Psychiater Robert Sommer wies darauf hin, daß jede Beschreibung angesichts der „complicirten Erscheinung", die der Kranke bietet, notwendig lückenhaft ausfällt, Elemente des Eindrucks verändert, Assoziationen des Beobachters beimengt und, besonders heikel, es durch „das Mittel der Sprache" dazu kommt, daß „in dem Leser einer Beschreibung andere Vorstellungen erweckt [werden], als dem Schreiber vorgeschwebt haben."[20]

In den Jahren vor und nach 1900 begegneten Pathologen dem Wust von Willkürlichkeiten und Mißverständnissen, der sich anscheinend unvermeidlich mit dem Gebrauch der Sprache bei der Überlieferung der Befunde verband, vor allem mit dem Versuch, den Vorgang der Bezeichnung ausgiebig zu schulen und hierüber eine Kohärenz in Wortwahl und Formulierung zu erreichen. An einer einzelnen Prosektur ließ sich das durchsetzen, aber schon in der nächsten Einrichtung konnten andere Regeln gelten. In den 1920er Jahren klagte Robert Rössle, Orths Nachfolger an der *Charité*, man habe es bei den Sektionsprotokollen mit „einem richtigen Kauderwelsch" zu tun.[21] Ein direkter Zusammenhang läßt sich nicht nachweisen, aber es fällt auf, daß in den folgenden Jahrzehnten Fragen der richtigen Formulierung weniger häufig angesprochen wurden. Stattdessen wurde zunehmend darauf gesetzt, die Regulierung der Beschreibung in den zur Aufzeichnung verwendeten Vordruck zu überführen. An der *Charité* erreichte diese Entwicklung einen ersten Höhepunkt Ende der 1950er Jahre (Abb. 4). Die Anfertigung des Protokolls gleicht in diesem Vordruck der Aufgabe, eine Lückentext auszufüllen. Statt längerer Formulierungen wird vom Obduzenten verlangt, an den entsprechenden Stellen einzelne Worte oder kurze Wendungen einzusetzen. Das Problem der Bezeichnung war damit zwar keineswegs gelöst, denn noch immer mußte der Obduzent das zutreffende Wort auswählen. Man sieht aber, wie der Spielraum der Entscheidung durch die Vorgabe von abzuarbeitenden Punkten und die Breite der Lücken systematisch verengt wird. Es ist keineswegs metaphorisch, wenn man sagt, daß hier durch die Einhegung der Schreibgeste die Vieldeutigkeit sprachlicher Wendungen in Fesseln gelegt werden sollte.

Dieser Trend hat sich heute einerseits noch weiter verstärkt, insofern die Vordrucke inzwischen noch höher aufgelöst sind und entweder listenartig jeweils nach einer Angabe verlangen oder gleich nur noch vorgegebene Optionen anzukreuzen sind. Andererseits läßt sich ein Prozeß der Differenzierung beobachten, insofern nun das Protokoll auf die Dokumentation der Befunde beschränkt wird, während ihre Zusammenschau und die darauf gegründete Diagnose in einem eigenen, frei formulierten Sektionsbericht stattfindet. Auch wenn damit in gewisser Weise ein Schritt zurück gemacht wird, trägt diese vorläufig letzte Wendung in der Geschichte des Sektionsprotokolls dem Effekt des Aufschreibens für den Bestand des Untersuchungsgegenstands mehr denn je Rechnung. Näher besehen wird nun nämlich der Akt des Bewertens (die auf den Befund gestützte Diagnose) endgültig vom Akt des Feststellens (dem Protokoll) abgetrennt und wäh-

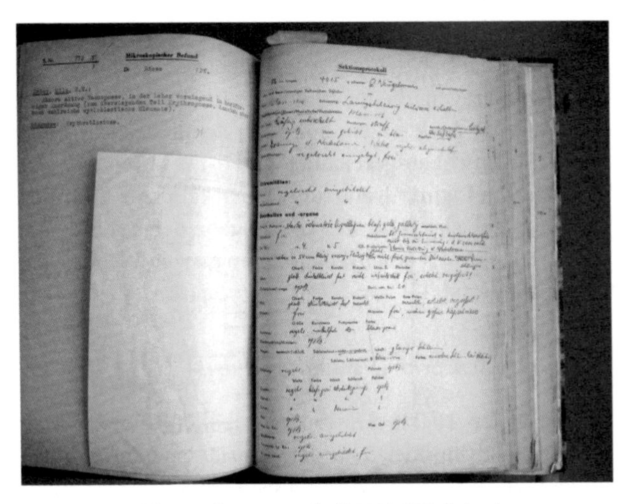
Mikroskopischer Befund

Sektionsprotokoll

Abb. 4: Sektionsprotokoll 772/1957, Seite 4.
Prosektur der *Charité*, Berlin.

rend im ersteren das mit der Verwendung der Sprache einhergehende Urteilen durchaus seinen Ort hat, wird im letzteren versucht, so weit es nur irgendwie geht, die Wagheiten des Ausdrucks auf ein Wort zu begrenzen oder ganz durch das Ankreuzen einer vorgebenen Option zu ersetzen.

Man braucht allerdings nicht viel Phantasie, um zu erkennen, daß damit die Entscheidung darüber, was fortan zur Sache weiterer Überlegungen werden kann, in keiner Weise an Brisanz verliert. Denn mit jedem Wort, das eingefüllt wird, und jedem angekreuzten Kästchen geht auch weiterhin auf Seiten des Obduzenten eine Wahl einher, die so oder so ausfallen kann und denselben Einflüssen unterliegt, von denen Pathologen schon am Beginn des

20. Jahrhunderts gesprochen haben. Die Schreibszene der Pathologie hat sich damit letztlich nicht geändert: Die Batterien von Fragen, die man heute abarbeitet, bringen den Imperativ, dem sie folgen, nur noch deutlicher zum Ausdruck: Was nicht aufgezeichnet wird, ist verloren und was aufgezeichnet wird, droht stets, einen falschen Eindruck zu erwecken; gleich ob sich die Angabe der Befunde auf ein einzelnes Wort beschränkt oder in ganzen Wendungen und Sätzen erfolgt.

In Worte fassen: Schreiben und Zeichnen I

In den vielen 10.000 Sektionsprotokollen, die seit Mitte des 19. Jahrhunderts an der *Charité* entstanden sind, findet man nur wenige Zeichnungen. Dasselbe Bild ergibt sich, wenn man die Bestände aus dem *Westend-Krankenhaus* durchgeht. Grob geschätzt wurde vielleicht alle 100 oder 200 Protokolle die Beschreibung eines Befunds durch eine Skizze ergänzt oder ganz durch eine solche ersetzt. Die Häufigkeit nimmt nach meinem Eindruck zu, je weiter man sich der Gegenwart nähert, auch tauchen nun gelegentlich Fotos und Schemata zum Einzeichnen als Beilage zu den Protokollen auf. Noch einen Schritt weiter gehen aktuelle Vordrucke: Körper- und Organschemata sind nun in allen Teilen des Sektionsprotokolls die Regel. „Wichtige Befunde", heißt es in den Leitlinien der Berufsverbände deutscher Pathologen aus dem Jahr 2017, „sind zu fotografieren und/oder in Skizzen (Ad-hoc oder Schemazeichnungen) festzuhalten".[22] Doch selbst dann ist das finale Produkt des Sektionsbetriebs ein Schriftstück; nämlich der auf der Basis des Protokolls zu verfassende Sektionsbericht.

Denkt man an die allgegenwärtige Furcht vor den semantischen Überschüssen sprachlicher Wendungen, ist es um so bemerkenswerter, daß in dem Bestand der von mir eingesehenen Sektionsprotokolle so wenige Zeichnungen und Fotografien zu finden sind. Ich möchte nicht ausschließen, daß es sich hier um eine Art ‚Berliner bias' handelt,[23] aber es lassen sich auch Gründe dafür angeben, daß die Sprachgebung der Befunde dominiert und bis heute, trotz der regulären Einbindung graphischer Darstellungen, Vorrang hat. Sehr allgemein liegt auf der Hand, daß wissenschaftliche Mitteilungen im Regelfall sprachlich erfolgen und entsprechend jede Untersuchung auf die Versprachlichung ihrer Beobachtungen und Überlegungen zulaufen muß. Ebenso auf der Hand liegt allerdings, daß in nicht wenigen Wissenschaften und nicht ausschließlich in den Naturwissenschaften Phänomene und Prozesse zunächst mit Hilfe von allen möglichen Formen von Visualisierungen erfaßt werden. Hans-Jörg Rheinberger hat sogar davon gesprochen, „daß das Sichtbarmachen von etwas, das sich nicht von sich aus zeigt, das also nicht unmittelbar evident ist und vor Augen liegt, den Grundriß und Grundgestus der modernen Wissenschaft überhaupt ausmacht."[24] Von selbst versteht sich dabei, daß dieses „Sichtbarmachen" überwiegend nicht mit Hilfe von Worten erfolgt. Setzt eine Wissenschaft wie die Pathologie genau hierauf, könnte man daher den Eindruck einer gewissen Rückständigkeit gewinnen.

Warum also der Hang zur Sprachgebung und damit verbunden zur schriftlichen Fixierung von Sektionsbefunden? Rudolf Virchow, der an der Etablierung des Sektionsprotokolls im deutschsprachigen Raum maßgeblich beteiligt gewesen ist, bemerkt in seiner Rede zur Eröffnung der Naturforscherversammlung 1886 in Berlin, daß die Feinheiten der Sinneseindrücke „erst durch sprachliche Fixirung des Wahrgenommenen zu bewusstem Besitz gebracht und zu wahrem Verständniss ausgestaltet werden."[25] Er dachte dabei, was bei einem Pathologen schon nicht mehr überraschen kann, an die „Schattirungen der Farben", die das Auge unterscheiden kann, für die es aber, wie Virchow in den Raum stellte, eventuell noch an entsprechend reichhaltigen Bezeichnungen fehle.[26] Sein Nachfolger an der *Charité*, Johannes Orth, hatte, wie bereits zitiert, 20 Jahre später keinen Mangel an Nuancierungen für die Beschreibung von Farben. Die zahllosen Rottöne, die er unterschied, stärkten aber nicht unbedingt sein Vertrauen, daß man auf diesem Weg ein unanfechtbares Zeugnis seiner Sinneseindrücke geben könne. Zur Erinnerung: Jede Bezeichnung beinhaltet nach seinen Worten notwendig ein subjektives Urteil. Das hinderte Orth jedoch keineswegs daran, Virchows Vorstellung von Sprache als einem Mittel, Erscheinungen in „Besitz" zu nehmen und „zu wahrem Verständnis" zu bringen, im Kern unverändert zu übernehmen.

Ob man Befunde „für sich in Gedanken" festhält oder schriftlich fixiert, machte für Orth einen bedeutenden Unterschied. Letzteres habe den

> „Vorteil, dass man gezwungen wird, sich die sinnlichen Wahrnehmungen recht klar zum Bewusstsein zu bringen, dass ein Uebersehen vorhandener Veränderungen viel weniger leicht vorkommen kann, schon weil man sich beim Niederschreiben oder Diktieren des Protokolls mehr Zeit nehmen muss."[27]

Wendet man Orths Überlegung im Sinne Vilem Flussers, dann werden die Beobachtungen des Obduzenten, dadurch daß sie für das Protokoll zu artikulieren sind, kanalisiert. Worte sind zu wägen, die Eindrücke müssen mit einem bestimmten Ausdruck verknüpft werden und gewinnen hierüber Spezifität: *Dieses* ist zu sehen, andere Möglichkeiten werden gleichzeitig ausgeschlossen. Und die Eindrücke sind für ihre Verbalisierung in eine Reihenfolge zu bringen: Die Vielfalt des Wahrgenommenen erhält hierüber eine Gliederung, manchmal hierarchisch, oft einfach parataktisch als Aufzählung. Das Eine wie das Andere sorgen dafür, daß der visuelle Eindruck in diskrete Elemente überführt wird, die sich auf dem Blatt zu Tatsachen verfestigen: „Auf der Schnittfläche ist das Gewebe glatt und elastisch, jedoch von bedeutend vermehrtem Blutgehalt." Die Leistung der Sprachgebung besteht so besehen nicht darin, Wahrnehmungen wiederzugeben, sondern darin, Wahrnehmungen in Feststellungen zu überführen, indem die Fülle des potentiell Bemerkbaren durch die Bezeichnung reduziert und durch die Reihung von Worten auf dem Blatt strukturiert wird.

Mit Skizzen oder Fotografien von Befunden lassen sich ohne Zweifel fast dieselben Effekte wie durch ihre Beschreibung erzielen: Ausschnitt, Konturierung, Kontrast und Fokussierung reduzieren und strukturieren die Vielfältigkeit eines sinnlichen Eindrucks ebensogut wie aneinander gereihte sprachliche Wendungen. Speziell dem Zeichnen wird zudem nachgesagt, daß es die Aufmerksamkeit auf den Gegenstand zusätzlich steigert. Mit fast denselben Worten, mit denen Orth die Vorzüge des Protokollierens gegenüber dem bloßen Wahrnehmen in Gedanken pries, bemerkte der Schweizer Geologe Albert Heim 15 Jahre früher: „Nur durch das Zeichnen zwingt man sich, ausreichend bewusst zu sehen, zu beobachten und nicht nur anzusehen, sondern das Gesehene mit dem

Geiste zu beachten."[28] Konkreter könnte man sagen, daß im Zeichnen der Gegenstand näher rückt. Im Bezug auf die Skizzen stellarer Nebel zur Mitte des 19. Jahrhunderts spricht Omar Nasim von einem „process of familiarization", in dem die schwer zu fassenden Erscheinungen durch wiederholte Entwürfe allmählich Beständigkeit gewinnen.[29] Diese explorative Seite am Zeichnen hat nicht an Wichtigkeit verloren. In der systematischen Biologie bildet die Typuszeichnung bis heute das Mittel der Wahl nicht zuletzt, weil im zeichnerischen Prozess, so Barbara Wittmann, die Strukturen des dargestellten Taxons häufig erst ihre „Artikulation" erhalten.[30]

Zeichnungen und andere Formen von Visualisierungen leisten bei der Untersuchung von Forschungsgegenständen sehr ähnliche Dienste wie Beschreibungen. Zeichnungen sind Beschreibungen sogar überlegen, wo es um die Darstellung von Oberflächen, Formen und die räumliche Lage von Erscheinungen geht. Der entscheidende Schritt unterbleibt aber. Denn beim Blick auf eine Zeichnung muß auch weiterhin festgestellt werden, was zu sehen ist. Die „mit der Handzeichnung verbundene Datenauswahl" – und gleiches gilt für Fotografie und andere technische Darstellungsmittel – ermöglicht die „Artikulation und Hervorhebung" relevanter Phänomene.[31] Aber Zeichnungen, Fotos, Scans etc. treffen keine Aussagen, sondern werden ihrerseits wieder Gegenstand solcher. Jack Goody hat den Punkt, um den es geht, mit Blick auf die Umbrüche in der Aufzeichnungspraxis seiner eigenen Disziplin, der Anthropologie, klar ausgesprochen: Fotos und Videos sind für sich allein von „minimal use until a way has been found to code – that is, put into writing – the activities they record."[32] Kommt man von hier auf die Situation im

Sektionssaal zurück, könnte man sagen, daß Visualisierungen von Befunden aus der Sicht des Obduzenten in gewisser Weise einen Umweg darstellen respektive umgekehrt die Versprachlichung und schriftliche Protokollierung eine Abkürzung, weil sie im Unterschied zu Skizzen und Fotos die anvisierte Festlegung, was der Fall ist, schon mit sich bringen.

Wenn bildliche Darstellungen in Sektionsprotokollen vorkommen, darf man entsprechend vermuten, daß sie den entsprechenden Befund einfach nur ökonomischer aufs Papier bringen. Die Zeichnung ersetzt dann – die heute verbreiteten Körper- und Organschemata bestätigen dies – die Beschreibung von Aspekten wie räumliche Lage oder Ausdehnung von pathologischen Veränderungen, die nur umständlich in Worte zu fassen sind. Der Fall ähnelt dem des „tool maker", der als Vorlage für die Ausführung seines Auftrags nach einer Zeichnung verlangt, weil Worte denkbar ungeeignet sind, Gestalt und Aufbau einer Sache zu überblicken.[33] Das Zeichnen steht so betrachtet im Prozeß der Aufzeichnung zum Schreiben weniger in einem Konkurrenzverhältnis, als daß es da aushilft, wo Worte unhandlich sind. Dabei ist oft zu bemerken wie das eine mit dem anderen eine enge Verbindung eingeht, etwa in den Notizbüchern des Kunsthistorikers Carl Justi, wo Geschriebenes und kleine Skizzen sich auf dem Blatt ineinander verwickeln, oder in den Feldjournalen von Biologen, in denen die räumlichen Verhältnisse ihres Standorts regelmäßig durch Zeichnungen festgehalten werden, während die Beobachtungen mehr oder weniger ausgearbeitet in Worte gefaßt werden.[34]

Fokussieren

Lorraine Daston hat daran erinnert, daß zwischen Schreiben und Beobachten schon sprachlich ein enger Zusammenhang besteht. Im Englischen gilt: „Taking notes entails taking note – that is, riveting the attention on this or that particular."[35] Genauso im Deutschen: Auch hier liegen Notieren und Notiz nehmen nahe beieinander. Die Beziehung zwischen dem einen und dem anderen kann man sich so denken, daß die Aufmerksamkeit, analog zur Bemerkung des Pathologen Orth, von der Absicht, das Beobachtete aufzuzeichnen, verstärkt und geschärft wird. Noch einen Schritt weiter geht Stanley Raffel, wenn er darauf besteht: „It is not that records record things but that the very idea of recording determines in advance how things will have to appear."[36]

Folgt man dieser Überlegung, dann hat der Beobachter von dem Notiz zu nehmen, was zu notieren ist, und dieses wiederum bestimmt sich danach, was in einem wissenschaftlichen Feld als notierenswert gilt. Besonders gut nachvollziehen läßt sich diese Verkettung anhand von Vordrucken. Brigitta Bernet hat für die Eintrittsformulare der Zürcher Psychiatrischen Klinik *Burghölzli* gezeigt, wie sich in den in der Zeitspanne zwischen 1870 und 1970 verwendeten Vordrucken jeweils verschiedene psychiatrische Konzepte realisieren. Durch den Vergleich gewinnt jeder einzelne Vordruck als „Filter" Kontur, der in Abhängigkeit zu seiner Voreinstellung – zum Beispiel auf Delinquenz, erbbiologische Belastung oder Familienverhältnisse – Individuen je anders als Fälle fixiert.[37] Für im wissenschaftlichen Kontext verwendete Vordrucke gilt so besehen, was Gaston Bachelard allgemein den wissenschaftlichen

Instrumenten zuschreibt: Es handelt sich bei ihnen um „materialisierte Theorien", unter deren Gebrauch „Phänomene" umrissen werden, „die allenthalben die Prägemale der Theorie zeigen."[38] Die theoretische Beladenheit zeigt sich dabei keineswegs nur in den vorgegebenen Feldern. Ebenfalls in Bezug auf psychiatrische Aufnahmebögen weist Stefan Nellen daraufhin, daß sich tiefergehend epistemische Ordnungen schon im Layout, besonders in den räumlichen Beziehungen und Größenverhältnissen von Schreibfeldern und Rubriken, umsetzen.[39] Statt sich wie Michel Foucault noch durch Bibliotheken zu lesen, könnte man hiervon ausgehend bereits aus einem einfachen Vordruck – je höher aufgelöst, desto differenzierter – die zu einem Zeitpunkt gegebenen Positivitäten und Aussageweisen des betreffenden wissenschaftlichen Feldes erschließen. Mit Blick auf die Rolle des Schreibens im Forschen soll im weiteren aber nur die operative Funktion von Vordrucken vertieft werden.

Wenn man, wie üblich, davon spricht, daß Vordrucke ausgefüllt werden, verkehrt dies eigentlich die Verhältnisse. Denn noch bevor etwas in sie hineingeschrieben wird, schreiben sie vor, wie vorzugehen ist. Vordrucke strukturieren Verrichtungen, indem sie einen Leitfaden an die Hand geben. Als in den Vereinigten Staaten an der Wende vom 19. zum 20. Jahrhundert die naturkundliche Sammeltätigkeit im Rahmen von biogeographischen Fragestellungen allmählich professionalisiert wurde, vollzog sich dieser Prozeß nicht zum wenigsten auf der Ebene der Dokumentation. Man führte „standard field notebooks" und „printed forms" ein, verlangte regelmäßige Berichterstattung und erwartete ausführliche Beschreibungen von „terrain, habitats, and any other circumstantial data that might help in sorting and mapping fauna."[40] Für Neulinge in diesem Geschäft bildete folgerichtig die Schulung im Aufzeichnen „one of the most important elements of their training, and one of the most difficult".[41]

Berühmt ist das System, das der erste Direktor des *Museum of Vertebrate Zoology* an der Berkeley University, Joseph Grinnell, mit der Gründung des Museums im Jahr 1908 etablierte. Ausgehend von der Devise: „the better the records the more valuable the specimens",[42] richtete er ein ineinander greifendes Regime von Notizen, Etiketten und Dossiers ein, das jedes Exemplar der Sammlung mit einem Mantel aus Papieren umgab. Über die Vorgaben im Feld bemerkt James Griesemer: „Grinnell's rigid note-taking requirements resulted in a uniform format for notes, down to the type and size of paper and brand of ink used, placement and nature of headings, and information included."[43] So ausgerüstet versuchte Grinnell zu erreichen, daß seine verschiedenen Zuträger – naturbegeisterte Amateure, professionelle Fallensteller, Museumsmitarbeiter – stets dieselben Informationen lieferten und das hieß zunächst, daß sie alle lernten mit dem Vordruck zur Hand, auf dieselben Punkte zu achten.[44]

Vordrucke intervenieren in den Erkenntnisprozeß aber nicht nur dadurch, daß sie die Aufmerksamkeit auf bestimmte Punkte hinlenken und damit gleichzeitig von anderen abziehen. Sie legen auch fest, wie das, was mit ihrer Hilfe erhoben wird, aufgezeichnet werden kann. Um sich klar zu machen, was hier gemeint ist, genügt es, sich ein und dieselbe Szene der Beobachtung einmal ohne und einmal mit Verwendung eines Vordrucks anzusehen. In seinem zuerst 1903 erschienenen Handbuch *Postmortem Pathology* empfahl der amerikanische Pathologe Henry

W. Cattell, die einzelnen Schritte der Sektion auf einem Blatt, gut sichtbar für Obduzent und Protokollant, im Sektionssaal auszuhängen: „Figures corresponding to the numbers of the divisions in the list may then be placed just before the notes describing the lesions to be sought for in the parts under examination."[45] Cattell favorisierte diese Vorgehensweise gegenüber der Verwendung von „more or less elaborate printed descriptions of the various anatomic regions and organs, with blank spaces to be filled in at the time of making the autopsy."[46] Was genau gegen die Verwendung derartiger Vordrucke sprach, wird nicht weiter ausgeführt. Klar ist, daß beide Formen der Protokollierung, sei es durch den Anschlag im Sektionssaal oder den Aufbau des Vordrucks, den Vorgang der Sektion stark regulierten. Wie der extrem hoch aufgelöste Mustervordruck in Cattels Handbuch zeigt, besteht jedoch ein großer Unterschied hinsichtlich des Platzes, der für die Beschreibung der Befunde zur Verfügung steht. Während der Umfang der Notizen gewöhnlich nur durch das Format des Blattes beschränkt wird, können in die Lücken des Vordrucks bestenfalls einzelne Wörter eingetragen werden. Das Layout setzt Grenzen: Man kann nicht beliebig viel aufzeichnen und muß Befunde auf wenige Angaben, Maße und Gewichte oder einzelne Adjektive, zuspitzen. Im Ergebnis erhält man statt einer Schilderung eine Aufreihung von Befunden, in der die Nuancierung einzelner Befunde durch den fehlenden Platz sehr limitiert ist.

Sachen – und darin mitgemeint Formulare – sind „keine Akteure", bemerkt der Soziologe Rainer Paris: „[S]ie haben keine Strategien und zwingen zu gar nichts."[47] Daran ist solange nichts falsch, wie man damit im Sinn hat, daß Formulare oder allgemeiner gesagt Vordrucke von menschlichen Akteuren gestaltet werden und deren Kalkülen gehorchen. Sobald ein Vordruck aber in Gebrauch ist, wirkt er, wie eben gezeigt, sehr wohl auf den Prozeß der Erhebung und das resultierende Produkt ein. Wird ein Sektionsprotokoll erstellt, indem ein Lückentext auszufüllen ist, oder wie es heute üblicher ist, dadurch daß Fragebatterien anzukreuzen sind, liegt das ganze Gewicht darauf, eine einzelne Bezeichnung auszuwählen respektive eine oder mehrere der angebotenen Optionen anzukreuzen. Im einen wie im anderen Fall gewinnt der aufgezeichnete Befund notwendig mehr Eindeutigkeit als bei einer durch das Layout nicht weiter beschränkten Schilderung (wobei diese natürlich genauso lakonisch und zugespitzt ausfallen kann, aber eben nicht muß). Getilgt werden auf diesem Wege nicht nur Ambiguitäten des Befunds, sondern mit dem Wegfall letzter syntaktischer Reste legen solche Vordrucke auch nahe, daß die erhobenen Befunde quasi am untersuchten Organ, ohne aktives Zutun des Obduzenten abgelesen worden sind. Gerade die neuesten mit Fragebatterien arbeitenden Vordrucke provozieren den Eindruck einer Checkliste, die nach dem Modus ja/nein, vorhanden/nicht vorhanden abgearbeitet wird. Dies mag der Routine des Sektionsbetriebs entsprechen, verschleiert aber die weiterhin notwendigen Abwägungen und Bewertungen durch den Obduzenten.

Bereitstellen

Mit wissenschaftlichen Aufzeichnungen, vom Versuchsprotokoll bis zu Literaturnotizen, werden immer zwei Absichten verfolgt: Eine Sache soll festgehalten werden und zugleich wird diese Sache für den weiteren Gebrauch bereitgestellt. So wenig in den Wissenschaften einfach nur um des Schreibens Willen geschrieben wird, so wenig sind die vielen Schreibereien, die dabei entstehen, für sich Ziel des Forschungsprozesses. Ihnen kommt der Charakter von Material zu, bei dem es darauf ankommt, was man daraus macht. Material ist verschieden formbar, man kann es in diese oder jene Richtung verarbeiten; allerdings nur so weit es seine Eigenschaften zulassen. Insofern setzen Aufzeichnungen Bedingungen, die weit in die Zukunft eines Forschungsunternehmens ausgreifen, und umgekehrt instruiert das Kommende schon die Aufzeichnung des Gegebenen. Aufzeichnen und Bereitstellen durchdringen sich gegenseitig. Es handelt sich nicht um zwei separate Tätigkeiten, sondern die eine ist in der anderen impliziert.

Am leichtesten verständlich wird dieser Zusammenhang, wo Aufzeichnungen dazu dienen, eine Probe oder ein Präparat zu bezeichnen. In der systematischen Biologie, so eine Anleitung für Sammlungszwecke, kommt dem vollständig ausgefüllten Etikett unter Umständen mehr Wert zu als dem Exemplar, an das es angeheftet ist. Oder wie eine Insiderin drastisch feststellt: „A specimen without a label is just dead meat".[48] Dabei steht nicht allein die Adressierbarkeit im Rahmen der Sammlung im Vordergrund. Wichtig ist die Beschriftung auch deshalb, weil die auf dem Etikett festgehaltenen Angaben bestimmen, welche Fragen an das Exemplar gerichtet werden können. Für das *Museum of Vertebrate Zoology* schrieb Joseph Grinnell vor, daß der Name des Sammlers, die zugehörige Nummer des Feldjournals, eine exakte Beschreibung der örtlichen Gegebenheiten (einschließlich der Distanz zur nächsten Siedlung), sowie das Datum festzuhalten seien.[49]

Fehlte zum Beispiel ein Detail in der Ortsangabe, war das Exemplar für einige Fragestellungen bereits verloren.[50]

Mit Blick auf die zukünftige Verwendung lassen sich für das Vorgehen bei der Aufzeichnung idealtypisch zwei Strategien unterscheiden. Man kann von einer zugespitzten Zielsetzung ausgehend relativ wenige Angaben überschaubar angeordnet erheben oder man versucht unter einem sehr weit gefaßten Interesse, so viele Aspekte wie möglich zu sichern. Ein prominentes Beispiel für die erste Strategie liefern die Zählkarten, auf deren Grundlage sich Emil Kraepelin in den Jahren vor 1900 in Heidelberg an die Ausarbeitung einer einheitlichen psychiatrischen Krankheitslehre machte. Neben den Angaben zur Person enthielten die Zählkarten zur Auswahl vorgedruckte Angaben zur Art der Entlassung (geheilt, verstorben etc.) und den Krankheitsursachen (Heredität, Potus, Trauma etc.) sowie Schreibfelder für die Angabe von Vorerkrankungen, den Verlauf der Erkrankung, besondere Symptome, die anatomische Diagnose, eventuelle Fehldiagnosen, forensische Angaben und am wichtigsten, gleich oben am Kopf der Karte, die Diagnose.[51] Diese Karten wurden nach verschiedenen Angaben sortiert und die Ergebnisse in sogenannten Forschungskarten und weiteren Aufstellungen zusammengeführt. Grundlage der Zählkarten bildeten wiederum die Krankenblätter, so daß sich der ganze Forschungsprozeß letztlich im Raum des Papiers abspielte. Nicht Kranke wurden untersucht, sondern Akten ausgewertet.

Durch Kraepelins Vorgehensweise wurden die Angaben in den Krankenblättern enorm verdichtet und auf der Karte mit einem Blick überschaubar.[52] Zusammen mit organisatorischen Maßnahmen, die dafür sorgten, daß die

Heidelberger Klinik zum obligatorischen Passagepunkt für eine große Zahl von Patienten (das heißt Krankenakten) wurde, verfügte Kraepelin Mitte der 1890er Jahre über rund 1000 Fälle.[53] In Griffweite verstaut konnte er sie, auf einem Tisch ausgebreitet, hin und herschieben, ganz so, wie Bruno Latour sagen würde, als lägen diese Fälle alle in seiner Hand.[54] Der Spielraum möglicher Ergebnisse war allerdings sehr beschränkt. Durch die „vorformulierte Einteilung auf diesen Zählkarten" wurden eine ganze Reihe von Aspekten von vornherein ausgeblendet.[55] Das ganze Material sperrte sich damit gegen andere als die in seiner Erhebung schon implizierten Fragen und mußte sich gewissermaßen in ‚totes Fleisch' verwandeln (falls diese Analogie erlaubt ist), wenn Theorien, Begriffe und Erkenntnisinteressen der Psychiatrie sich wandelten.

Die Gegenposition kennzeichnet das Vorgehen von vielen Feldwissenschaftlern. Als ihre Devise kann gelten: „It is impossible to predict the future relevance of any one page of notes."[56] Zumindest in der Theorie zieht sich in diesen Wissenschaften durch das ganze Aufschreibewesen eine Ethik der erschöpfenden Aufzeichnung. Daß Notizen vollständig zu sein haben, bildet unter dieser Warte nur den Minimalstandard. Eigentlich geht es darum, nicht bloß die Dinge zu erfassen, die für einen selbst von Belang sind und gegenwärtig einen Forschungsbereich dominieren, sondern auch alle die Dinge, die ins Auge fallen, obwohl ihnen im Augenblick keine Bedeutung beigelegt werden kann: „You may have no idea about the future significance of these experiences when they are happening, and it is far better to assume that they will be of interest to someone in the future (especially you) than to think that they will not be so."[57]

Daß im Aufschreiben von vornherein mit einem Überschuß in der zukünftigen Verwertung kalkuliert wird, gilt auch für einen speziellen Bereich wissenschaftlicher Tätigkeit: Ich meine die Literaturarbeit. Der Zoologe Karl von Frisch führte eine Serie von Exzerptheften, in denen er Auszüge aus den aktuellen Fachpublikationen festhielt.[58] Auffallend an diesen Exzerpten ist, daß gewöhnlich jede Kommentierung und jede Andeutung eines aktuellen Forschungszusammenhangs fehlt. In der thematischen Ordnung der Hefte spiegeln sich zwar die Gebiete, auf denen von Frisch wissenschaftlich tätig war. Die Exzerpte liefern aber keinen Hinweis darauf, ob die Auswahl der Literatur und die Akzente, die von Frisch jeweils in den Exzerpten setzte, darüber hinaus von einem aktuellen Lektüreinteresse gesteuert wurden. Im Ganzen gewinnt man den Eindruck, daß von Frisch nicht unbedingt solche Stellen exzerpierte, die etwas berühren, was ihn in diesem Moment beschäftigte. Vielmehr wurden aus der Literatur fortlaufend alle Mitteilungen und Überlegungen herausgezogen, die irgendwann einmal noch von Belang sein könnten.

Michael Cahn hat diese Form der hamsternden Lektüre als Kennzeichen der Druckkultur bezeichnet.[59] Seit in der Frühneuzeit immer mehr Texte in Buchform vorliegend leichter zugänglich werden und durch Hilfsmittel wie Indices der rasche Zugriff auf einzelne Stellen forciert wird, verwandelt sich das Exzerpieren von der reinen Sicherung von Stellen aus beschränkt zugänglichen Werken in eine Technik der Bevorratung. Im Druckerzeugnis sieht die Leserschaft nun ein Reservoir. „Anstatt sich an ihren Texten zu *bilden*, zerlegt diese Lektüre ihre Texte in ihre Bestandteile. Der Leser wird zum Sammler."[60] Dabei sammelt der hamsternde Leser nicht um des Sammelns willen, sondern trägt wie sein Pate aus dem Tierreich Material zur angelegentlichen Verwendung zusammen.

Nicht nur in den Natur-, sondern genauso in den Geistes- und Sozialwissenschaften bildet diese Form der Literaturarbeit heute den Grundmodus im Umgang mit Publikationen und allem, was einem sonst noch an Geschriebenem über den Weg läuft. Die intensive, geduldige Lektüre „mit zarten Fingern und Augen“, von der Nietzsche spricht,[61] mag dem Selbstbild entsprechen, das in den Seminaren gelehrt wird. Doch in der Praxis von Historikerinnen, Soziologen, Philologinnen und Philosophen ist der Umgang mit Literatur und Dokumenten zunächst einmal von der Aussicht auf spätere Verwertbarkeit beherrscht. Davon zeugen die verstaubten Kopienstapel im Regal und davon zeugt, daß, wann immer man beim Herumblättern auf etwas Interessantes stößt, eine Notiz gemacht, die Stelle vermerkt oder ein Link gesetzt wird.

Auf die Spitze getrieben wird diese Bindung des Aufzeichnens an eine noch offene, aber immer vorausgesetzte zukünftige Verwertung von solchen Wissenschaftlern, die für den Zettelkasten arbeiten. Die Formulierung ist bewußt gewählt, denn je nach dem Aufwand, der für Pflege, Einarbeitung neuer Notizen und die Entwicklung von Verzeichnungssystemen und Ordnungskriterien getrieben werden muß, emanzipiert sich der Zettelkasten zunehmend von seinem menschlichen Initiator. Niklas Luhmann sprach von der „Kommunikation mit Zettelkästen“ und meinte damit seinen eigenen.[62] Hans Blumenberg, ein anderer Großzettelkastengelehrter, scheint die Sache ähnlich gesehen zu haben. Bei der Lektüre von Luhmanns Aufsatz unterstrich er sich eigens dessen Formulierung vom papierenen „alter Ego“.[63] Einig sind sich die zwei auch darin, daß ein Zettelkasten sein Potential erst dann vollständig ausspielt, wenn er so eingerichtet ist, daß in ihm zusammenkommen kann, was nicht stets schon zueinander gehört. Unvorhersehbar soll der Umgang mit ihm sein, Überraschung durch Anhäufung von Nachbarschaften und Querverweisen generieren, auf Ideen und Verknüpfungen führen, die beim Zugriff noch fern liegen. Luhmanns und Blumenbergs Zettelkästen würden damit ein wenig Experimentalsystemen ähneln, die Hans-Jörg Rheinberger mit einem Wort des Biologen François Jacob als „Maschinerie[n] zur Herstellung von Zukunft" charakterisiert hat.[64] Sie sollen Antworten auf Fragen ermöglichen, die sich vorab in dieser Weise noch gar nicht gestellt haben.

Es ist schwer zu entscheiden, ob die Zettelkästen Luhmann und Blumenberg den Dienst geleistet haben, den sie selbst respektive ihre heutigen Erforscher ihnen zuschreiben. Dazu hätte man ihnen (den Zettelkästen?) bei der Arbeit zuschauen müssen. Neben unermüdlichem Sammelfleiß, dürfte ein Gutteil des Effekts daher rühren, daß beim Zugriff auf den Zettelkasten bereits vergessen gegangen ist, welche Notizen einst aufgenommen und in welche Zusammenhänge sie dabei eingebettet worden sind.[65] Eventuell besteht die Attraktivität des Zettelkastens zunächst eher darin, daß man mit ihm, mit seinem Inhalt, konkrete Objekte der Beobachtung gewinnt, nämlich Textstellen auf Papier, die dem Schreibtischforscher zu Phänomenen werden, an deren Erklärung er dann arbeitet. Die im Zettelkasten gehorteten Aufzeichnungen gewinnen unter dieser Perspektive die Gegebenheit eines Bestands, den man, wie der Laborforscher seine Daten, erschließt und auswertet.

Im Umgang mit diesem Bestand gibt es zwischen Luhmann und Blumenberg allerdings einen signifikanten Unterschied. Letzterer pflegte Karten mit Textstellen, die er für seine Publikationen verwendet hatte, rot zu markieren (sortierte die Karten aber nicht aus).[66] Sie waren in einem gewissem Sinne verbraucht. Von Luhmanns Zetteln wird solches nicht berichtet. Das System von Querverweisen, das durch seinen Zettelkasten läuft, gestattet es, daß sie in mehr als einer Weise sprechend werden. Die „spezifische Produktivkraft"[67] dieser Sammlung ist allerdings keineswegs unbegrenzt. Sie ist im Gegenteil, selbst bei fortlaufender Fütterung mit reichlich neuen Zetteln, spezifisch limitiert. Luhmann bemerkte über seine Lektürepraxis, er lese „immer mit einem Blick auf die Verzettelungsfähigkeit von Büchern."[68] Konkret wurden Notizen, die bei der Lektüre entstanden, anschließend darauf durchgesehen, „was für welche bereits geschriebenen Zettel wie auswertbar ist."[69] Entscheidend dafür, was in den Zettelkasten einging, war demnach, was im Zettelkasten schon vorhanden war: Ältere Zettel steuerten die Einbindung von jüngeren Zetteln in das Verweissystem, die bisherige Geschichte der Verzettelung schränkte ein, was wie weiter in den Zettelkasten aufgenommen wurde. Das System war zwar nach vorne offen, neue Karten und Querverweise konnten hinzukommen, aber doch vornehmlich in der Weise, daß Luhmann sie mit bestehenden Verzweigungen verknüpfen konnte.

Daß vorliegende Aufzeichnungen beeinflußen, was im Weiteren festgehalten wird, läßt sich auch in anderen Wissenschaftsbereichen bemerken. In der empirischen Sozialforschung müssen bei der Wiederholung von Umfragen die vorher verwendeten Fragebatterien bis auf sprachliche

Anpassungen möglichst stabil gehalten werden, weil anderenfalls die Ergebnisse nicht mehr miteinander verglichen werden können.[70] Ein anderes Beispiel bietet die Führung von psychiatrischen Krankenakten. Kai Sammet hat am Aktenbestand einer Irrenanstalt aus der Zeit Anfang des 20. Jahrhunderts festgestellt, daß das für die Einweisung notwendige ärztliche Attest zwar vom medizinischen Standpunkt aus eher einem „Sammelsurium semantischer Devianzfragmente" geähnelt hat, seine Wirkung hinter der Klinikpforte aber nicht beendet gewesen ist: „Ihre Stichworte [die der Atteste] bahnten den Weg in die, aber auch in der Anstalt, sie lenkten Überlegungen."[71] Ähnlich lassen sich Wiederholungen in den Verlaufsdokumentationen deuten. Regelmäßig wiederkehrende „stereotype Notate" zeugen nicht notwendig von Oberflächlichkeit, sondern lassen sich auch so verstehen, daß hierdurch anfänglich getroffene Diagnosen kontrolliert und Abweichungen im Zustand der Patienten fixiert werden sollten.[72] Erste Notizen werden so zur Vorgabe für die weiteren Aufzeichnungen.

Einträge in das Feldjournal vorzunehmen, Krankenakten zu führen, Lektüreeindrücke zu verzetteln, kurz eine Sache aufzuschreiben, hat Konsequenzen. Im Schreiben scheidet sich die Menge potentieller Eindrücke in solche, die über die Schwelle der Fixierung geraten, und in die vielen anderen, auf die man fürs Erste nicht zurückkommen kann. Im Ergebnis macht es dabei keinen Unterschied, ob das Aufschreiben vorab auf ausgewählte Aspekte fokussiert erfolgt, oder ob die Aufzeichnungen relativ spontan und so ausgreifend wie möglich stattfinden. Im einen wie im anderen Fall wird im Festhalten bereit gestellt, womit Forscherinnen und Forscher im weiteren Verlauf ihrer Untersuchung arbeiten. Nach aller Erfahrung gilt dies auch für solche Wissenschaften, die über ihre Gegenstände halbwegs unkompliziert verfügen. Experimente im Labor mag man in Prinzip so häufig wiederholen können, wie es einem gefällt. Praktisch sprechen aber Zeitvorgaben (die Arbeit muß fertig werden, Projektgelder werden im Dreijahresrhythmus gesprochen), Kosten (wer zahlt das alles?) und Koordinationsprobleme (andere Leute wollen auch gerne das neue Instrument benutzen) dagegen. Es läßt sich also keineswegs einfach auffangen, wenn Aufzeichnungen unvollständig sind oder ein Aspekt nicht berücksichtigt worden ist, der sich später als wichtig herausstellt. Schreiben bildet in dieser Hinsicht für das Forschen einen Widerstand. Ohne Aufzeichnungen gewinnen Untersuchungen, ob sie nun der Kommunikation von Bienen oder dem theoretischen Apparat der Soziologie gelten, keinen Halt und gleichzeitig bahnen diese Aufzeichnungen nicht unerheblich, welche Einsichten sich bei ihrer weiteren Verarbeitung ergeben können.

In den Wissenschaften wird dieser Effekt in der Regel pragmatisch anerkannt; nämlich in den vielfältigen Bemühungen, den Vorgang der Aufzeichnung in den Griff zu bekommen. Direkt angesprochen hat ihn, so weit ich sehe, einzig Sigmund Freud. In seiner Handreichung *Ratschläge für den Arzt bei der psychoanalytischen Behandlung* (1912) spricht er sich entschieden dagegen aus, daß der Analytiker während der Sitzung damit anfängt, „Notizen in größerem Umfange zu machen, Protokolle anzulegen u. dgl.“[73] Nicht anders als der Versuch, sich Mitteilungen des Patienten zu merken, führe dies nur dazu, so Freud, daß man selektiv vorgehe, während bekanntlich vom Analytiker zuerst eine „gleichschwebende Aufmerksamkeit“ gefordert ist.[74] Ob diese Einstellung durchzuhalten ist, ob sich Freud selbst, wie er anmerkt, stets erst nach der Sitzung Aufzeichnungen machte, muß hier nicht diskutiert werden. Entscheidend ist an dieser Stelle, daß er den Vorgang der Aufzeichnung von einem epistemologischen Standpunkt aus betrachtet, statt in ihm ein irgendwie beherrschbares technisches Problem zu sehen. Nach Freuds Auffassung stellen sich Erfahrungen und darauf gründende Einsichten vornehmlich rekursiv ein: „Man darf nicht darauf vergessen, daß man ja zumeist Dinge zu hören bekommt, deren Bedeutung erst nachträglich erkannt wird."[75] So besehen lehnt Freud das unmittelbare Notieren und Protokollieren ab, weil es den Dingen vor der Zeit eine Bedeutung beilegt und dadurch zu einem Erkenntnishindernis wird.[76] Anders gesagt wird bei Freud Schreiben mit einem Prozeß der Schließung gleichgesetzt, den es für Freud möglichst lange aufzuschieben gilt. Die Ausführungen in diesem Kapitel sollten zeigen, auf welche Weise diese Schließung im Aufschreiben stattfindet. Im Ganzen des Buches ist dabei allerdings anders als bei Freud vorausgesetzt, daß das einmal Aufgezeichnete die hierdurch eingehegten Forschungsgegenstände noch nicht mit fixen Bedeutungen belädt. Aufschreiben instruiert Aufmerksamkeiten und leiht einzelnen Aspekten Bedeutsamkeit, sein Produkt ist aber als Material charakterisiert, das weiter verarbeitet werden muß. Aufschreiben schafft keine vollendeten Tatsachen, es setzt vielmehr Bedingungen dafür, was im Weiteren als Tatsache Gestalt gewinnen kann.

[1] Michael Lynch, Laboratory Space and the Technological Complex. An Investigation of Contextures, in: *Science in Context* 4 (1991), 51–78, 53.

[2] Michael Lynch, Ethnomethodology and History. Documents and the Production of History, in: *Ethnographic Studies* 11 (2009), 87–106, 87.

[3] Dieser Route folgen Ann M. Blair, *Too Much To Know. Managing Scholarly Information before the Modern Age*, New Haven, London 2010; sowie Richard Yeo, *Notebooks, English Virtuosi, and Early Modern Science*, Chicago, London 2014.

[4] Werner Kogge, Erschriebene Denkräume. Grammotologie in der Perspektive einer Philosophie der Praxis, in: Gernot Grube, Werner Kogge, Sybille Krämer (Hg.), *Schrift. Kulturtechnik zwischen Auge, Hand und Maschine*, München 2005, 137–169, 165.

[5] Vgl. Michael Lynch, Technical Work and Critical Inquiry. Investigations in a Scientific Laboratory, in: *Social Studies of Science* 12 (1982), 499–533, 513.

[6] Ebd., 520.

[7] Greg Myers, *Writing Biology. Texts in the Social Construction of Scientific Knowledge*, Madison, London 1990, 6.

[8] Lynch, Technical Work and Critical Inquiry, 514f.

[9] Es fällt zudem auf, daß Lynch in seinem Aufsatz keine Angabe über die Gesamtdauer der transkribierten Szene macht. Für ihn ist dieser Punkt anscheinend nicht wichtig. Man könnte sogar sagen, dieser Punkt entgeht ihm notwendig, weil seine Analyse darauf beruht, das Geschehen im Labor beliebig lange zu studieren. Einzig die Länge von Gesprächspausen wird sorgfältig vermerkt; als phatische Information.

[10] Leon Wansleben, Laborexplorationen. Eine inkongruente Perspektive auf den Alltag sozialwissenschaftlicher Praxis, in: *Sozialwissenschaften und Berufspraxis* 30 (2007), 279–290, 282.

[11] Siehe Tania Munz, *The Dancing Bees. Karl von Frisch and the Discovery of the Honeybee Language*, Chicago, London 2016.

[12] Nachlaß Karl von Frisch, Ana 540, A III, 1944 III, Bl. 12Rs–13Vs, *Bayerische Staatsbibliothek*, München, Handschriftensammlung.

[13] Zitiert nach Odile Welfelé, Organiser le Désordre. Usages du Cahier de Laboratoire en Physique Contemporaine, in: *Alliage* 37/38 (1998/99), 25–41, 32.

[14] Hans-Jörg Rheinberger, Zettelwirtschaft, in: *Epistemologie des Konkreten. Studien zur Geschichte der modernen Biologie*, Frankfurt a. M. 2006, 350–361, 352.

[15] Chad Wickman, Writing Material in Chemical Physics Research. The Laboratory Notebook as Locus of Technical and Textual Integration, in: *Written Communication* 27 (2010), 259–292, 264.

[16] Ursula Klein, Paper Tools in Experimental Cultures, in: *Studies in History and Philosophy of Science* 32 (2001), 265–302, hier 272–276.

[17] Friedrich Nietzsche, Ueber Wahrheit und Lüge im aussermoralischen Sinne (1896), in: *Sämtliche Werke. Kritische Studienausgabe in 15 Bänden*, hgg. von Giorgio Colli und Mazzino Montinari, Bd. 1, München 1980, 885.

[18] Johannes Orth, *Pathologisch-anatomische Diagnostik nebst Anleitung zur Ausführung von Obduktionen sowie von pathologisch-histologischen Untersuchungen*, 7. Auflage, Berlin 1909, 14.

[19] Ebd., 13.

[20] Robert Sommer, *Lehrbuch der psychopathologischen Untersuchungs-Methoden*, Berlin, Wien 1899, 5.

[21] Robert Rössle, Technik der Obduktion mit Einschluß der Maßmethoden an Leichenorganen (1927), in: *Handbuch der biologischen Arbeitsmethoden, Abt. VIII: Methoden der experimentellen morphologischen Forschung, Teil 1, Zweite Hälfte: Methoden der experimentellen Morphologie*, Berlin, Wien 1935, 1093–1246, 1100.

[22] *S1-Leitlinie zur Durchführung von Obduktionen in der Pathologie*, hgg. vom Bundesverband Deutscher Pathologen e.V. und der Deutschen Gesellschaft für Pathologie e.V., 3. Auflage, 2017, 11, https://www.pathologie.de/?eID=downloadtool&uid=1667 (15. April 2018).

[23] Allerdings berichtet auch Katja Geiger in ihrer Untersuchung gerichtsmedizinischer Sektionsprotokolle in Wien aus den ersten Jahrzehnten des 20. Jahrhunderts, daß nur in Ausnahmefällen Zeichnungen den Aufzeichnungen beigegeben wurden, Fotografien überhaupt nicht vorzufinden sind; siehe Katja Geiger, *Das Wissen der gerichtlichen Medizin. Erkennt-*

nisinteresse zwischen Naturwissenschaft, Recht und Gesellschaft, dargestellt an der Behandlung des Kindsmordes im ersten Drittel des 20. Jahrhunderts in Wien, Diss. Phil., Universität Wien, 2013, 190. Der Fall liegt insofern etwas anders als bei Protokollen aus der Pathologie, da gerichtsmedizinische Obduktionen über das Protokoll als Beweismittel dienten und im Rechtssystem in dieser Zeit noch das Primat „der Schrift und des gesprochenen Wortes" bestand (ebd.).

[24] Hans-Jörg Rheinberger, Sichtbar machen. Visualisierung in den Naturwissenschaften, in: Klaus Sachs-Hombach (Hg.), *Bildtheorien. Anthropologische und kulturelle Grundlagen des Visualistic Turn*, Frankfurt a. M. 2009, 127–145, 127.

[25] Rudolf Virchow, [Rede zur Eröffnung der 59. Versammlung der Naturforscher und Ärzte in Berlin vom 18. bis 24. September 1886], in: *Amtlicher Bericht über die Versammlung deutscher Naturforscher und Ärzte* 59 (1886), 77–86, 82.

[26] Ebd.

[27] Orth, *Pathologisch-anatomische Diagnostik*, 13.

[28] Zitiert nach Barbara Wittmann, Das Porträt der Spezies. Zeichnen im Naturkundemuseum, in: Christoph Hoffmann (Hg.), *Daten sichern. Schreiben und Zeichnen als Verfahren der Aufzeichnung*, Zürich, Berlin 2008, 47–72, 69.

[29] Omar W. Nasim, *Observing by Hand. Sketching the Nebulae in the Nineteenth Century*, Chicago, London 2013, 16.

[30] Vgl. Wittmann, Das Porträt der Spezies, 69–71. Für ein weiteres Beispiel aus den Lebenswissenschaften siehe Erna Fiorentini, Instrument des Urteils. Zeichnen mit der Camera Lucida als Komposit, in: Inge Hinterwaldner, Markus Buschhaus (Hg.), *The Picture's Image. Wissenschaftliche Visualisierung als Komposit*, München 2006, 44–58.

[31] Wittmann, Das Porträt der Spezies, 54.

[32] Jack Goody, Technologies of the Intellect. Writing and the Written Word, in: *The Power of the Written Tradition*, Washington, London 2000, 132–151, 142.

[33] Vgl. William M. Ivins Jr., *Prints and Visual Communication*, (1953), Cambridge/Mass, London 1969, 160.

[34] Zu Justis Notizbüchern siehe Johannes Rössler, Das Notizbuch als Werkzeug des Kunsthistorikers. Schrift und Zeichnung in den Forschungen von Wilhelm Bode und Carl Justi, in: Christoph Hoffmann (Hg.), *Daten sichern. Schreiben und Zeichnen als Verfahren der Aufzeichnung*, Zürich, Berlin 2008, 73–102. Beispiele für Lageskizzen in Feldjournalen finden sich in Michael R. Canfield (Hg.), *Field Notes on Science & Nature*, Cambridge/Mass, London 2011.

[35] Lorraine Daston, Taking Note(s), in: *ISIS* 95 (2004), 443–448, 445.

[36] Stanley Raffel, *Matters of Fact. A Sociological Inquiry*, London 1979, 48 f.

[37] Vgl. Brigitta Bernet, „Eintragen und Ausfüllen". Der Fall des psychiatrischen Formulars, in: Sibylle Brändli, Barbara Lüthi, Gregor Spuhler (Hg.), *Zum Fall machen, zum Fall werden. Wissensproduktion und Patientenerfahrung in Medizin und Psychiatrie des 19. und 20. Jahrhunderts*, Frankfurt a. M., New York 2009, 62–91, insb. 85 f. Für psychiatrische Schreibpraktiken und Schriftformen siehe weiter Cornelius Borck, Armin Schäfer (Hg.), *Das psychiatrische Aufschreibesystem*, Paderborn 2015.

[38] Gaston Bachelard, *Der neue wissenschaftliche Geist* (1934), übers. von Michael Bischoff, Frankfurt a. M. 1988, 18.

[39] Vgl. Stefan Nellen, Klinische Verwaltungsakte. Kulturtechniken der Aktenführung und der Wille zum Nicht-Wissen in der Psychiatrie vor 1900, in: Martina Wernli (Hg.), *Wissen und Nicht-Wissen in der Klinik. Dynamiken der Psychiatrie um 1900*, Bielefeld 2012, 67–86, 77.

[40] Robert E. Kohler, *All Creatures. Naturalists, Collectors, and Biodiversity, 1850–1950*, Princeton, Oxford 2006, 151.

[41] Ebd., 153.

[42] Joseph Grinnell an Annie Alexander, 14. November 1907, zitiert nach: Susan Leigh Star, James R. Griesemer, Institutional Ecology, ‚Translations' and Boundary Objects. Amateurs and Professionals in Berkeley's Museum of Vertebrate Zoology, 1907–39, in: *Social Studies of Science* 19 (1989), 387–420, 405.

[43] James R. Griesemer, Modeling in the Museum. On the Role of Remnant Models in the Work of Joseph Grinnell, in: *Biology and Philosophy* 5 (1990), 3–36, 21.

[44] Vgl. Star, Griesemer, Institutional Ecology, 406. Siehe ferner Joseph Grinnell, The Methods and Uses of a Research Museum (1910), in: *Joseph Grinnell's Philosophy of Nature. Selected Writings of a Western Naturalist*, Berkeley, Los Angeles 1943, 31–39, 33 f.

[45] Henry W. Cattell, *Postmortem Pathology. A Manual of the Technic of Post-mortem Examinations and the Interpretations to be Drawn Therefrom. A Practical Treatise for Students and Practitioners*, 3. Auflage, Philadelphia, London 1906, 19.

[46] Ebd.

[47] Rainer Paris, Soziologie des Formulars, in: *Normale Macht. Soziologische Essays*, Konstanz 2005, 189–192, 189.

[48] Griesemer, Modeling in the Museum, 18. Siehe zum Miteinander von Exemplar und Etikette ferner Anke te Heesen, Beschriftungsszenen. Über Etiketten und ihre Bedeutung, in: Anke te Heesen, Bernhard Tschofen, Karlheinz Wiegmann (Hg.), *Wortschatz. Vom Sammeln und Finden der Wörter*, Tübingen 2008, 107–115.

[49] Vgl. Ayelet Shavit, James Griesemer, Transforming Objects into Data. How Minute Technicalities of Recording ‚Species Location' Entrench a Basic Challenge for Biodiversity, in: Martin Carrier, Alfred Nordmann (Hg.), *Science in the Context of Application*, Dordrecht 2011, 169–193, 174.

[50] Allerdings können auch die Angaben selbst zum Hindernis werden. Grinnells Vorgaben zur Ortsbezeichnung haben, weil inkompatibel zu heutigen Standards, den Anfang der 2000er Jahre gestarteten Versuch, seine in den Jahren vor dem Ersten Weltkrieg durchgeführte Erhebung der in Kalifornien beheimateten Wirbeltiere zu wiederholen, erheblich behindert. Siehe Shavit, Griesemer, Transforming Objects into Data.

[51] Vgl. Eric J. Engstrom, Die Ökonomie klinischer Inskription. Zu diagnostischen und nosologischen Schreibpraktiken in der Psychiatrie, in: Cornelius Borck, Armin Schäfer (Hg.), *Psy-*

chographien, Zürich, Berlin 2005, 219–240, hier 222–226. Zu den erhobenen Angaben siehe das Faksimile, ebd., 224.

[52] Vgl. Yvonne Wübben, Ordnen und Erzählen. Emil Kraepelins Beispielgeschichten, in: *Zeitschrift für Germanistik* N. F. 19 (2009), 381–395, 383.

[53] Vgl. Engstrom, Die Ökonomie klinischer Inskription, 227–232. Sowie Emil Kraepelin, Ziele und Wege der klinischen Psychiatrie, in: *Allgemeine Zeitschrift für Psychiatrie und psychisch-gerichtliche Medicin* 53 (1897), 840–844.

[54] Vgl. Bruno Latour, Drawing Things Together, in: Michael Lynch, Steve Woolgar (Hg.), *Representation in Scientific Practice*, Cambridge/Mass, London 1990, 19–68, 55.

[55] Vgl. Volker Roelcke, Laborwissenschaft und Psychiatrie. Prämissen und Implikationen bei Emil Kraepelins Neuformulierung der psychiatrischen Krankheitslehre, in: Christoph Gradmann, Thomas Schlich (Hg.), *Strategien der Kausalität. Konzepte der Krankheitsverursachung im 19. und 20. Jahrhundert*, Pfaffenweiler 1999, 93–116, 107 f.

[56] Michael R. Canfield, Introduction, in: ders. (Hg.), *Field Notes on Science & Nature*, 14.

[57] Anna K. Behrensmeyer, Linking Researchers across Generations, in: Canfield (Hg.), *Field Notes on Science & Nature*, 89–108, 93.

[58] Nachlaß Karl von Frisch, Ana 540, A. VII, *Bayerische Staatsbibliothek*, München, Handschriftensammlung.

[59] Vgl. Michael Cahn, Hamster. Wissenschafts- und mediengeschichtliche Grundlagen der sammelnden Lektüre, in: Paul Goetsch (Hg.), *Lesen und Schreiben im 17. und 18. Jahrhundert. Studien zu ihrer Bewertung in Deutschland, England, Frankreich*, Tübingen 1994, 63–77.

[60] Ebd., 76.

[61] Friedrich Nietzsche, Morgenröthe. Gedanken über die moralischen Vorurtheile. Neue Ausgabe mit einer einführenden Vorrede (1887 [1881]), in: *Sämtliche Werke. Kritische Studienausgabe in 15 Bänden*, hgg. von Giorgio Colli und Mazzino Montinari, Bd. 3, München 1980, 17.

[62] Vgl. Niklas Luhmann, Kommunikation mit Zettelkästen, in: Horst Baier, Hans Mathias Kepplinger, Kurt Reumann (Hg.), *Öffentliche Meinung und sozialer Wandel. Public Opinion and Social Change. Für Elisabeth Noelle-Neumann*, Opladen 1981, 222–228.

[63] Ulrich von Bülow, Dorit Krusche, Nachrichten an sich selbst. Der Zettelkasten von Hans Blumenberg, in: *Zettelkästen. Maschinen der Phantasie* (Marbacher Katalog 66), hgg. von Heike Gfrereis und Ellen Strittmatter, Marbach a. N. 2013, 113–119, 113.

[64] Vgl. Hans-Jörg Rheinberger, *Experimentalsysteme und epistemische Dinge. Eine Geschichte der Proteinsynthese im Reagenzglas*, Göttingen 2001, 22.

[65] Wenn ich es richtig verstehe spricht Markus Krajewski genau hiervon, wenn er das „Potential, überraschen zu können" einem „Lese-Effekt" zurechnet: „Indem die gesammelten Notizen an die einst gedachten Gedanken durch die Dauer der Schrift zu erinnern vermögen, und die Schrift neben dem aufgezeichneten Gedankengang auch seine Verweisungen (und Verbindlichkeiten) gegenüber dem komplexen Restinhalt anzeigt und auflistet, liest der Benutzer nicht nur seine Erinnerung, sondern mehr noch seinen durch die Zeit verschobenen Vergleichshorizont mit." Markus Krajewski, Papier als Passion. Zur Intimität von Codierung, in: Sonja Asal, Stephan Schlak (Hg.), *Was war Bielefeld? Eine ideengeschichtliche Nachfrage*, Göttingen 2009, 143–160, 155.

[66] Vgl. von Bülow, Krusche, Nachrichten an sich selbst, 118.

[67] Krajewski, Papier als Passion, 156.

[68] Niklas Luhmann, Biographie, Attitüden, Zettelkästen. Interview von Rainer Erd und Andrea Maihofer (1985), in: *Archimedes und wir. Interviews*, hgg. von Dirk Baecker und Georg Stanitzek, Berlin 1987, 125–155, 150.

[69] Ebd.

[70] Ich beziehe mich hier auf eine Dissertation mit dem Arbeitstitel *Spuren der öffentlichen Meinung: Der Fragebogen in der empirischen Sozialforschung*, an der zur Zeit Anne-Marie Weist (ETH Zürich) arbeitet.

[71] Kai Sammet, Paratext und Text. Über das Abheften und die Verwendung psychiatrischer Krankenakten. Beispiele aus den Jahren 1900–1930, in: *Schriftenreihe der Deutschen Gesellschaft für Geschichte der Nervenheilkunde* 12 (2006), 339–367, 355.

[72] Ebd., 363.

[73] Vgl. Sigmund Freud, Ratschläge für den Arzt bei der psychoanalytischen Behandlung (1912), in: *Gesammelte Werke. Chronologisch geordnet, Bd. 8: Werke aus den Jahren 1909–1913*, Zweiter Reprint, London 1955, 376–387, hier 378–380, Zitat 378 f.

[74] Ebd., 377.

[75] Ebd.

[76] Freuds Argument erinnert an Gaston Bachelards Feststellung, daß das „erste Hindernis" in der „Ausbildung des wissenschaftlichen Geistes" die „erste Erfahrung" ist. Vgl. Gaston Bachelard, *Die Bildung des wissenschaftlichen Geistes. Beitrag zu einer Psychoanalyse der objektiven Erkenntnis* (1938), übers. von Michael Bischoff, Frankfurt a. M. 1987, 59.

Das „Karteiprinzip“

Das Leben des Biologen Sergej Tschachotin nahm viele abenteuerliche Wendungen, es war in alle großen Schrekken des 20. Jahrhunderts verwickelt und führte ihn quer durch Europa.[1] Angesichts dieses Hin und Hers zwischen Labor und politischem Engagement, Ost und West, sechs Ländern, fünf Ehen und fünf Scheidungen läßt sich kaum ein größerer Gegensatz vorstellen als Tschachotins Ideen zur Organisation der wissenschaftlichen Arbeit. In zwei langen Artikeln für Emil Abderhaldens *Handbuch der biologischen Arbeitsmethoden* entwickelte er 1932, wie man alle Geschäfte und Tätigkeiten in einer wissenschaftlichen Einrichtung planvoll gestaltet. Der Bogen war weit gespannt. Er reichte von der Einrichtung der Räumlichkeiten und der Durchführung von Forschungen über das Gespräch mit den Mitarbeitern und Menüvorschlägen für den „Kopfarbeiter“ (morgens Eier und Grütze, mittags Fisch, abends „Braten von weißem Fleisch“) bis zum Einfluß der Raumtemperatur auf den Gedankenfluß und Ratschlägen für ein adäquates Sexualleben.[2] Willkür und Durcheinander hatten in diesem Programm keinen Platz, jede Vergeudung war zu vermeiden. Was auch immer noch im entferntesten Sinne zum Forschen gehören mochte, unterstand der „Anwendung der Rationalisierungsprinzipien“.[3] Dessen innigste Verkörperung aber bildete für Tschachotin das „Karteiprinzip“.[4]

Für alle in einer Forschungseinrichtung vorkommenden Aufgaben war die Kartei das Mittel der Wahl. Erwähnt werden die Inventarkartothek, dann selbstredend die Bibliothekskartei samt gesonderter Sichtkartei für die Ausleihe, ferner die Apparatekartei, die Tierzuchtkartei (gemäß dem Titel des Handbuchs ging es um die Einrichtung biologischer Institute), für die Buchhaltung die Kontenkartei und schließlich die Tischsichtkartei des Direktors, in der alle im Institut durchgeführten Untersuchungen zusammenlaufen sollen.[5] Dazu werden noch allerlei Pläne, Tabellen, Register und Ordner vorgestellt, so daß in der Summe Rationalisierung weitgehend gleichbedeutend damit wird, ein Aufschreibesystem einzurichten. Unter dieser Warte hätte man es mit einem typischen Fall der von Max Weber skizzierten „bürokratischen Rationalität“ zu tun, über die Cornelia Vismann treffend bemerkt hat, daß sie sich als „Ratio des Büros“ konkretisierte.[6] Tschachotin ging aber noch einen Schritt weiter, denn das „Karteiprinzip“ wurde bei ihm über die üblichen Verwaltungsaufgaben hinausgehend auf die eigentliche Forschungsarbeit ausgedehnt. Auch diese sollte sich in Karteien fügen, auch sie wurde vom Literaturstudium bis zum Publizieren als Kartensatz konzipiert.

Tschachotins, wie man annehmen darf, liebstes Möbelstück war ein Behälter für Karteikästen (Abb. 5):

> „Ich gebrauche einen Schrank mit vier Etagen: in der oberen ist der Kasten der bibliographischen Kartei, in der zweiten der Kasten der Systemkartei, in der dritten derjenige der Arbeits- und Versuchskartei, in der vierten derjenige der Resultate- oder Schriftkartei.“[7]

Die Reihenfolge hat einen guten Sinn: Der Weg führt von oben nach unten, wie eine „Art von Trichter“, von der Erfassung der Literatur und ihrer thematisch strukturierten Verknüpfung (der „Systemkartei“) über die durchgeführten Untersuchungen zu den hieraus resultierenden Veröffentlichungen.[8] Nach einer ähnlichen Einteilung

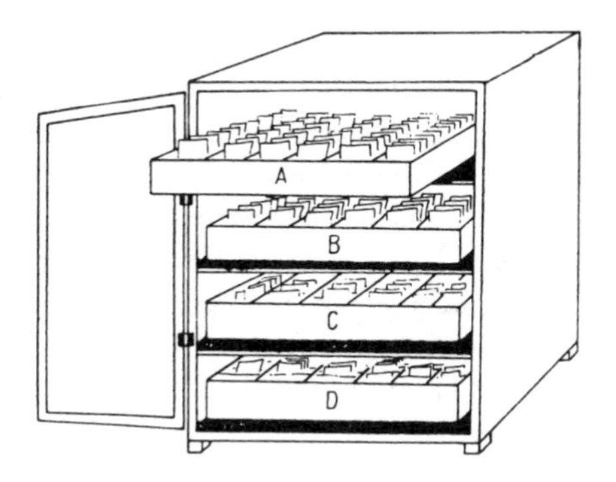

Fig. 328. Schränkchen zur Aufnahme von Karteikästen. *A* = bibliographische Kartei; *B* = Wissenskartei; *C* = Arbeitskartei; *D* = Schreibkartei.

Abb. 5: Tschachotins Forschungskartei.

erfolgte auch der Aufbau der Arbeitskartei für einen bestimmten Versuch.[9] Diesmal waren es sechs verschiedenfarbige Karten, auf denen die Idee des Versuchs (grün), Literaturnotizen (lila), Versuchstechnik (gelb), gesammelte Daten (weiß), Zusammenfassung der Ergebnisse (hellblau, mit Beilagen) und Schlußfolgerungen aus denselben (rot) festgehalten wurden. Je nach Arbeitsstand sollte die betreffende Karte nach vorne rücken und gleichzeitig das ganze Kartenpäckchen in einem in sechs Fächer geteilten Karteikasten ein Fach weiter wandern, bis im Idealfall die Päckchen aller zueinander gehöriger Teilversuche im ersten Fach mit der roten Karte (Schlußfolgerungen) obenauf zu stehen kamen.

Wie leicht erkennbar materialisiert sich in diesem Karteisystem ein Lehrbuchmodell wissenschaftlichen Fortschritts, das vom bisherigen Stand des Wissens geradewegs zu neuen Erkenntnissen führt. Ebenso eindrücklich zeigt sich aber, wie über die Gliederung der Karten das wissenschaftliche Geschehen von der Ausgangsidee bis zu den Schlußfolgerungen die Form eines Produktionsprozesses annimmt. Tschachotin selbst nennt die Karteikästen für die laufenden Untersuchungen „Problembearbeitungskästchen“[10] und nicht nur angesichts solcher Formulierungen gewinnt man den Eindruck, daß Forschen für ihn im Kern darin besteht, ein vorgegebenes Schema Karte für Karte zu erledigen.

Analog hierzu sind Schreibvorgänge bei Tschachotin konzipiert. Zunächst fällt auf, daß Schreiben als gesonderte Tätigkeit bei ihm nur am Rande besprochen wird. Zwar gibt es einen Abschnitt, der sich mit der „Niederschrift von Arbeiten“ beschäftigt.[11] Gemessen an der Aufmerksamkeit, die heutige Ratgeber auf die Finessen des Publizierens legen, wird dieser Punkt aber sehr kurz abgehandelt. Ansonsten ist speziell vom „Prozeß des Schreibens“ nur noch die Rede, wenn erwogen wird, welches Schreibmittel – Federhalter oder Bleistift – in welcher Ausführung dem Gedankengang besonders günstig ist.[12] Daß über das Schreiben direkt relativ wenig gesagt wird, hat einen einfachen Grund: Wissenschaftliches Arbeiten und Schreiben wurden bei Tschachotin fast ununterscheidbar. Dies schließt nicht nur ein, daß, wie gesehen, praktisch alle Tätigkeiten mit dem Gebrauch von Stift und Papier verknüpft waren. Mehr noch begegnet Schreiben grundsätzlich als Verrichtung.

In Tschachotins Musterinstitut wird selten einfach bloß geschrieben. Nach den Verben, die in seinem Artikel verwendet werden, trägt man dort ein, schreibt auf, verzeichnet, vermerkt, unterschreibt, bestätigt, legt Karteikarten an, arbeitet aus, fixiert, setzt Zeichen (am Rand der Lektüren), nimmt etwas auf, man notiert, gibt an, stellt fertig, streicht durch, füllt aus, setzt oder schreibt etwas ein. Anders gesagt: Wer schreibt, ist tätig, bearbeitet eine Sache, arbeitet einen Versuch, die Literatur, den Plan ab. Das gilt selbst dann, wenn ausnahmsweise Schreiben allein zur Hauptsache wird, wenn es also an das Publizieren geht. Denn hält man sich an Tschachotins Vorschlag, besteht Schreiben hier in der „Synthese“ der vor dem Forscher ausgebreiteten „Wissens- und Protokollkarten“, das heißt im Zusammenschreiben.[13]

Martin Heidegger hätte gesagt, daß sich in Tschachotins Verhältnis zum Schreiben ein Grundzug der modernen Wissenschaft zeigt, nämlich ihr Charakter als „Betrieb“.[14] Gemeint ist damit nicht zuerst, daß sich die Wissenschaften seit dem Ende des 19. Jahrhunderts fast ausschließlich in Instituten und speziellen Forschungseinrichtungen organisieren (etwa in den *Kaiser-Wilhelm-Instituten*, von denen Tschachotin eines aus eigener Anschauung kannte). Vielmehr wird bei Heidegger vorausgesetzt, daß Forschung als Inbegriff moderner Wissenschaft darauf hinausläuft, die Welt mit ihren Geschehnissen in Besitz zu nehmen. Er spricht von der „Vergegenständlichung des Seienden“ im „Vor-stellen“.[15] Der Forschungsbetrieb bildet deshalb für ihn nicht eine mögliche, beliebig anders vorstellbare Form wissenschaftlichen Handelns, sondern diejenige Einrichtung, in der die Welt als Versammlung potentieller Forschungsgegenstände gleichsam betrieben wird. Dies kann durch Apparate, Instrumente oder Maschinen geleistet werden, aber ebensogut auch dadurch, daß man Pläne aufstellt, Register anlegt, Karteien führt und damit seine Gegenstände, wie es Tschachotin vorgemacht hat, in den vielfältigen Verrichtungen mit Stift und Papier bewirtschaftet.

Tschachotin stand mit seinen Überlegungen nicht allein. Anfang der 1920er Jahre hatte Friedrich Kuntze, Professor für Philosophie an der Berliner Universität, ein Büchlein mit dem fast identischen Titel *Technik der geistigen Arbeit* veröffentlicht, das bereits viel von Tschachotins Begeisterung für Bürotechnik und Karteisysteme vorwegnahm.[16] Liest man die Schrift, wie es Lothar Müller vorgeschlagen hat, als „Selbstporträt eines deutschen Gelehrten in der Epoche der Entfaltung vorelektronischer Archivierungs- und Aufzeichnungstechniken“,[17] dann liegt der Akzent bei Kuntze allerdings immer noch etwas stärker auf dem letztlich „geistigen“ der wissenschaftlichen Arbeit, während man bei Tschachotin den Eindruck gewinnt, daß die „Technik“ rundum das Denken durchdringt. Diese feine Verschiebung der Gewichte hat Heidegger in seiner Erläuterung des Betriebscharakters von Wissenschaft so auf den Punkt gebracht: „Der Gelehrte verschwindet. Er wird abgelöst durch den Forscher, der in Forschungsunternehmungen steht. Diese und nicht die Pflege einer Gelehrsamkeit geben seiner Arbeit die scharfe Luft.“[18] Zwar muß man die verschiedenen Fachtraditionen in Rechnung stellen, aber es fällt auf, daß Tschachotin bei mancher Anleihe an Kuntzes Schrift, die man sonst vermuten darf, den Gelehrten aus seinem Vokabular vollständig ausrangiert hat. Konsequent ist von der „geistige[n] Arbeit des Forschers“ die Rede.

Enger auf das Schreiben bezogen läßt sich an Tschachotins Ausführungen verstehen, wie weitreichend diese Tätigkeit in den Wissenschaften instrumentell eingefaßt ist. Man kann es sich leicht machen und seine Vorliebe für Papierwerkzeuge als Kuriosum abtun, aus dem sich bestenfalls lernen läßt, was passiert, wenn wissenschaftliche Untersuchungen mit ihrer Verwaltung verwechselt werden. Das ändert aber nichts daran, daß sich das Grundverhältnis zum Schreiben-als-bearbeiten bei Tschachotin nur exzessiv formalisiert zum Ausdruck bringt. Merkwürdig wirken seine Vorschläge nicht, weil sie am Alltag im Labor, im Feld, in der Bibliothek oder im Archiv vorbeigehen, sondern weil in ihnen überspitzt wird, was sonst meistens niederschwellig, ohne daß es eigens hervortritt, geschieht. Diese Vorschläge gehören auch nicht einer vergangenen Epoche an. Im Einzelnen haben sie sich eventuell erledigt oder ein anderes technisches Gewand erhalten. Auch wird man den Enthusiasmus, mit dem Tschachotin seine Karteien, Tabellen und Übersichtspläne propagiert, auf die Rechnung des Zeitgeists setzen. Die instrumentelle Rahmung von Schreiben ist aber tiefer verankert. Man kann Heideggers Beobachtungen teilen, ohne dem Affekt nachzugeben, mit dem sie vorgebracht werden. Schreiben bildet im Forschungsprozeß eine Form des Betreibens. Schreiben-als-bearbeiten unterhält bei Tschachotin sogar den ganzen wissenschaftlichen Betrieb.[19]

[1] Für einen biographischen Abriß siehe Karl Otto Greulich, Alexey Khodjakov, Annette Vogt, Michael W. Berns, Sergej Stepanovich Tschachotin. Experimental Cytologist and Political Critic (1883–1973), in: *Methods in Cell Biology* 82 (2007), 725–734. Tschachotins Familienroman erschließt der Dokumentarfilm *Sergej in der Urne* von Boris Hars-Tschachotin aus dem Jahr 2010.

[2] Vgl. Sergej Tschachotin, Rationelle Organisation von biologischen Instituten, in: *Handbuch der biologischen Arbeitsmethoden. Abt. V: Methoden zum Studium der Funktion der*

einzelnen Organe des tierischen Organismus. Teil 2: Methoden der allgemeinen vergleichenden Physiologie, 2. Hälfte, Berlin 1932, 1597–1650; sowie ders., Rationelle Technik der geistigen Arbeit des Forschers, in: ebd., 1651–1702.

[3] Tschachotin, Rationelle Organisation von biologischen Instituten, 1597.

[4] Tschachotin, Rationelle Technik der geistigen Arbeit des Forschers, 1658.

[5] Vgl. Tschachotin, Rationelle Organisation von biologischen Instituten, 1601, 1605, 1607, 1609, 1620, 1627, 1642 und 1643 (in der Reihenfolge meiner Aufzählung).

[6] Vgl. Cornelia Vismann *Akten. Medientechnik und Recht* (2000), 2. Auflage, Frankfurt a. M. 2001, 267. Siehe ferner Delphine Gardey, *Écrire, Calculer, Classer. Comment une Révolution de Papier a Transformé les Sociétés Contemporaines (1800–1940)*, Paris 2008; Peter Becker (Hg.), *Sprachvollzug im Amt. Kommunikation und Verwaltung im Europa des 19. und 20. Jahrhunderts*, Bielefeld 2011; Ben Kafka, *The Demon of Writing. Powers and Failures of Paperwork*, New York 2012.

[7] Tschachotin, Rationelle Technik der geistigen Arbeit des Forschers, 1670.

[8] Ebd.

[9] Vgl. ebd., 1675–1678.

[10] Ebd., 1677.

[11] Ebd., 1678 f.

[12] Ebd., 1699.

[13] Ebd., 1679.

[14] Martin Heidegger, Die Zeit des Weltbilds (1938), in: *Gesamtausgabe, 1. Abteilung: Veröffentlichte Schriften 1914–1970. Band 5: Holzwege*, hgg. von Friedrich-Wilhelm von Herrmann, Frankfurt a. M. 1977, 83.

[15] Ebd., 87.

[16] Vgl. Friedrich Kuntze, *Die Technik der geistigen Arbeit* (1921), 3. und 4. Auflage, Heidelberg 1923. Diese Begeisterung wiederum trennt Kuntze und Tschachotin vollständig von der 1914 ebenfalls unter dem Titel *Die Technik der geistigen Arbeit* erschienenen Schrift von Arthur Pfeifer, die ihren Gegenstand im

wesentlichen pädagogisch als eine Sache des richtigen Lernens entwickelt.

[17] Lothar Müller, Präludium II, in: *Ordnung. Eine unendliche Geschichte* (Marbacher Katalog 61), hgg. vom Deutschen Literaturarchiv, Marbach a. N. 2007, 13–18, 15.

[18] Heidegger, Die Zeit des Weltbilds, 85.

[19] Vgl. Tschachotin, Rationelle Organisation von biologischen Instituten, 1597 f.

Bearbeiten

Über seine Notizhefte, die *Cahiers*, bemerkte der Schriftsteller und Essayist Paul Valéry: „In diesen Heften halte ich nicht ‚Meinungen' von mir fest, ich schreibe Bildungen in mir auf. Es ist nicht so, daß ich zu dem gelange, was ich schreibe, *darauf komme*, sondern ich schreibe, was dahin führt – wohin eigentlich?"[1] Dies vorausgesetzt kam Valéry mit seinen Überlegungen erst dann richtig in Gang, wenn er das Heft aufschlug. Im Griff zum Stift, so Karin Krauthausen, begegnet eine „Selbsttechnik", mit deren Hilfe Valéry sich den Tag ordnete und systematisch seine Kopfarbeit vorantrieb.[2] Ein Jahr vor der eben zitierten Überlegung notierte er sich: „Ich schreibe, um zu sehen, zu *machen*, zu präzisieren, um fortzusetzen – nicht um zu verdoppeln, was gewesen ist."[3] In dieser Formulierung tritt der instrumentelle Zug seiner Notizen noch deutlicher hervor: Schreiben gewinnt hier kaum anders als eine Feile oder ein Mikroskop den Charakter eines Mittels („um zu"), das dem Schreiber zur Verfügung steht.

Wenigstens zu einem Teil bedeutete Schreiben für Valéry nicht anders als für Tschachotin, eine Sache zu betreiben. Mit den *Cahiers* wird gearbeitet, sie bilden Valérys Betrieb. Nur wird dieser nicht von dem angefacht, was man hat und weiß und bei Tschachotin feinsäuberlich auf Karteikarten vorliegt, sondern von dem, was man nicht hat und nicht weiß und nicht einmal weiß, worin es besteht; „wohin eigentlich?" Ähnlich hat sich Michel Foucault geäußert: „Schreiben heißt im Wesentlichen, eine Arbeit anzugehen, dank derer und an deren Ende ich für mich selbst womöglich etwas finden kann, was ich zunächst nicht gesehen hatte."[4] Auch dieses Schreiben wird instrumentell gerahmt: Schreiben bedeutet „zu diagnostizieren, was ich in dem Augenblick habe sagen wollen, in dem ich zu schreiben begann."[5] Das Verb – „diagnostizieren" – ist mit Bedacht gewählt. Foucault reiht sich damit in die Familie ein, Vater und Großvater sind Chirurgen gewesen, nur daß er für seine Befunde mit Stift und Papier auskommt.

Überlegungen und Äußerungen wie die Valérys und Foucaults sind nicht selten. Erinnert sei an Claude Simons Wort von den „Pfaden der Schöpfung", die „durch den Fortgang des Schreibens selbst gebahnt werden." Wenn dabei jedesmal relativ unbestimmt bleibt, worin genau die Leistung des Schreibvorgangs liegt, dann vermutlich deshalb, weil sich die Frage in diesem Kontext als solche nicht weiter stellt. Die Arbeit von Gelehrten und Schriftstellern besteht nach ihrem Selbstverständnis darin, Überlegungen zur Sprache zu bringen und Texte zu produzieren. Schreiben, „um zu sehen, zu *machen*, zu präzisieren, um fortzusetzen" oder um „zu diagnostizieren", kommt von dieser Warte aus der Aufgabe gleich, im Zusammenspiel von Geste und Sprache seinen eigensten Angelegenheiten nachzugehen. Man muß aber nur an die großen Montagepläne denken, die Claude Simon für seine Romane angelegt hat, am Rand ein Streifen, in dem ähnlich einer Partitur die Motive der Erzählung mit je einer eigenen Farbe markiert sind,[6] damit deutlich wird, daß sich auch in diesem Fall der Prozeß des Suchens und Findens teils auf einer materiellen, handwerklichen Ebene abspielt, auf der Schreiben und Bearbeiten sehr direkt miteinander verknüpft sind. In den folgenden Abschnitten soll dieser Aspekt weiter vertieft werden. Wie geht man vor, um schreibend auf etwas zu kommen? Welche Modi des Bearbeitens lassen sich unterscheiden? Können Schreibverfahren den Erkenntnisprozeß in eine bestimmte Richtung lenken, ihn gewissermaßen vorspuren?

Explorieren

Auf den ersten Blick scheint es kaum möglich, zwischen Aufzeichnen und Bearbeiten als eigenen Bereichen forschenden Schreibens zu unterscheiden. Wie gezeigt, wird zum Beispiel im Protokollieren die Aufmerksamkeit von Forscherinnen und Forschern zugespitzt, der Gegenstand der Untersuchung in spezifischer Weise verfügbar und die Möglichkeit, weitere Fragen zu stellen, ausgerichtet. Auch wer vermeintlich nur aufzeichnet, bearbeitet demnach seinen Gegenstand. Hinzu kommt, daß heute schon rein äußerlich betrachtet die meisten dieser Schreibtätigkeiten in einem einzigen Gerät, dem Computer, zusammenkommen. Verteilt auf verschiedene Programme versammeln sich hier Literaturhinweise, Exzerpte, Versuchsjournale, Ordner voller PDFs, Bilddateien, Datenblätter, Tabellen, Publikationsentwürfe und was auch immer sonst noch im Forschungsalltag anfällt. Die einzelnen Aktivitäten von Forscherinnen und Forschern sind auch keineswegs räumlich sauber getrennt: Neben dem Versuchsaufbau kann man genausogut mit der Aufzeichnung wie mit der Auswertung von Daten und Meßwerten beschäftigt sein. Heute ist zudem in vielen Wissenschaften ein eigener Schreibtisch gar nicht mehr vorgesehen: Aufbereitet, ausgewertet und getippt wird, wo für das Notebook gerade ein Platz frei ist.

Wenn ich dennoch Aufzeichnen, Bearbeiten und später Publizieren als verschiedene Bereiche schreibenden Forschens unterscheide, dann deshalb, weil sich mit ihnen verschiedene Absichten und Erwartungen verknüpfen. Die Schreibszene der Aufzeichnung wird von dem Bezug auf ein zeitlich vorausgehendes Geschehen (Experimente, Erhebungen, Beobachtungen) respektive auf vorliegende Dinge (Artefakte, Texte, Dokumente) geprägt. Etwas aufzuzeichnen, bedeutet im Kern, etwas nachzuzeichnen. Die größte Sorge gilt dabei der Vollständigkeit der Aufzeichnungen, getragen von dem Imperativ, nichts in Zukunft Wichtiges auszulassen. Die Schreibszene des Bearbeitens ist anders ausgerichtet. Ihre Ausgestaltung erhält sie nicht im Bezug auf das, was ihr vorausgeht, sie ist vielmehr nach vorne orientiert: In ihrem Zentrum steht, wie Valéry es beschreibt, der Wunsch, Bekanntschaft mit dem zu schließen, was man noch nicht kennt. Der Imperativ dieser Schreibszene lautet aufs Allgemeinste: Geschrieben wird, um etwas herauszubringen, ohne daß man bereits sagen könnte, worin genau dies besteht. Es wird sich zeigen, daß diese Schreibszene sehr verschieden ausgefüllt werden kann: Es kann darum gehen, eine einigende Idee zu finden, die Bedeutung von Beobachtungen zu erschließen oder weniger weitreichend darum, eine Zahl von Vorgängen zunächst einmal in Zusammenhang zu bringen. Unabhängig von der besonderen Bestimmung bleibt es aber dabei, daß es beim Bearbeiten darum geht, einen Zuwachs an Einsichten zu gewinnen.

Versteht man den Forschungsprozeß mit Bruno Latour als eine Kette von logischen und materiellen Transformationen, in deren Ablauf aus einem Stück Welt (bei Latour einer Reihe von Bodenproben) ein wissenschaftliches Argument (über die Prozesse an der Grenze von Urwald und Savanne) hervorgeht,[7] dann bezeichnet Schreiben als Bearbeiten in diesem Gefüge einen zentralen Schritt. Typisch ist die Szene, die der Wissenschaftshistoriker Hans-Jörg Rheinberger aus seiner Zeit als Molekularbiologe erzählt. Im Rahmen seiner Dissertation über die Funktion von Ribosomen in der Proteinsynthese führte er rund 400 Experimente durch, deren Protokolle alsbald einige Aktenordner füllten. Um diese Menge in den Griff zu bekommen, so Rheinberger, „habe ich das Ganze eingeschmolzen, indem ich jedes Experiment reduzierte und jeweils auf einem einzigen Blatt zusammenfasste, sodass am Ende alles in einem Ordner Platz hatte."[8] Wie man sieht, fängt Bearbeiten zwar zunächst damit an, bereits Vorhandenes (nicht immer muß es sich dabei um Aufzeichnungen handeln) zusammenzustellen, die Perspektive bleibt jedoch vorwärtsgewandt. Der Schritt hat nicht abschließenden, sondern vorbereitenden Charakter: Rheinberger zieht aus den Protokollen das „Wichtigste" heraus, „um die Massen an Daten irgendwie in eine handhabbare Form zu bringen."[9] In diesem Schritt wird auch nicht rein mechanisch kompiliert, denn durch ihn wird fixiert, was Rheinberger „für das Ergebnis des einzelnen Experiments hielt."[10] Das Ergebnis findet sich demnach weder auf dem Protokoll, dort finden sich die jeweiligen Versuchsbedingungen, noch auf dem anhängenden Ausdruck, dieser enthält die jeweils registrierten Meßwerte. Das eigentliche Ergebnis des Versuchs entsteht vielmehr erst im nachhinein auf dem gesonderten Blatt, weiter vertieft mittels der anschließenden Darstellung der Meßwerte in Tabellen und Kurven.[11]

Typisch ist diese Szene, weil sie deutlich macht, daß sich die Ergebnisse und das sind in diesem Moment vorerst Signifikanzen – was an einer Serie von Experimenten, einem Stapel Archivalien oder, um Latours Beispiel zu benutzen, an einer Reihe von Bodenproben bedeutsam erscheint und weitere Aufmerksamkeit auf sich zieht – nur selten unmittelbar einstellen, sondern aktiv herausgearbeitet werden müssen. Und typisch ist diese Szene weiter, weil sich dieser Prozeß in eine neue Schicht von Schreibereien fügt, die sich über das Ausgangsmaterial schiebt. Studiert werden ab diesem Zeitpunkt nicht mehr vornehmlich Reagenzglaslösungen und Datenstreifen (bei Rheinberger), Erdklumpen und Pedokomparator (bei Latours Forschungsgruppe) oder Aktenbände und schnell geschossene Fotos (von der Historikerin im Lesesaal des Archivs angefertigt), produziert und studiert werden nun Tabellen, Diagramme, Exzerpte, Synopsen, kurzum alles, was in irgendeiner Weise den Charakter einer ersten Synthese besitzt.

In der Kette Latourscher Transformationen ist dieser Schritt vom Aufzeichnen zum Bearbeiten erstens zentral, weil mit ihm die materiellen Bezugspunkte des Forschens und meistens auch die ersten Aufzeichnungen außer Sicht geraten. Es mag zwar eine Forderung sein, daß man von den Verdichtungen jederzeit den Schritt zurück zum Ausgangspunkt machen kann.[12] Aber mitten im Forschungsprozeß wird dies meistens nur dann vorkommen, wenn sich Zweifel ergeben oder sich völlig neue Aspekte auftun. Studiert werden von nun an die Papiere in der Hand respektive ihre Äquivalente auf dem Bildschirm. Zweitens ist dieser Schritt zentral, weil mit ihm, Rheinbergers Schilderung zeigt dies deutlich, ein grundsätzlicher Perspektivenwechsel einhergeht. Der Blick wendet sich von der Gewinnung von Forschungsmaterial ab, 400 Experimente sind durchgeführt, und richtet sich dafür auf deren Auswertung: Was geht aus den Experimenten hervor? Der Tendenz nach läuft die Arbeit ab diesem Moment darauf hinaus, Zusammenhänge zu etablieren und hierauf gegründet Schlüsse zu ziehen. Dieses Ziel steht im Raum, es motiviert den ganzen Vorgang, ohne daß damit allerdings schon eine bestimmte Richtung vorgegeben wird.

Wo das Schreiben ins Bearbeiten übergeht, nimmt es einen sondierenden Charakter an. Es beginnt, wie Rheinberger in seinem zweiten Leben als Wissenschaftshistoriker feststellt, „eine erkundende Bewegung, ein Spiel mit möglichen Stellungen, ein offenes Arrangement."[13] Daß man so, unter dieser Perspektive, schreiben kann, überrascht heute niemanden mehr, versteht sich jedoch keineswegs von selbst. Geht man zurück an einen der Entstehungsherde der modernen Wissenschaften, zeigt sich sofort, wie eng das sondierende Schreiben mit einem grundsätzlichen Wandel im Verhältnis zur Welt einhergeht. In seiner Studie über die Rolle von Notizbüchern und Notierverfahren für die englischen Naturforscher der Frühneuzeit deutet Richard Yeo an, wie unter ihrem Zugriff die in der Renaissance etablierte Technik des *commonplacing*, also der topisch geordneten Sammlung von ‚schönen Stellen', mit einem neuen Sinn ausgestattet worden ist. Zum Zeugen hierfür wird ihm Francis Bacon. Dieser empfahl ausdrücklich, *common place*-Bücher zu führen, nur sollte darin nicht, wie bis dahin üblich, Bekanntes nach bekannten Vorgaben zusammengestellt werden, sondern unter einigen groben Überschriften so viel als möglich an neuen Beobachtungen und Erfahrungen eingesammelt werden.[14]

„The implication was that the common-place method in natural history should be far more open-ended than usually understood: the information collected was not expected to reinforce larger canonical categories."[15]

Grundsätzlich könnte man sagen, daß sich Schreiben in der Frühneuzeit als Tätigkeit auf die Zukunft hin geöffnet hat: Man schrieb nicht nur auf, was bekannt war, man schrieb nun auch auf etwas hin, das noch unbekannt war. Ein weiteres Beispiel für diesen Prozeß findet sich ein gutes Jahrhundert später. Für den schwedischen Naturforscher Carl von Linné läßt sich nachvollziehen, wie sein zunächst statisch-ordnendes auf visuelle Übersicht abgestelltes System von Aufzeichnungen allmählich in Bewegung geraten ist und sich immer stärker auf Zuwachs und Revision ausgerichtet hat.[16] Materiell führte der Weg von Tabellen, Listen und Diagrammen über das Buch mit vorab aufgeteilten Blättern zu losen Papierschnipseln, Karteikarten und für Ergänzungen mit Leerseiten durchschossenen Handexemplaren der Veröffentlichungen. Diese Dynamisierung wurde zunächst von dem „information overload" erzwungen, der über Linné, eingesponnen in sein Korrespondentennetz und von der eigenen Sammeltätigkeit weiter angetrieben, hereinbrach.[17] Damit einher ging aber auch ein anderes Verhältnis zum Schreiben. Es gewann nun teils einen probierenden Charakter, der sich besonders gut am Gebrauch von Listen in Linnés taxonomisch-systematischen Unternehmungen zeigt. Wie Staffan Müller-Wille und Isabelle Charmantier ausführen, wurden diese nicht nur konventionell für Aufstellungen aller Art verwendet, sondern daneben spielte Linné mit Listen gleichsam herum.[18] In diesem Sinne zu Schreiben meint, sich in einem Möglichkeitsraum zu bewegen und durch Schreibvorgänge einen Möglichkeitsraum zu eröffnen.

Bei Linné ging es ohne Zweifel darum, am Ende eine fixe Ordnung der Natur zu gewinnen, auch wenn die getroffenen Einteilungen, wie sein *paperwork* zeigt, unter der Hand beständig ergänzt und gedehnt werden mußten. Gleichwohl liefert sein Umgang mit Stift und Papier ein Beispiel dafür, wie die Leistung von Schreibvorgängen im 17. und 18. Jahrhundert in den Fluß gerät. Im Schreiben wird nun zunehmend vorangetrieben, was einen beschäftigt, aber noch keine definitive Form gewonnen hat. Diese neue Dimension des Schreibens spielt sich langsam ein und läßt sich nicht verstehen ohne die gleichzeitig ablaufenden epistemologischen Verschiebungen. Denn nur in einer Welt, in der alle Vorgänge als von Grund auf erst noch zu verstehende Präsenz gewinnen, kann man sinnvoll unter dem Imperativ schreiben, etwas bislang Unbekanntes herausbringen zu wollen.

Auch die Vorgehensweisen sind hiervon nicht unberührt geblieben. Helmut Zedelmaier hat gezeigt, wie im gelehrten Leben die geschlossene Form des Buches als Magazin für Beobachtungen, Einfälle und Literaturverweise zuerst vom Zettelschrank und im 18. Jahrhundert dann vom Zettelkasten Konkurrenz erhält. Für Zedelmaier verdichtet sich im Auftauchen immer flexiblerer Speichertechniken die Grunderfahrung, daß Wissen sich verzeitlicht.[19] Näher betrachtet wird man sich diesen Vorgang allerdings weniger einsinnig denken müssen. Wenn die Vorgehensweisen zunehmend auf „die Vorläufigkeit und permanente Revision alles Wissens“ hin eingerichtet werden,[20] trägt das sicherlich dem Umstand Rechnung, daß man, wie es sich bei Linné angedeutet hat, beständig gezwungen wird, den erreichten Stand der Dinge zu revidieren. Die schriftlichen Verfahren folgen diesem Prozeß aber nicht nur. Sobald sie einmal mit explorativen Funktionen verknüpft worden sind, treiben sie diesen Prozeß gleichzeitig auch an. Man kann es mit Blick auf das Beispiel Linnés auch so sagen: Als Mittel, die Ordnung der Natur zu speichern und wiederzugeben, erwies sich die Liste zunehmend als sperrig und hinderlich, um gleichzeitig als Mittel hervorzutreten, diese Ordnung zu erproben und in Bewegung zu bringen.

Stoßrichtungen

Ein Punkt, in dem sich Aufzeichnen und Bearbeiten deutlich unterscheiden, betrifft das Verhältnis der Forschenden zu diesen Tätigkeiten. Wer Versuchsumstände protokolliert oder sich beim Lesen von Briefwechseln Notizen macht, tut dies nebenher. Der Schreibvorgang trägt in diesem Moment technische Züge, die volle Konzentration gilt dem Geschehen vor Augen respektive den Blättern auf dem Tisch. Anders, wenn es ans Bearbeiten geht. Dieser Schritt wird häufig bereits antizipiert: Man sagt sich, daß es endlich nötig sei, die Aufzeichnungen vorzunehmen, sich die Daten genauer anzuschauen, die vielen Notizen und Exzerpte durchzugehen. Ist es dann so weit, geht man ganz bewußt ans Bearbeiten. Meistens macht man sich sogar einen Plan, so schlicht und provisorisch er ausfallen mag, wie beim Bearbeiten vorzugehen ist.

Wo Schreiben ins Bearbeiten übergeht, kommen Absichten und Ziele ins Spiel. Diese können noch eher vorbereitenden Charakter haben, wie die Auszüge, die Rheinberger aus seinen 400 Protokollen anfertigt. Aber sobald man daran geht, auf dieser Grundlage erste Zusammenhänge zwischen den Daten einzukreisen, treten sehr schnell enger epistemische Anliegen hervor. Wenn im Bearbeiten Absichten verfolgt und Ziele anvisiert werden, folgt daraus aber nicht, daß der nun einsetzende Prozeß geradlinig verläuft und mit jeder weiteren Operation die in Frage stehende Sache einfacher zur Hand ist, besser verstanden und in ein zunehmend dichteres Netz von Bedeutungen eingesponnen wird. Man kann diesen Eindruck gewinnen, wenn man als Muster für diesen Prozeß an Latours Kette der Transformationen denkt, die eins aufs andere unfehlbar vom Stück Urwald Amazoniens zum Diagramm und schließlich zum publizierten Abschlußbericht führt. Allerdings geht es Latour bei seinen Beobachtungen darum, „die epistemologische Frage der Referenz in den Wissenschaften empirisch zu erforschen."[21] Das hieraus resultierende zeichen- und erkenntnistheoretische Modell sollte man entsprechend nicht mit einer Beschreibung der Vorgänge verwechseln, in denen Einsichten entstehen. Latour untersucht nicht, wie die Forscherinnen und Forscher, die er begleitet, *darauf kommen*, welche Prozesse an der Grenze von Wald und Savanne stattfinden (und welche Rolle dabei der kleine Held Regenwurm spielt). Er erzählt zwar anschaulich von den Unternehmungen und Besprechungen der kleinen Gruppe, aber gezeigt wird ausschließlich, warum man am Ende sicher sein kann, daß der Bericht über die Expedition keine Fiktionen verbreitet, sondern einen Sachverhalt beschreibt, der sich jederzeit überprüfen läßt.

Gelegentlich gewinnt man allerdings den Eindruck, daß für Latour die Transformation eines Stücks Welt in eine andere Form der Verfügbarkeit bereits hinreicht, um dem untersuchten Problem auf den Grund zu kommen. Über die im Büro der Botanikerin archivierten Pflanzenproben bemerkt er, daß die Forscherin die Blüten und Stengel „in aller Geduld" auf der Arbeitsplatte verteilt, „bis ein *pattern* vor ihr entsteht, das noch keiner gesehen hat."[22] Näher betrachtet ergibt sich die „neue Erkenntnis" aber mitnichten „wie von selbst aus der auf dem Tisch ausgebreiteten Sammlung", denn wie Latour nur einige Zeilen später schreibt, geht es hier darum ein „Puzzle" zu lösen.[23] Es reicht entsprechend nicht, nach einem Muster Ausschau zu halten, das sich gleichsam von alleine aufdrängt. Man muß vielmehr herumprobieren und mit dem ganzen eigenen Hintergrundwissen entscheiden, welche Konstellation eventuell Sinn macht. Eine Sache zu bearbeiten, mündet unter Umständen darin, daß man ein Muster herausfindet. Dies ist aber weder sicher, noch ist es hinreichend, diesen Prozeß einzig in Rücksicht auf sein Ergebnis in Blick zu nehmen. Beim Puzzlespielen sind die Informationen, die man durch Fehlversuche sammelt, genauso wichtig wie die Treffer.

Wenn man vom Resultat her denkt, ist es sicher richtig, daß es beim Bearbeiten darum geht, ein Problem zu lösen. Richtet man hingegen die Aufmerksamkeit zunächst auf den Moment, in dem die Botanikerin im Büro damit beginnt, die Proben zu ordnen, ergibt sich ein anderes Bild. Das Ziel (wie hängt das alles zusammen?) ist zwar weiterhin als Fluchtpunkt präsent, zunächst einmal vertieft man sich aber in sein Material (seine Daten, Notizen, in diesem Fall die Proben), hält sich an einzelnen Aspekten auf, nimmt diese näher in Augenschein, baut nach und nach am Material Komplexität auf und verkompliziert somit vorerst die Situation. Auf schriftliche Formen der Bearbeitung bezogen, folgt daraus, daß man die Schreibereien, um die es geht, weniger als Zwischenschritt zu einem Ergebnis, denn als eigenständigen Spielraum verstehen sollte. Wenn Schreiben in den Wissenschaften im Kern dazu dient, „Ordnung herzustellen",[24] dann gehören dazu notwendig Phasen, in denen sich die Dinge nicht fügen. Mit den vielen Anläufen, die es braucht, um ein Problem zu lösen, wird nicht unnütz Zeit vergeudet, sie sind vielmehr einschließlich der Sackgassen produktiv an dem Vorgang beteiligt. Beim Bearbeiten bilden solche Anläufe Möglichkeiten, mit denen oder gegen die weitere Möglichkeiten, das Problem zu lösen, Kontur gewinnen.

Die Schreibszene der Bearbeitung ist nach vorne ausgerichtet: Es geht darum, etwas herauszubringen. Dieser Imperativ realisiert sich aber in einer öffnenden, fragenden Stoßrichtung von Schreibvorgängen. Auf einen nicht untypischen Fall stößt man in Karl von Frischs Studien über die Tanzsprache der Bienen, von denen schon früher die Rede war. Im fünften und letzten Beobachtungsjournal für das Jahr 1944 kam von Frisch auf einige der über den ganzen Sommer durchgeführten Versuche noch einmal zurück. Auf losen Blättern am Ende des Heftes skizzierte von Frisch jeweils die räumliche Situation von Stock, Futterplatz und Beobachtungsplätzen, vermerkte die Zahlen der Besuche von Bienen an den Beobachtungsplätzen, dazu die Art des Futters und weitere Umstände des Versuchs. Die Kommentare am unteren Rand der Blätter lassen keinen Zweifel, daß sich von Frisch dafür interessiert hat, ob aus den Versuchen eine Mitteilung der Entfernung und der Richtung der Futterquelle durch die Bienen abgeleitet werden kann und ob dabei auch der Duft der Futterquelle eine Rolle spielen könnte. Regelmäßig wird dort festgehalten: „Spricht für Entfernungsmitteilung", „Spricht für diff. Richtungsmitteilung", „Spricht für Markierung der Richtung", „Spricht für Entfernungsmitteilung und Bedeutung des Duftorgans", „Deutlicher u starker Einfluß des Duftorganes" und dergleichen mehr.[25]

Im Ergebnis entstand ein diffuses Bild. Viele der insgesamt 26 Versuche, die von Frisch noch einmal durchging, deuteten auf Entfernungsmitteilung hin, andere zudem auf Richtungsmitteilung, in einigen Fällen schienen sich die Bienen aber zusätzlich oder ausschließlich am Duft zu orientieren. Diese Situation kann im nachhinein betrachtet nicht weiter verwundern. Eine systematische Trennung der einzelnen Faktoren war während der Versuche im Sommer 1944 unterblieben; von Frisch notierte sie sich als Desiderat für das folgende Jahr am Ende des Heftes.[26] Verweilt man aber bei den Studienblättern, fällt auf, wie in der Revision der Versuchstätigkeit Komplexität entsteht. Jeder der diskutierten Versuche wurde zwar auf ein Ergebnis gebracht („Spricht für …"), insgesamt gewannen aber nebeneinander verschiedene Möglichkeiten Raum: Entfernungsmitteilung, Richtungsmitteilung, Rolle des Duftes. In dem Studienblatt zu dem Versuch vom 12. August 1944 drückt sich diese mehrdeutige Lage direkt in von Frischs Kommentar aus (Abb. 6). Die Einschätzung „Spricht für Entfernungsmitteilung" ergänzend bemerkte er: „Obwohl der Wind den Duft v. nahen Futterplatz stockwärts geht kommen viel weniger Bienen als bei den zwei ersten Versuchen. Es kann also nicht das äth. Öl allein sein, was bei diesen den starken Besuch des nahen Futterplatzes bewirkt hat."[27]

Abgesehen von dem Verbfehler im ersten Satz fällt an der Notiz auf, wie die Auseinandersetzung mit diesem Versuch auf das Verständnis der vorher diskutierten Versuche zurückwirkt. Weil nun keine direkte Verknüpfung zwischen Besuchszahlen an den Beobachtungsplätzen (zum Verständnis: von Frisch schreibt in der Notiz zwar von Futterplätzen, wie die Skizze belegt, meint er aber

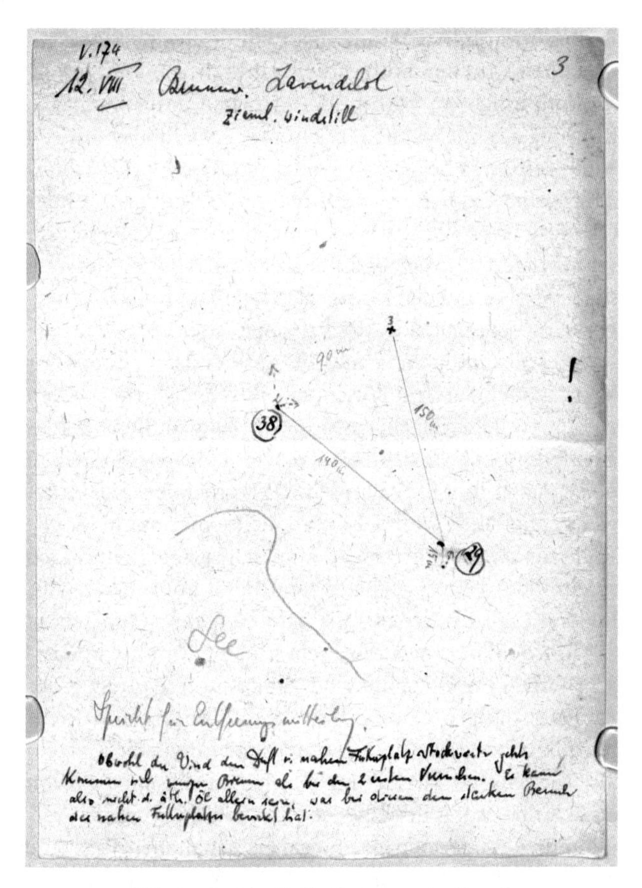

Abb. 6: „Spricht für Entfernungsmitteilung“. Studienblatt Karl von Frischs zum Versuch 174 aus dem Sommer 1944.

Beobachtungsplätze) und vom Wind Richtung Stock getriebenen Duft bemerkt werden kann, wird insgesamt die Verknüpfung von Duft und Aufsuchen eines Beobachtungsplatzes unsicher: „Es kann also nicht das äth. Öl allein sein, was bei diesen [vorher studierten Versuchen] den starken Besuch des nahen Futterplatzes bewirkt hat." Ob diese Feststellung hinreichend begründet gewesen ist, sei dahingestellt. Wichtig ist nur, daß die Revision der Versuchstätigkeit auf den Einlageblättern nicht Kohärenz hervorbringt, sondern die Möglichkeiten eher vervielfältigt.

Um vollständig zu verstehen, was bei der Revision der Versuche passiert, muß man von Frischs frühere Studien zur Tanzsprache der Bienen aus den 1920er Jahren berücksichtigen. Dort wurde noch als sicher erachtet, daß neben den Tänzen im Stock der den ankommenden Bienen jeweils anhaftende Duft der Futterquelle eine entscheidende Rolle für die Orientierung der ausschwärmenden Bienen spielt.[28] Rund 20 Jahre später hatte dieser Punkt an Gewißheit verloren: Anders als bis dahin angenommen schien es nun denkbar, daß die Bienen nicht wahllos umherschweifend die Umgebung des Stocks nach dem Duft absuchen, sondern eine bestimmte Entfernung und Richtung bevorzugen. Analog zum Verständnis von Kritzeln als „graphische Entstaltung"[29] wäre in diesem Fall von einer Entstaltung der eigenen Vorannahmen in der Aufbereitung einiger der im Journal festgehaltenen Versuche zu sprechen. Wenn man diesen Vorgang als eine Klärung begreifen möchte, dann nicht in dem Sinne, daß die fraglichen Vorgänge in ein stimmiges Bild gefügt werden. Klar wird vielmehr, daß zunächst mit den Versuchen einhergegangene Annahmen nicht unbedingt richtig gewesen sind. In der Revision der Versuche auf den eingelegten

Blättern entsteht damit ein Problem. Statt einer Antwort oder Lösung ergeben sich neue Fragen. Deutlicher läßt sich kaum zeigen, daß in der Szene der Bearbeitung auf dem Weg zur Festigung und Schließung zunächst einmal Komplexität aufgebaut und nicht etwa abgebaut wird.

Typen des Bearbeitens I: Übersicht herstellen

Wenn es um Tätigkeiten schreibenden Bearbeitens geht, werden häufig visuelle Ausdrücke gewählt. Man führt sich die Dinge vor Augen, sichtet, will sich einen Überblick verschaffen. Im Forschungsprozeß entsprechen dieser Redeweise eine Reihe von Verfahren, die auf ein spezifisches graphisches Arrangement setzen. In ihnen spielen angefangen mit der Liste über die Synopse bis zur Tabelle die Position der Aufzeichnungen auf dem Schriftträger und ihre räumliche Lage zueinander eine zentrale Rolle. In einigen Fällen können damit bereits Bedeutsamkeitsakzente einhergehen: Wo etwas steht, in welcher Reihenfolge und in welcher Nachbarschaft bezeichnet dann Hierarchien oder Zusammenhänge. In der Regel verhält es sich aber umgekehrt: Das graphische Arrangement steht noch nicht für eine fixe Konfiguration ein, sondern ermöglicht eine Reihe von Operationen. Allein dadurch daß Daten, Beobachtungen oder Stellen aus Interviews in Form einer Liste, Tabelle oder Synopse aufgeführt werden, kommt man in seinen Überlegungen noch nicht unbedingt weiter. Der Punkt ist ganz derselbe wie vorhin, als es um die Pflanzenproben auf dem Tisch der Botanikerin ging. Ein Muster und das heißt irgendeine Art von Beziehung zwischen den Proben ergibt sich nicht schon dadurch, daß man ausdauernd und genau hinschaut. Vielmehr muß man – angeleitet von einigen Vorannahmen, die für den Moment als fix behandelt werden – die Proben gruppieren und miteinander vergleichen. Der Tisch, auf dem die Proben ausgebreitet werden, funktioniert in dieser Hinsicht wie eine Wandtafel, auf der Klebezettel angebracht sind, die hierhin und dorthin bewegt oder durch Pfeile verknüpft werden.

Um an eine andere Debatte anzuschließen: Die Proben auf dem Tisch oder die Klebezettel auf der Tafel lassen sich zwar als ein begrenztes Arrangement in der Fläche und derart als Bild auffassen, nur geht aus diesem Bild noch nichts hervor. Erst wenn die Operationen an ein Ende gekommen sind, wird dieses Bild sprechend. Formal betrachtet lassen sich Tabellen, Synopsen und Listen zwar als Schaubilder begreifen, mit deren Hilfe feststehende Sachverhalte vor Augen geführt werden. In dieser Funktion können sie Diagrammen subsummiert werden, wenn man das Diagramm sehr weit als Darstellungsform bestimmt, die „*zwischen* Schrift und Bild" steht.[30] Wichtig ist aber, daß im Forschungsprozeß das graphische Arrangement nicht den End- sondern den Ausgangspunkt des Erkenntnisprozesses bildet: Statt schon Einsichten vor Augen zu führen, hilft es mit, zu Einsichten zu gelangen. Der Vorteil von Tabellen, Synopsen und Listen besteht darin, daß bislang vereinzelte respektiv getrennt von einander vorliegende Aufzeichnungen nun auf einen Blick erfaßt werden können. „There is nothing you can *dominate* as easily as a flat surface of a few square meters",[31] schreibt Bruno Latour; und um wie viel mehr muß das für eine Oberfläche von der Größe eines Blattes Papier gelten. Hat man die Dinge, die einen beschäftigen, in dieser Weise unter Kontrolle gebracht, kann man damit beginnen, ihre möglichen Beziehungen untereinander zu erschließen.

Eingängig wird diese genuin epistemische Funktion graphischer Arrangements, wenn man sich eine Serie von Listen anschaut, die der Physiker und Wissenschaftstheoretiker Ernst Mach im Lauf des Jahres 1895 in seinem Notizbuch anlegte. Textgenetisch betrachtet handelt es sich um erste Überlegungen zu der Vorlesung *Über den Einfluß zufälliger Umstände auf die Entwicklung von Erfindungen und Entdeckungen*, die Mach im Herbst desselben Jahres an der Wiener Universität bei Antritt seiner Professur für Geschichte und Theorie der induktiven Wissenschaft hielt.[32] Auf insgesamt neun Seiten wurden stichwortartig bereits viele Elemente des später vorgetragenen Textes festgehalten. Dennoch wäre es nicht richtig, das wilde Gemisch von Episoden aus der Geschichte der Wissenschaften, Aufzählungen technischer Artefakte, natur- und kulturgeschichtlichen Überlegungen, psychologischen Reflexionen und wissenschaftstheoretischen Postulaten ohne Weiteres als eine Vorstufe der Vorlesung zu verbuchen. Im Augenblick der Aufzeichnung war der Vortrag noch wenig mehr als ein Vorhaben. Die Aufgabe stand im Raum und mit ihr wurde eine Schreibszene des Bearbeitens eingerichtet, nur war noch nicht entschieden, wovon die Antrittsvorlesung handeln würde.

Eine erste thematische Einengung hatte natürlich schon stattgefunden. Dafür standen die Notate und vor allem ihre Überschriften ein: „Zufälliges Zusammentreffen in einem Kopfe" lautete die erste Überschrift, „Auszug", „Das systematische Suchen", „Was ist eine Entdeckung?", „Beispiele von Entdeckungen", „Psychologie", „Analyse d. psychischen Prozesse", „Theorie d. Entdeckung u Forschung" und „Theorie der Theorie" die anderen.[33] Für einen Vortrag fehlten aber noch zwei entscheidende

Dinge: ein Argument, in dessen Entwicklung sich die Notate in Beispiele, Belege und übergreifende Themen verwandelten, und damit verbunden ein Aufbau, in dem den einzelnen Punkten jeweils ein Platz im entstehenden Text zukommen würde. Man darf sich in dieser Hinsicht von den Überschriften nicht täuschen lassen: Zwar kann man unter den zugehörigen Notaten Ähnlichkeiten und Verwandtschaften ausmachen, über ihr Verhältnis zueinander gibt es aber keine Hinweise.

Bereits für die erste Seite aus dieser Folge von Aufzeichnungen fällt es schwer sich das Argument vorzustellen, das die Notate zusammenhält (Abb. 7). Wenn Listen, wie Ann Cotten schreibt, wie „Gerüstteile von abwesenden Gebäuden" wirken, „wie Skelette unbekannter Tiere, Fossile von Bewusstseinsereignissen",[34] dann gibt diese Metapher sehr gut zu verstehen, woran es Machs Listen mangelt. Geht man sie durch, stellt sich gerade nicht der Eindruck eines Plans ein, dessen Gliederung man mit dem Finger nachfahrend zwischen den aufgelisteten Stichworten gleichsam ertasten könnte. Genauso fehlen typische Anzeichen einer Strukturierung: keine Nummerierung, keine erkennbare Hierarchisierung. Nachfolgend die Transkription der ersten zwei Notatblöcke unter Wahrung des Zeilensprungs:

„Zufälliges Zusammentreffen in einem
Kopfe
Cholesterin – Christiansen
Marscanäle – Doppelschatten
Wind – Aberration
Luftgewicht – Flüssigkeitsdruck

Zufall (eine Machtfrage)
Äussere v d Aufgabe unabhängige Umstände

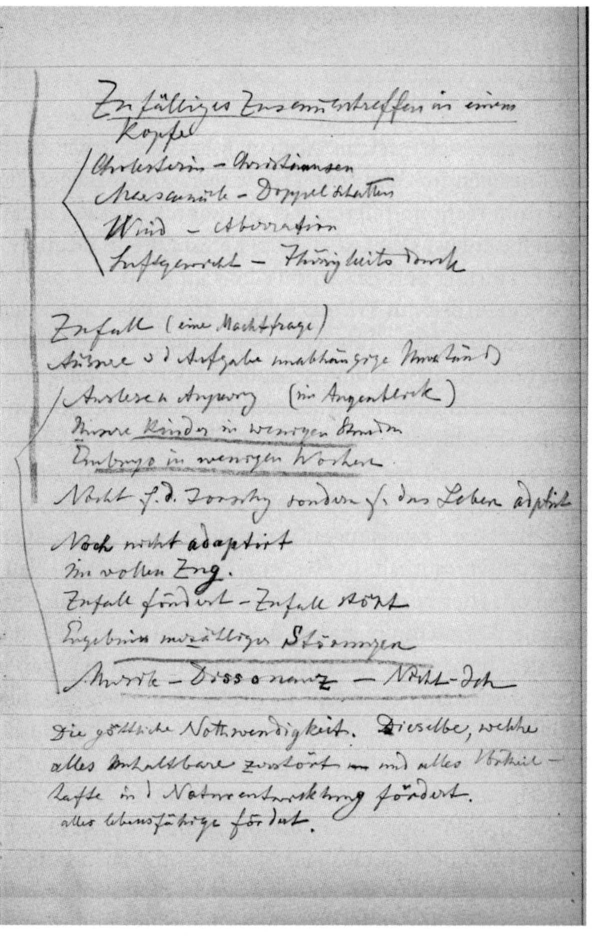

Abb. 7: „Zufälliges Zusammentreffen in einem Kopfe“, Ernst Mach, Notizbuch 38, aus dem Jahr 1895.

Auslese u Anpassung (im Augenblick)
Unsere Kinder in wenigen Stunden
Embryo in wenigen Wochen
Nicht f. d. Forschung sondern für das Leben adaptirt“[35]

Fragt man sich, welche Absicht Mach bei diesen Aufzeichnungen im Sinn hatte, so wäre sie im vorliegenden Fall wohl recht undifferenziert. Sie könnte in etwa lauten: Schreibe auf, was dir in den Kopf kommt, wenn du an Zufall, Erfahrung und Erkenntnis denkst.

In der Arbeit am Vortrag bildete das Auflisten nur den ersten Schritt. Mit ihm wurde ein Schatz von Einfällen und Lesefrüchten in überschaubarer Form bereit gehalten. Von dem anschließenden zweiten Schritt zeugen eine dichte Schicht von Markierungen sowie – auf den folgenden Seiten – einige neu hinzugesetzte Notate. In diesem Durchgang wurde das bis dahin Vermerkte einesteils mit graphischen Anweisungen versehen. Unterstreichungen besagten vermutlich: Dieses ist wichtig. Klammern deuteten an: Hier bestehen Verbindungen. Anderenteils regten die Aufzeichnungen auf dem Blatt neue Einfälle an, die den bisherigen Bestand anreichern, erweitern, aber ebenso sprengen konnten. In dieser Bewegung wurden mögliche Zusammenhänge erschlossen, die aber durch jede weitere Unterstreichung oder Klammer und jedes neu hinzukommende Stichwort wieder verändert werden konnten. Schließung und Öffnung hielten sich zu diesem Zeitpunkt noch die Waage. Notate und Markierungen resultierten eher in einem graphischen Gewimmel als in einem prägnant sich herausschälenden Muster.

Die zeitlichen Verhältnisse dieses Vorgehens lassen sich nicht näher bestimmen: Ob Mach seine Listen öfters durchgearbeitet hat und in welchen Abständen, muß offen bleiben. Sicher ist nur, daß der Vorgang schließlich zum Stillstand gekommen ist. Am Ende der eben besprochenen Serie von Listen folgt im Notizbuch eine weitere Aufstellung: Wieder handelt es sich um kurze Notate, auffällig höchstens, daß keine Markierungen, Klammern oder Streichungen vorhanden sind.[36] Mit Machs späterem Vortrag im Kopf wird man dieser Aufstellung allerdings einen grundsätzlich anderen Status zubilligen: In den Notaten entdeckt man dann eine erste, der finalen Fassung schon sehr ähnliche Gliederung von Themenkomplexen. Dabei stimmt keiner dieser Themenkomplexe mit einer der Überschriften auf den vorhergehenden Seiten überein. Dieser Zwischenstand ergibt sich also nicht aus der bloßen Summation der vorher zusammengetragenen Posten. Die Differenz zwischen den Listen und dem Gliederungsentwurf kann vielmehr als Ertrag des in Anschlag gebrachten Verfahrens verbucht werden. Argument und Aufbau von Machs Vortrag, so meine These, sind erst im Bearbeiten der Listen entstanden.

Machs Umgang mit seinen Listen gibt zu verstehen, daß das graphische Arrangement in erster Linie gestattet, die Sache, die einen beschäftigt, in Bewegung zu versetzen. Nicht schon, indem man Listen, Tabellen und Synopsen mustert, springen Zusammenhänge hervor, sondern indem man Relationen herstellt, einzelne Notate oder Einträge hervorhebt, einander zuordnet oder Notate und Einträge in einer neuen Liste umordnet. All dies spielt sich im Raum des Blattes ab, arbeitet mit den Positionen der Notate und gründet darauf, daß es im Ganzen übersehen werden kann. Liste, Tabelle und Synopse liefern so eine Struktur, die das Ordnen erleichtert und anleitet, sie liefern aber nicht schon einen fixen Zusammenhang; dieser ist durch Markierungen, Verknüpfungen, Hinzufügungen oder Überträge in neue Aufzeichnungen erst noch herauszuarbeiten.

Typen des Bearbeitens II: Herausgreifen

Eine zweite mit dem schriftlichen Bearbeiten eng verknüpfte Vorstellung besteht darin, daß man die gesammelten Erfahrungen resümiert. In Sergej Tschachotins Karteikartensystem des Forschens entsprach diesem Schritt der Übergang von der weißen Karte, auf der die „eigentlichen Daten der Versuche" festgehalten wurden, zur blauen Karte, auf der „die Ergebnisse aus den Versuchen zusammengefaßt und formuliert" wurden.[37] Hält man sich hieran, dann scheinen die Versuchsergebnisse bereits vorzuliegen und werden auf der Ergebniskarte lediglich zusammengeführt. Zugleich scheinen die Versuchsergebnisse aber nur latent gegeben zu sein, insofern sie noch „formuliert" werden müssen. Diese Spannung läßt sich auflösen, wenn man davon ausgeht, daß Tschachotin das Wort Ergebnis in zwei Bedeutungen benutzte: Einmal synonym mit „Daten der Versuche", so daß mit der Zusammenfassung der Ergebnisse der Übertrag der Daten auf die Ergebniskarte gemeint war, und einmal synonym mit Quintessenz, die nach dem Übertrag auf der Karte formuliert wurde. So oder so bleibt dabei aber ausgeblendet, daß in diesem Vorgang die vorhandenen Erfahrungen nicht einfach an einem Ort vereint, sondern zugleich auch *formiert* werden.

Sehr schön deutlich wird das an Joseph Grinnells Aufzeichnungssystem, mit dem jedes Sammlungsexemplar des *Museum of Vertebrate Zoology* erfaßt wurde. Aus den auf diese Weise gewonnenen Angaben bildete Grinnell für seine biogeographischen Fragestellungen zunächst ökologische Einheiten.[38] Wie James Griesemer gezeigt hat, erreichte Grinnell dies praktisch „by writing down on a list the names of taxa present in a given place, as shown by the linkages among museum artifacts, ignoring all specimen properties other than taxonomic identity and location at capture."[39] Für Griesemer handelt es sich hierbei um eine modellierende Tätigkeit: Mit der resultierenden Liste von Taxa entsteht eine abstrakte, theoretische Einheit, die Lebensgemeinschaft. Gesammelte Daten zusammenzustellen, bedeutet unter dieser Perspektive nicht, zusammenzufassen, was sich ergeben hat, sondern anzuordnen, was von Interesse ist.

Wenn Grinnell aus den Aufzeichnungen im Museum Listen mit ökologischen Einheiten produziert, kann man davon ausgehen, daß dies vor einem gefestigten theoretischen Hintergrund geschieht. Grinnell weiß offenkundig, wie sich eine ökologische Einheit bestimmt. Die modellierende Tätigkeit ist so besehen der Schreibtätigkeit vorausgegangen. Ebensogut ist es aber möglich, daß das Analyse- und Deutungsgerüst erst im Zuge der Bearbeitung der gesammelten Erfahrungen entsteht oder verfeinert wird. Im Nachlaß Karl von Frischs liegt eine Mappe mit der Aufschrift „Versuchs-Nummern Protok[olle]". Für den Zeitraum von 1944 bis 1964 enthält sie für jedes Jahr getrennt eine Zusammenstellung aller durchgeführten Bienenversuche.[40] Auf den ersten Blick erinnern die Blätter, Format DIN A4, an ein Register. Unter der Jahresangabe am oberen Rand folgen mittig eingerückt eine Art Obertitel sowie darunter nach links versetzt weitere Rubrikentitel, die jeweils von mehr oder wenigen langen Ziffernfolgen begleitet werden. Für das Jahr 1944 (Abb. 8) lautet der

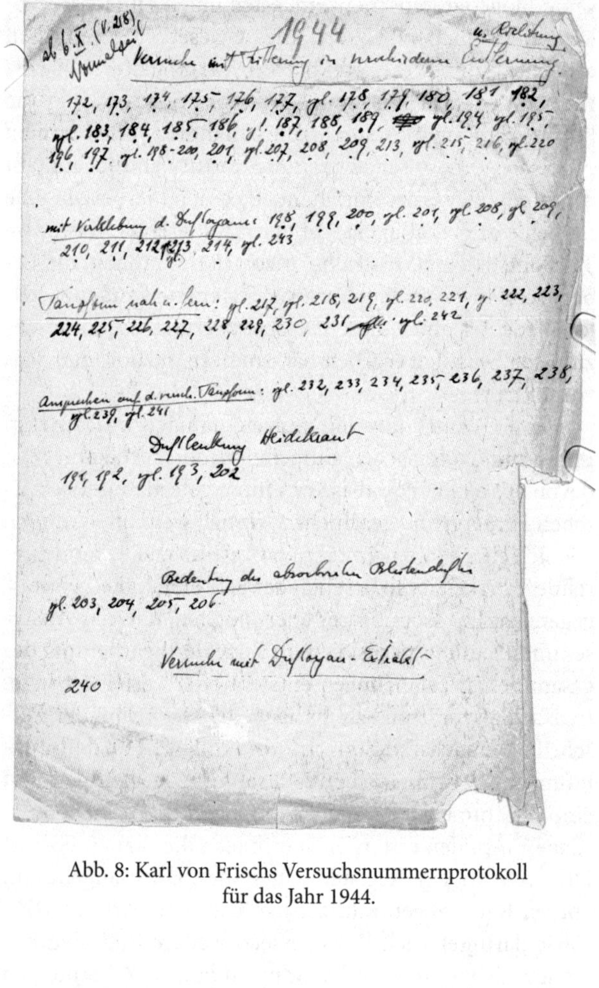

ab 6.X. (V. 218) [illegible]

1944

u. Richtung

Versuche mit Fütterung in verschiedener Entfernung.

172, 173, 174, 175, 176, 177, vgl. 178, 179, 180, 181, 182, vgl. 183, 184, 185, 186, vgl. 187, 188, 189, vgl. 194 vgl. 195, 196, 197, vgl. 198–200, 201, vgl. 207, 208, 209, 213, vgl. 215, 216, vgl. 220

mit Verklebung d. Duftorgane: 198, 199, 200, vgl. 201, vgl. 208, vgl. 209, 210, 211, 212, vgl. 213, 214, vgl. 243

Tanzform nah u. fern: vgl. 217, vgl. 218, 219, vgl. 220, 221, vgl. 222, 223, 224, 225, 226, 227, 228, 229, 230, 231, vgl. 242

Ansprechen auf d. versch. Tanzform: vgl. 232, 233, 234, 235, 236, 237, 238, vgl. 239, vgl. 241

Duftlenkung Heidekraut

191, 192, vgl. 193, 202

Bedeutung des absorbierten Blütenduftes

vgl. 203, 204, 205, 206

Versuche mit Duftorgan-Extrakt

240

Abb. 8: Karl von Frischs Versuchsnummernprotokoll für das Jahr 1944.

erste Obertitel „Versuche mit Fütterung in verschiedener Entfernung u. Richtung“, es schließen sich die Rubrikentitel „mit Verklebung d. Duftorgans“, „Tanzform nah u. fern“ und „Ansprechen auf d. runde Tanzform“ an, danach folgen weitere Obertitel: „Duftlenkung Heidekraut“, „Bedeutung des absoluten Blütenduftes“ und „Versuche mit Duftorgan-Extrakt“.[41]

Die Ziffernfolgen hinter oder unter den jeweiligen Rubrikentiteln bezeichnen, wie die Aufschrift auf der Mappe bereits andeutet, Versuchsnummern. In den Beobachtungsjournalen sind sie jeweils links am Rand mit einem roten Buntstift vermerkt (siehe Abb. 3). Zahllose Überschreibungen der mit Bleistift ausgeführten Beobachtungsnotizen legen dabei nahe, daß von Frisch die Versuchsnummern nicht direkt bei der Aufzeichnung der Versuche vergab. Vielmehr ist es gut möglich, daß die Nummerierung erst in Zusammenhang mit der Anfertigung der Versuchsnummernprotokolle erfolgte. Bis hierhin hat man es anscheinend mit reiner Buchhaltung zu tun: Einzelne Versuche werden über die hinzugefügte Nummer adressierbar gemacht und auf dem Protokollblatt unter der zugehörigen Rubrik gesammelt. Interessant wird dieser Vorgang erst, wenn man weiß, daß von Frisch in seinen Beobachtungsjournalen niemals vermerkte, mit welcher Absicht ein aufgezeichneter Versuch durchgeführt wurde. Eine Versuchsfrage oder irgendeinen Hinweis auf den größeren Zusammenhang, in dem der Versuch steht, sucht man dort vergeblich.

Dies vorausgesetzt gewinnt das Versuchsnummernprotokoll einen deutlich anderen Status: Es handelte sich bei ihm nicht allein um das Register der im betreffenden Jahr durchgeführten Versuche, sondern in demselben

Schritt, in dem die Versuche registriert wurden, erhielten sie erstmals ausdrücklich eine Bedeutung beigefügt. Einige der aufgezeichneten Versuche stellten sich jetzt als „Versuche mit Fütterung in verschiedener Entfernung u. Richtung“ heraus, die nächsten als Versuche mit verklebtem Duftorgan, die im Absatz darunter als Versuche, die sich mit der „Tanzform“ beschäftigt hatten usw. Die Versuche gliederten sich damit in kleinere thematische Zusammenhänge (der Versuch vom 12. August wird nun als Versuch Nummer 174 den Versuchen „mit Fütterung in verschiedener Entfernung u. Richtung“ zugeschlagen) und insgesamt gewann auf dem Blatt etwas Gestalt, das man das Versuchsprogramm nennen könnte. Damit soll nicht gesagt werden, daß von Frisch im Frühjahr und Sommer 1944 ziellos vor sich hin forschte. Implizit, teilweise vielleicht auch intuitiv folgte jeder aufgezeichnete Versuch einem Kalkül. Ebenso spricht aus den Variationen der Versuche eine gewisse Regelmäßigkeit. Mit den Ober- und Rubrikentiteln des Nummernprotokolls wurden diese latenten Zusammenhänge jedoch in ein explizit formuliertes System von Haupt- und Teilaspekten verwandelt. Dabei ist es keineswegs auszuschließen, daß die Systematik im Ganzen erst bei der Anlage des Nummernprotokolls entstanden ist.

Auch an diesem Beispiel fällt auf, wie die Absicht, sich einen Überblick zu verschaffen, mit dem Aufbau von Komplexität einhergeht. Zwar reduziert das Nummernprotokoll die Versuchstätigkeit eines Jahres auf einige wenige Titel, mit dieser Einteilung werden aber zugleich eine Reihe von Interessen umrissen, die in den folgenden Jahren erst noch weiter zu vertiefen sind. Auf dem Nummernprotokoll für 1945 ist als Obertitel „Versuche mit

Fütterung in versch. Entfernung" vermerkt, auf der zweiten Gliederungsebene wird zwischen „1. Entfernungsmitteilung" und „2. Richtungsweisung" unterschieden und schließlich noch enger zwischen Aufstellungsort der Bienenstöcke, Geländebeschaffenheit und verwendetem Futter.[42] Ab 1946 fällt der Obertitel dann ganz weg. Der Rahmen, in dem die durchgeführten Versuche zu verstehen sind, ist inzwischen so selbstverständlich geworden, daß von Frisch ihn nicht mehr eigens hat festhalten müssen. Dafür tauchen zahllose neue, immer mehr ins Detail gehende Rubriken auf, die von der immer weiteren Ausdifferenzierung der Forschungsinteressen zeugen.

Wo die Schreibszene des Bearbeitens sich als Herausgreifen realisiert, kommt es zu einer Komplizenschaft zwischen Geste und Sprache. In welche Ordnung eine Menge von Erfahrungen gebracht wird, fällt in das Register der Sprache, des Überlegens und Formulierens. Die Geste des Schreibens wiederum strukturiert diesen Prozeß. Die Verteilung der roten Versuchsnummern im Beobachtungsjournal zwingt von Frisch dazu, die in einem Rutsch tageweise niedergeschriebenen Beobachtungen in einzelne Versuche aufzuteilen, die dann im Nummernprotokoll jeweils einer Rubrik und das heißt einer Sinneinheit zugeordnet werden. Epistemisch betrachtet generiert das Herausgreifen und Zusammenführen letztlich Bedeutungen, insofern es einen Rahmen verlangt, in dem die bearbeiteten Erfahrungen eingeordnet werden sollen. Dieser Rahmen wird oft schon vorhanden sein; dafür stehen Grinnells Listen mit ökologischen Einheiten. Gelegentlich muß dieser Rahmen aber erst noch ausgearbeitet werden; dafür stehen von Frischs Nummernprotokolle. Insgesamt läßt sich nun sagen, daß die Absicht, eine Menge von Ergebnissen zu resümieren, nicht mit einer Rechenaufgabe zu verwechseln ist. Ein Resümee zu ziehen, bedeutet vielmehr, eine Ordnung zu implementieren. Diese Ordnung muß keineswegs schon während der Versuchstätigkeit manifest sein und sollte sie bereits vorab formuliert sein, kann sie sich im Resümieren ebensogut verändern.

Typen des Bearbeitens III: Wiederholen

Im schriftlichen Bearbeiten geht es häufig darum, sich mit seinem Gegenstand näher vertraut zu machen. Man kann hier zum Vergleich noch einmal an die Astronomen des 19. Jahrhunderts denken, die bei der Erforschung stellarer Nebel Kaskaden kleiner Skizzen anfertigten.[43] Diese, wie der Name schon ahnen läßt, ziemlich schwer faßbaren Objekte (heute spricht man von Galaxien) wurden auf dem Weg vom Beobachtungsjournal über Skizzensammlungen bis zum Druck nicht bloß stabilisiert, sonden zunächst einmal auf dem Papier hin- und hergewendet. Im Zeichnen und Abzeichnen mit verschiedenen Techniken und Zeichenmaterialien konnte sich die Konfiguration der Nebel deutlich wandeln, je nach Beobachter wurden andere Aspekte hervorgehoben und in Abhängigkeit zur vermuteten Gestalt neue Referenzpunkte hinzugefügt. Übergreifend betrachtet lernten die Astronomen ihren Gegenstand der Beobachtung erst im Zeichnen richtig kennen. Dieser Prozeß der Annäherung vollzog sich wesentlich in der Figur der Wiederholung. Sie prägt die Vorgehensweise und verwandelt sich von einer unscheinbaren Hilfsoperation in ein gesondertes Verfahren eigener Produktivität: „Repetitive drawings of the same object within different levels of an observational procedure, and the inevitable variations in the drawings made, worked as tools in the attempt to broach the unfamiliar."[44]

Eine einfache Form der Wiederholung im Schreiben bildet das Abschreiben. Alexandre Métraux hat darauf hingewiesen, daß Paul Valéry in der ersten Phase seines *Cahier*-Betriebs regelmäßig Abschriften auf gesonderten Blättern anfertigte, an die er in seinen nachfolgenden Notaten teils auch wieder anschloß.[45] Bei diesem Schreiben in Form „mehrfacher Schlaufen" darf man kaum „von Progressionen zu abgeschlossenen Werken" sprechen.[46] Der Zuwachs an Aufzeichnungen steht weniger für einen Fortschritt in der Sache ein als für die fortlaufende Vertiefung der Auseinandersetzung. Das Schreiben in Schlaufen tritt hierüber in Beziehung zu einer weiteren Form der Wiederholung: der Serie. Vom bloßen Abschreiben unterscheidet sich die Serie dadurch, daß die systematische, oft direkt kombinatorisch angeleitete Variation als Grundprinzip der produktiven Wiederholung deutlich hervortritt. Die Serie treibt die Wiederholung gleichsam auf die Spitze; sie stellt aus, was im Forschungskontext bei jeder Abschrift und Kopie, jeder Reihung von Skizzen und Notaten stattfindet. Die Serie spielt durch: Es handelt sich bei ihr, wie Benjamin Meyer-Krahmer am Beispiel von Zeichnungen in den Manuskripten von Charles Sanders Peirce vorführt, um ein „graphisches Experimentieren".[47]

Eine Kombination von Skizzen und Worten benutzte Ernst Mach, als er Anfang 1887 daran ging, die gemeinsam mit dem Physiker Peter Salcher durchgeführten Untersuchungen über die Vorgänge in der Luft um ein überschallschnell bewegtes Geschoß durchzuarbeiten. Sein Notizbuch aus dieser Zeit enthält hierzu ausführliche Aufzeichnungen, darunter eine über mehrere Seiten reichende Folge von Notaten, an deren Anfang ein lapidarer Satz steht: „Beziehung der stationären Strömung zur Schallfortpflanzung."[48] Daß diese Beziehung keineswegs klar war, daß sie vielmehr gerade das Problem bildete, zeigt sich beim Blick auf die nachfolgenden Notate. Gleich anschließend gibt Mach an, unter welchen Bedingungen eine stationäre Strömung im Wasser entsteht, um daraufhin, den Unterschied zwischen den Medien Wasser und Luft verwischend, zu überlegen, wann sich aus einer fortlaufenden Schallwelle eine stationäre Strömung ergibt. Im dritten Notat verlagert sich die Diskussion mit der Einführung der Projektilgeschwindigkeit auf die konkreten Verhältnisse bei Machs und Salchers Versuchen. Ab hier treten Skizzen hinzu, die stark reduziert den Projektilkörper und die Erscheinungen in der umgebenden Luft wiedergeben, wie sie auf den Fotografien zu erkennen gewesen sind. Zwischen diesen Skizzen finden sich auf den nächsten Seiten Berechnungen, mathematische Formeln sowie Zeichnungen zu eventuell verwandten physikalischen Vorgängen und immer wieder schriftliche Notate, die neue Möglichkeiten aufzählen oder Skizzen kommentieren.

Auf den ersten Blick könnte man von einer Art *brainstorming* sprechen, in dem über zehn Seiten verschiedene Aspekte der Beziehung zwischen stationärer Strömung und Schallfortpflanzung unter den besonderen Umständen eines sehr schnell in der Luft fortbewegten Körpers durchgespielt werden. Man muß dazu wissen, daß sich Mach mit seinen Notaten in einem epistemisch damals weitgehend unstrukturierten Bereich der Physik bewegte.[49] Es waren erst seine Versuche mit Salcher, mit denen Beobachtungen derartiger Prozesse in der Luft gewonnen wurden. Wenn Mach sich mühte, eine Brücke zwischen Akustik (Schallwellen, Medium Luft) und Hydrodynamik (stationäre Strömungen, Medium Wasser) zu schlagen, dann weil im letzteren Kontext die Bildung stehender Wellen um bewegte Körper schon viel ausgreifender untersucht und theoretisch behandelt worden war. Angesichts dieser Situation verwundert es nicht, daß die Notate keinen straff geordneten Ablauf ergeben; dazu hätte man das Verständnis der Erscheinungen schon besitzen müssen, das hier gerade den Einsatz des Schreibens und Skizzierens bildete. Ebenso falsch wäre es allerdings zu sagen, daß die Notate vollkommen ohne jede Regel aufeinander folgten. Vielmehr scheint es so, daß sich ein Notat, nicht immer, aber häufig vom je vorhergehenden Notat derart abstößt, daß mit ihm ein gerade aufgetauchter Punkt weiterverfolgt wird. Insgesamt resultiert daraus eine laufende Verschiebung des Fokus, in der die Beziehung zwischen stationärer Strömung und Schallfortpflanzung in Hinsicht auf die Beobachtungen in den Geschoßversuchen in verschiedene Teilprobleme zerlegt wird. Man könnte von einem iterativen Verfahren sprechen, in dessen Gebrauch ein Problem nach und nach ausdifferenziert wird. Diese Aufgabe darf man sich nur nicht zu groß gefaßt vorstellen. Der Imperativ, unter dem Sprache, Instrument und Geste in der Szene zusammenspielen, lautet nicht allgemein: Denke über die Beziehung von stationärer Strömung und Schallfortpflanzung nach, sondern wesentlich begrenzter: Versuche die zwei Vorgänge in Hinsicht auf die Beobachtungen an den Geschossen miteinander in Berührung zu bringen! Das iterative Verfahren bewirkt unter dieser Vorgabe, daß an die Stelle des offenen Zusammenhangs zwischen stationärer Strömung und Schallfortpflanzung sukzessiv einzelne Aspekte der gesuchten Beziehung treten, denen weiter nachgegangen werden kann.

Mit der Figur der Wiederholung nähert sich das schreibende Bearbeiten am stärksten einer Taktik des Nicht-Wissens an. Mit ihr kehrt sich die Aufmerksamkeit von den vorliegenden Beobachtungen ab und wendet sich dem zu, was bis dahin zu ihrem Verständnis fehlt. Indem das Problem, das in Frage steht, variiert wird, indem man es umrundet, es abschreitet, wird diese Lücke keineswegs geschlossen. Im Gegenteil kommt es im besten Fall dazu, daß die Lücke *besser definiert wird*. Machs Vorgehen führt nicht auf eine abschließende Antwort, sondern generiert Ansatzpunkte, die verschiedenen auf den Fotografien erkennbaren wellenförmigen Erscheinungen in der Luft um das Projektil theoretisch einzufassen. Damit einher geht auch in diesem Fall, daß im schreibenden Bearbeiten die Komplexität der in Rede stehenden Sache zunächst zunimmt. Im Zuge der iterativen Bewegung zersplittert die Ausgangsfrage in eine Reihe weiterer Probleme, die zwar konkreter sind und deshalb besser durchdacht werden können, aber keineswegs in einem klaren Bezug zueinander stehen. Zumindest hat Mach ihren Zusammenhang nicht artikuliert und auch auf der graphischen Ebene deuten keinerlei Gliederungszeichen, zum Beispiel eine Nummerierung der Notate, auf eine interne Ordnung der mit Wörtern, Skizzen und Formeln entwickelten Aspekte hin. Anders als im Überblicken und Herausgreifen geht es im Wiederholen weniger darum, den gesammelten Erfahrungen Strukturen und Muster abzugewinnen. Die Leistung ist eine andere: Im Wiederholen gewinnt man ein Mittel, das, was man nicht weiß, besser zu definieren und in handlichere Probleme zu zerlegen.

Bilderschrift: Schreiben und Zeichnen II

Wenn Forscherinnen und Forscher sich in ihren Untersuchungen mit einem Gegenstand beschäftigen, der in seinen Bedingungen und Eigenschaften nur wenig oder nach den bisherigen Erfahrungen nicht hinreichend erfaßt ist, wo es also an theoretischem Verständnis mangelt, taucht gelegentlich eine besondere Form des Zusammenspiels von Worten und Skizzen auf. Beispiele dafür finden sich in Omar Nasims Studie zur Rolle des Zeichnens in der Beobachtung astronomischer Nebel, von der bereits im vorigen Abschnitt die Rede gewesen ist. Am Observatorium von Lord Rosse, der Mitte des 19. Jahrhunderts über eines der seinerzeit leistungsfähigsten Fernrohre verfügte, war es üblich, im Journal neben den Koordinaten zur Lage des Nebels, der Beschreibung in Worten sowie Bemerkungen zu den Beobachtungsumständen eine kleine Skizze beizufügen. Gar nicht so selten wurden letztere dabei in das syntaktische Gefüge der schriftlichen Notizen eingebunden. Dies konnte so geschehen, daß sie an die Stelle eines einzelnen Wortes traten: „I could not make out its true shape but it seems of this – [Skizze] form".[50] Es konnte aber auch so weit gehen, daß zwei Skizzen – in eine Linie gesetzt und durch die Konjunktion „or" verbunden – eine eigene Phrase bildeten; Nasim spricht dann von „queried sketches".[51] Damit ersparte man sich zunächst einmal umständliche Vertiefungen, für die während der Beobachtung keine Zeit war. Die Zeichnung war in diesem Fall aber nicht nur ökonomischer. An der Stelle eines oder mehrerer Worte platziert half sie dabei, das merkwürdige Gebilde, das sich im Fernrohr zu sehen gab, provisorisch in die grammatische Ordnung eines Satzes einzubinden.

Das unklare Gebilde gewann dadurch einen anderen Status: Es wurde halbwegs zum Gegenstand der Aussage.

Es ist nicht ganz einfach, diese Verknüpfungen von Worten und Skizzen treffend zu bezeichnen. Um eine Bilderschrift im engeren Sinne handelt es sich nicht, insofern nur einzelne Satzglieder bildlich dargestellt werden. Eine gewisse Nähe ergibt sich zum Rebus, insofern Worte und Skizzen in einer Schriftlinie angeordnet und Teil eines übergreifenden semantischen Zusammenhangs sind. Allerdings tritt im Rebus die Zeichnung nur an Stelle eines bereits bekannten Wortes, an dem wiederum meistens nur das Lautbild von Interesse ist. Für die Skizzen in den astronomischen Journalen gilt zudem, daß ihnen weder eine übertragene Bedeutung zukommt (etwa ‚Konfusion') noch vertreten sie ein Konzept (etwa ‚Nebelhaftigkeit'). Als Zeichen repräsentieren die Skizzen ausschließlich einen bestimmten Nebel und genauer noch den visuellen Eindruck dieses Nebels bei seiner Beobachtung im Fernrohr. Dennoch darf man den Effekt nicht unterschätzen: Zwar weiß man die gezeichneten Gebilde nicht recht mit Worten zu bezeichnen, es fehlt an Ausdrücken und vorhergehend an Begriffen, immerhin hat man sie aber, in das Gefüge eines Satzes gebracht, schon ein wenig der Logik der Sprache unterworfen.

Ein weit berühmteres Beispiel für die syntaktische Verknüpfung von Worten mit einer Skizze findet sich in Charles Darwins Notizbuch B aus dem Jahr 1837 (Abb. 9). An der betreffenden Stelle folgt auf die einleitende Notiz „I think" ein verzweigtes Diagramm, das heute als erster Vorschein seiner Theorie der Entstehung der Arten gedeutet wird.[52] Auch diese Skizze kann man zunächst als ökonomische Abkürzung begreifen: Darwin würde sich

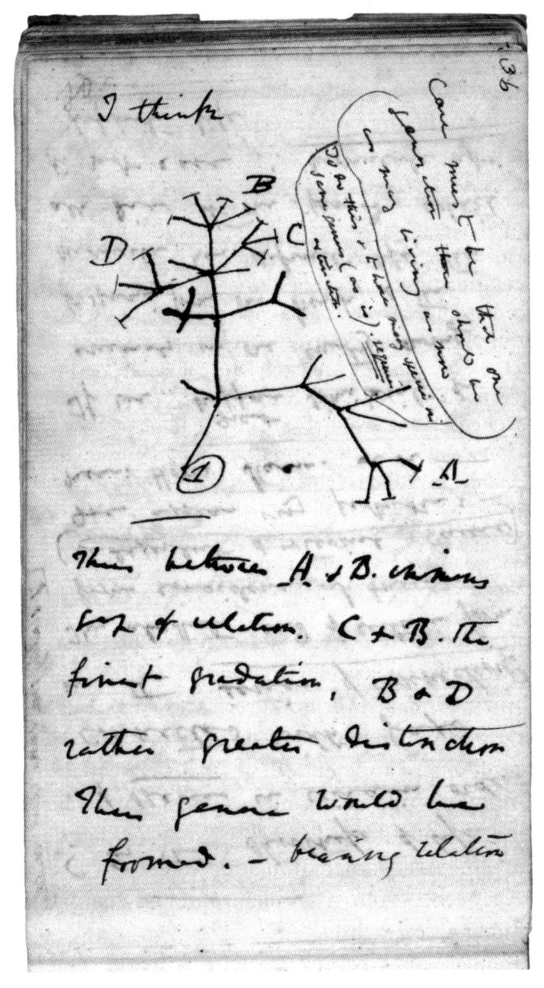

Abb. 9: „I think“. Syntaktische Reihung von Schrift und Skizze in Charles Darwins Notizbuch B aus dem Jahr 1837.

in diesem Fall mit ihr nur weitschweifige Ausführungen ersparen. Dagegen spricht allerdings, daß diese Ausführungen keineswegs fehlen. Darwin fügte der Skizze einen langen Kommentar bei, der erläuterte, was dort für ihn zu sehen war:

„Thus between A. & B. immens gap of relation. C & B. the finest gradation, B & D rather greater distinction[.] Thus genera would be formed. – bearing relation to ancient types[.] – with several extinct forms, for if each species ‚an ancient' is capable of making, 13 recent forms. – Twelve of the contemporarys must have left no offspring at all, so as to keep number of species constant. – With respect to extinction we can easily see that variety of ostrich, Petise may not be well adapted, & thus perish out, or on other hand like Orpheus. being favourable many might be produced. – This requires principle that the permanent varieties produced by ‚inter' confined breeding & changing circumstances are continued & produce according to the adaptation of such circumstances & therefore that death of species is a consequence (contrary to what would appear from America) of non adaptation of circumstances. – Vide two. pages back. Diagram[.]"[53]

Nachträglich fügte Darwin zudem am rechten Rand quer zur gewöhnlichen Schreibrichtung zwei weitere Kommentare hinzu. Zunächst vermerkte er: „Case must be that one generation then should be as many living as now", dann folgte mit einem anderen Stift geschrieben: „To do this & to have many species in same genus (as is). Requires extinction."[54] Unter dieser Perspektive repräsentiert das Diagramm eine Art Momentaufnahme, in der das Überleben und Aussterben von Arten bilanziert und zueinander in Beziehung gesetzt wird.

Für Julia Voss wechselt Darwin in seiner Notiz vom Wort „ins Bild, um das Gedachte zu konturieren."[55] In dieser Deutung ist impliziert, daß das Diagramm eine bereits vorhandene Überlegung ausführt. Die Leistung bestünde so besehen darin, daß die gegebene Vorstellung in der Skizze konkretisiert würde. Der dem Diagramm folgende Kommentar enthüllt in diesem Fall das Kalkül, das die Anfertigung angeleitet hat, während die später seitlich hinzugefügten Kommentare davon zeugen, wie sich an der Zeichnung wiederum neue Überlegungen bilden können. Zu einer etwas anderen Einschätzung kommt Horst Bredekamp. Für ihn ist das Diagramm nicht „Derivat oder Illustration, sondern aktiver Träger des Denkprozesses. ‚I think' schreibt der Denker – und spricht die Skizze."[56] Mit dieser Formulierung wird der Charakter des Diagramms als eigenständiges Satzglied in den Vordergrund gerückt: Was nach dem einleitenden „I think" folgt, wird in Form einer Zeichnung hinzugefügt. Bredekamp geht an dieser Stelle nicht weiter, aber in der Logik seiner Überlegung läge es zu vermuten, daß Darwin mit Worten nicht vollständig ausdrücken konnte, wofür das Diagramm stand. In ihm verkörperte sich, neben dem, was es sicher zeigt, weil es durch die Kommentare zur Sprache kommt, ein unbegriffener, noch nicht auf Begriffe zu bringender Rest.

Wenn man überlegt, worin dieser Rest bestehen könnte, stößt man auf die Struktur des Diagramms. Dessen sich auffächernde Verzweigtheit ist zwar nicht ohne Vorbilder, der „Tree of Animal Development" von Martin Barry und die Gestalt der Koralle könnten dem Grundriß des Diagramms Pate gestanden haben.[57] Dieser Bezug läßt sich aber nur im Nachhinein herstellen, Darwin selbst führt die Struktur hingegen ohne jede Erläuterung ein. Man könnte einwenden, daß dies nicht ganz stimmt. Denn auch wenn er nicht sagt, woher er sie bezogen hat, läßt er keinen

Zweifel, was sich in ihr letzten Endes verkörpert: „Thus genera would be formed". Nur bleibt an dieser Stelle der entscheidende Punkt unausgeführt. Wofür nämlich steht das „thus"? So, auf diese Weise, würden sich Gattungen ausbilden; und der Blick richtet sich zurück auf das Diagramm, wo man eine bestimmte Struktur sieht, ohne daß man aus ihr herleiten könnte, nach welchen Regeln sie entstanden ist.

Die weiteren Erläuterungen auf der folgenden Seite von Darwins Notizbuch schaffen in dieser Hinsicht keine Abhilfe. Dort ist von dreizehn rezenten Formen die Rede (im Diagramm angezeigt durch einen Querstrich am Ende des Astes), die aus einer Ursprungsart hervorgegangen sind. Ferner heißt es, daß zwölf weitere keine Nachkommen hinterlassen haben dürfen (im Diagramm angezeigt durch das Fehlen des Querstrichs am Ende des Astes), um die Anzahl der Arten im Genus konstant zu halten. Und schließlich wird die Auslöschung einer Art am Beispiel einer Beobachtung Darwins während seiner Reise mit der *Beagle* darauf zurückgeführt, daß sie ihren Lebensumständen nicht gut angepaßt gewesen ist. Jede dieser Annahmen fügt dem Diagramm weitere Facetten hinzu, insgesamt machen sie aber nur um so deutlicher, daß der Rahmen, in dem sie alle miteinander einen Sinn ergeben, fehlt. Voss hat nicht Unrecht, wenn sie schreibt, daß Darwin „bereits die Elemente seiner Evolutionstheorie im Bild zusammen[brachte]".[58] Allerdings müßte man genauer sagen, daß Darwin ein Bild zusammenbrachte, das einige Elemente seiner Evolutionstheorie veräußerte, ohne daß er deren Zusammenhang vollständig zu fassen bekam. Diese Lücke wird später vom *struggle for existence* besetzt, der die *natural selection* antreibt. Im nämlichen

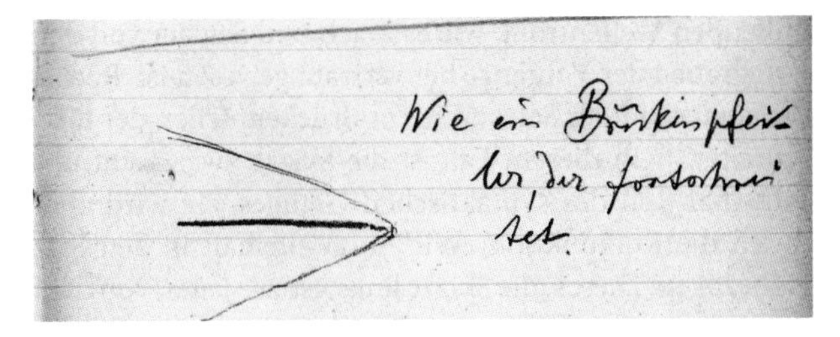

Abb. 10: „Wie ein Brückenpfeiler, der fortschreitet."
Syntaktische Reihung von Skizze und Schrift
in Ernst Machs Notizbuch 25 aus dem Jahr 1887.

Augenblick hatte Darwin diese Begriffe aber nicht zur Verfügung, sie waren auch nicht schon latent in dem Diagramm enthalten (hierauf fehlt jeder Hinweis), sondern in diesem Moment veräußerte die Struktur des Diagramms ausschließlich einen Eindruck fächerförmiger Verzweigtheit. Auf dieses spezifische Wuchern verweist das „thus": *So* würden Gattungen entstehen, ohne daß Darwin schon sagen könnte wie genau, durch welche Kräfte und welche Umstände.

Ein anderes Beispiel für jene merkwürdigen Gefüge aus Worten und Skizzen stammt noch einmal aus den Notizbüchern Ernst Machs. Den Kontext bilden wieder seine Untersuchungen über die Vorgänge in der Luft um ein sehr schnell fliegendes Geschoß. Einige Dutzend Seiten vor der Passage, die ich vorhin besprochen habe, findet sich ein Notat, daß sich ebenfalls mit der Beziehung von stationärer Strömung und Schallfortpflanzung beschäftigt, allerdings in einer rudimentären Form (Abb. 10). Auf der linken Seite sieht man das auf die Grundelemente reduzierte Schema eines Projektils samt einer dieses einhüllenden Wellenfront, wie es Mach und Salcher von den Fotografien der Vorgänge her vertraut gewesen ist. Rechts daneben steht der Satz: „Wie ein Brückenpfeiler, der fortschreitet."[59] In diesem Fall ist die Skizze zwar nicht unmittelbar Teil des syntaktischen Gefüges, sie wird aber durch die Konjunktion „Wie" unzweifelhaft in den Satz einbezogen: Dieses, die Skizze links, ist *wie* jenes, von dem der Satz rechts spricht. Das Projektil umgeben von der Wellenfront erscheint „[w]ie ein Brückenpfeiler, der fortschreitet." Auf den ersten Blick ist an diesem Satz nichts Rätselhaftes. Es handelt sich um eine simple Analogiebildung: Etwas gleicht etwas Anderem. Die Skizze ersparte es demnach ausschließlich, die von mir ergänzten Worte auszuschreiben.

Die Rätsel beginnen, so bald man sich mit der Aussage des Satzes beschäftigt. Wenn der Gewinn einer Analogiebildung darin besteht, eine unbekannte Sache durch ihren Bezug auf eine bekannte Sache besser zu verstehen, dann scheint der Vergleich, den Mach zieht, wenig sinnreich: Einen Brückenpfeiler, der fortschreitet, wird er im Leben kaum gesehen haben. Dennoch hat das fragile Gebilde, das auf dem Papier entsteht, einen Sinn. Wenn Mach den Brückenpfeiler mit seinen Worten in Bewegung versetzte, näherte er ein stationäres Ding, nämlich einen festgegründeten Brückenpfeiler, an dem sich bei genügender Stromgeschwindigkeit im Wasser eine stehende Welle bildet, einem bewegten Ding, dem Projektil, an, das, wie er aus den Versuchen bereits wußte, von einer mitlaufende Schallwelle eingehüllt wird. Mit diesem Manöver wurden die Erscheinungen um das Projektil ein Stück weit in das Gebiet der Hydrodynamik hineingezogen, das, wie erwähnt, in seinen theoretischen Grundlagen zu dieser Zeit bereits wesentlich besser entwickelt war. Dies geschieht sprachlich, indem Mach ein Gedankenbild, den fortschreitenden Brückenpfeiler, in Worte faßt. Es geschieht aber gleichzeitig auch materiell auf der Notizbuchseite, indem Mach die Skizze des Projektils durch das „Wie“ mit dem nachfolgenden Halbsatz verklammert. Auf diese Weise wird graphisch hinübergeleitet von dem, was unverstanden gegeben ist, zu dem, was hilfsweise dafür eintreten könnte (man kann sich zur Probe vorstellen, derselbe Zusammenhang würde in Gedanken hergestellt oder ausgesprochen; der Effekt wäre weit weniger eindrücklich). Die Analogie, so Mach, „ist ein wirksames Mittel, heterogene Tatsachengebiete durch einheitliche Auffassung zu bewältigen.“[60] In seinem Notizbuch sieht man, wie Analogien ins Werk gesetzt werden.

Wo Worte und Zeichnungen in einem satzartigen Gebilde zusammengespannt werden, hält man sich an der *Schwelle zur Formulierung* auf. Anders als sonst üblich dienen die Skizzen in den drei diskutierten Fällen nicht oder nicht ausschließlich als *shortcut* für bereits bekannte, aber nur umständlich in Worte zu fassende Sachverhalte. Ihnen kommt eher der Charakter von Platzhaltern zu, durch die es ermöglicht wird, einen Vorgang, den man noch nicht hinlänglich begriffen hat, in den Operationsraum von Schrift und Sprache zu integrieren. Wenn die Astronomen in ihren Beobachtungsbüchern zwei Skizzen durch ein „or“ verbinden, Darwin der Eröffnungsphrase „I think“ ein Diagramm folgen läßt oder Mach zwischen Projektilskizze und aufgeschriebenem Gedankenbild ein „Wie“ setzt, findet eine erste, man könnte sagen, gestische Rationalisierung des Unbegriffenen statt. In dem Vorgang wird, was man noch nicht weiß und darum auch nicht hinreichend beschreiben kann, ein wenig eingehegt, insoweit man es schon einmal auf dem Papier syntaktisch fesselt und im Falle Machs zudem mit einem besser verstandenen Phänomen verkoppelt. Auf diese Weise kommt man den Dingen, die einen beschäftigen, einen Schritt näher. Nicht daß man sie bereits besser versteht, aber man gibt ihnen ein wenig mehr Halt; in diesem Fall auf paradoxe Weise, indem man Dinge aufschreibt, ohne sie in Worte zu fassen.

Spurungen

Bisher wurde nur gelegentlich gestreift, daß es beim schriftlichen Bearbeiten darum geht, das Material, das man zur Beantwortung einer Frage zusammengetragen hat, in irgendeiner Weise in einen kohärenten Zusammenhang zu bringen und mit Bedeutung auszustatten. Aus einer Serie von Experimenten, einer Zahl von Beobachtungen, einer Sammlung von Exzerpten und Literaturstellen oder einem Bündel von Ideen sollen final (falls der Vorgang zu einer Schließung führt) in einer Publikation Referenzen und Belege werden, die Theorien begründen, Interpretationen festigen und Argumente erhärten. Welchen Standards dabei Genüge zu leisten ist, ist in jeder Wissenschaft anders geregelt. Im Kontext dieses Kapitels ist jetzt aber noch von Interesse, ob die Verfahren der Bearbeitung unter Umständen vorspuren, welche Bedeutungen dem Material beigelegt werden. Vorsichtiger ausgedrückt wäre zu fragen, ob der Prozeß der Bedeutungsfindung nicht nur in Schreibvorgänge eingelagert ist und durch Schreibvorgänge strukturiert wird, sondern durch diese eventuell auch in eine bestimmte Richtung getrieben wird.

Im vierten Kapitel seiner Studie *The Domestication of the Savage Mind* (1977) kommt Jack Goody auf ein Lieblingsinstrument der französischen Ethnologie im 20. Jahrhundert zu sprechen: die Tabelle. Goodys Überlegung ist einfach: Wenn sich, wie er voraussetzt, die Denkprozesse und Erkenntnisstrukturen („structures of knowledge") schriftloser Gesellschaften von denen literaler Gesellschaften deutlich unterscheiden, kann es nicht egal sein, wenn diese in schriftlicher Form erschlossen werden. Die Natur dieser Prozesse und Erkenntnisse gerät hierdurch, so Goody, in Gefahr, teilweise falsch dargestellt zu werden, „because of an incomplete understanding of the transformations involved in organising verbal concepts in the ways required (or at least favoured) by graphic reductionism."[61] Goody führt in der folgenden Diskussion an prominenten Beispielen vor, wie der Gebrauch der Tabelle nach seiner Auffassung mit sich bringt, daß die potentiell vielfache Referenz von mündlichen Aussagen tendenziell auf einfache Übereinstimmungen und Gegenüberstellungen reduziert wird: „The construction of a Table of Opposites reduces oral complexity to graphic simplicity, aggregating different forms of relationship between ‚pairs' [von Ausdrücken, Begriffen, Praktiken] into an all-embracing unity."[62]

Die Wechselwirkung zwischen Verfahrensweisen des Bearbeitens und Vorstellungen, die sich am Material einstellen, ist sicher nicht in jedem Fall gleich stark. Das Transkript zum Beispiel verändert grundsätzlich die zeitlichen Verhältnisse des Laborgeschehens. Was aktuell nacheinander über mehrere Minuten stattfindet, steht nun auf einem Blatt gleichzeitig zur Verfügung. Denkt man hingegen an Machs iteratives Verfahren, mit dem er die Beziehung von Strömungen und Schallwellen auslotet, dann scheint das Bearbeitungsverfahren auf das Resultat dieses Prozesses weniger Einfluß zu nehmen als die Vorkenntnisse und Assoziationen, die Mach in diesem Moment parat hat. Die Tabelle wiederum, von der Goody spricht, bildet unter dieser Perspektive ein Verfahren, das besonders stark steuert, was an dem vorliegenden Forschungsmaterial zu verstehen ist.

In der Logik des tabellarischen Rasters liegt es, daß ein und derselbe Aspekt nicht in zwei oder mehr Felder eingetragen werden darf, daß also jedes Feld zu jedem anderen Feld in einer klaren Differenz steht. Sein Material in Form einer Tabelle zu arrangieren, heißt in diesem Sinne, am Material Differenzen zu fixieren, und eine Tabelle in Betracht zu ziehen, bedeutet im Kern, diesen Differenzen, dadurch daß man Felder visuell oder graphisch zueinander in Beziehung setzt, zu folgen, ihnen eine Bedeutung zu unterstellen und diese im Weiteren zu erschließen. Wird die Tabelle als Tableau begriffen, in dem eine geschlossene Ordnung zur Abbildung kommen soll, richtet sich die Aufmerksamkeit zudem darauf, eventuell noch leere Felder durch einen Eintrag auszufüllen. Die Vervollständigung des Tableaus wird selbst zu einer Vorschrift, unter der das Forschungsmaterial bearbeitet wird.[63] Kehrt man zu Goodys Einwand gegen die Tabelle als Arbeitsmittel der Ethnologie zurück, dann läuft sein Argument darauf hinaus, daß mit dem System von Spalten und Zeilen eine Art Ontologie implementiert wird, nach der alles, was in der untersuchten Welt stattfindet, aus diskreten Elementen besteht, die in eindeutiger Beziehung zueinander stehen.[64] Die Eigenschaften des Bearbeitungverfahrens Tabelle prägen so besehen sehr erheblich den Zugang zum jeweiligen Gegenstand.

Goodys Überlegungen haben auch Pierre Bourdieu beschäftigt. In der Einleitung von *Le sens pratique* (1980) widmet er sich ausführlich den Widersprüchen, in die man gerät, wenn man eine Praxis in ihrer Logik systematisch erschließen möchte. Bourdieu bekennt:

„Ich habe lange gebraucht, um zu begreifen, daß man die Logik der Praxis nur mit Konstruktionen erfassen kann, die sie als solche zerstören, solange man sich nicht fragt, was Objektivierungsinstrumente wie Stammbäume, Schemata, synoptische Tabellen, Pläne, Karten oder, nach den neueren Arbeiten Jack Goodys, schon die einfache Verschriftung eigentlich sind, oder besser noch, was sie anrichten."[65]

Den Ausgangspunkt dieser Überlegung bildet die Beobachtung, daß die schriftliche Bearbeitung zahlreiche Ambivalenzen am Beobachtungsmaterial hervorkehrt, die, wie Bourdieu schließlich vermutet, ihre Realität primär dem „Synchronisationseffekt" der Darstellung verdanken.[66] Die Zeit der Wissenschaft, schreibt er später, unterscheidet sich von der Zeit der Praxis.[67] Letztere ist Teil der Praxis, vergeht irreversibel, mal langsam, mal schneller voranschreitend oder als Dauer, die eine Sache benötigt. Erstere charakterisiert hingegen, daß die Wissenschaft mit der Verschriftung und Darstellung zum Beispiel in Form einer Synopse ihre Gegenstände aus der Zeit nimmt und sie solange eingehend in Betracht ziehen kann, wie es das Zeitbudget der Forschenden zuläßt. Mit der Terminologie von James Griesemer und Grant Yamashita: Indem der Ethnologe sein Material auf einem Blatt oder auf einer Serie von Blättern zusammenführt, reduziert er die Phänomenzeit auf null (die ganze untersuchte Welt in ihren eigenen zeitlichen Verläufen und Zeitschichtungen kommt auf wenigen Blättern nebeneinander zu stehen) bei gleichzeitig allein durch die Forscherzeit begrenzter Untersuchungszeit.[68]

Bourdieus Analyse läßt verstehen, daß es die Verfahren der Bearbeitung Forscherinnen und Forschern nicht nur gestatten, ihr Material beliebig lange zu arrangieren und zu dominieren, wie Latour sagen würde. Der Gebrauch dieser Verfahren in gewissen Kontexten (insbesondere in solchen, in denen Zeit selbst ein entscheidender Faktor ist) tendiert auch dazu, Artefakte zu produzieren. Es lassen sich Zusammenhänge stiften und Unverträglichkeiten konstatieren, die so in der Praxis nicht vorkommen können, weil die betreffenden Vorgänge nie zur gleichen Zeit stattfinden oder nicht gleichzeitig ins Bewußtsein treten.[69] Im Ganzen betrachtet besteht für Bourdieu die Herausforderung darin, daß „man der Praxis nicht mehr Logik abverlangt, als sie zu bieten hat."[70] Zu Ende gedacht hieße das häufig, auf ihre Aufzeichnung und die Organisation des gesammelten Materials durch schriftliche Verfahren zu verzichten; eine Konsequenz, die Bourdieu in jedem Augenblick vor Augen gestanden hat, ohne ihr nachzugeben, weil sie das Ende seines Geschäfts bedeutet hätte.

Gibt man zu, daß einige Verfahren der Bearbeitung es vermögen, die Aufmerksamkeiten und Überlegungen der Forscherinnen und Forscher im Umgang mit ihrem Material auszurichten, wird man nicht länger behaupten können, daß schriftliche Verfahren ausschließlich dabei helfen, Forschungsgegenstände zu formieren und zu erschließen. In den eben beschriebenen Fällen geht von den Verfahren ein Druck aus, die Dinge, die einen beschäftigen, und das hierzu gesammelte Material in bestimmter Weise zu problematisieren. Was zum Problem wird, dem auf den Grund zu kommen ist (zum Beispiel die Inkohärenzen, die Bourdieu an seinem Material plagen), steht in einer direkten Beziehung zu den Verfahren, die hierbei benutzt werden. Diese Verfahren sind folglich nicht nur zielgerichtet. Sie grenzen auch ein, in welcher Weise der Gegenstand der Untersuchung fraglich werden kann.

[1] Paul Valéry, *Cahiers/Hefte 1* (1973–74), übers. von Markus Jakob, Hartmut Köhler, Jürgen Schmidt-Radefeldt, Corona Schmiele und Karin Wais, Frankfurt a. M. 1987, 35.

[2] Karin Krauthausen, Paul Valéry and Geometry. Instrument, Writing Model, Practice, in: *Configurations* 18 (2010), 231–249, 246.

[3] Valéry, *Cahiers/Hefte 1*, 312.

[4] Michel Foucault, *Das giftige Herz der Dinge. Gespräche mit Claude Bonnefoy* (2011), übers. von Franziska Humphreys-Schottmann, Zürich, Berlin 2012, 45.

[5] Ebd.

[6] Einige der Pläne sind reproduziert in: *Du. Die Zeitschrift der Kultur* 59, H. 691 (Januar 1999), 38–44.

[7] Vgl. Bruno Latour, *Die Hoffnung der Pandora. Untersuchungen zur Wirklichkeit der Wissenschaft* (1999), übers. von Gustav Roßler, Frankfurt a. M. 2000, 84f, und das Schema, Abb. 2.21.

[8] Karin Krauthausen, Omar W. Nasim, Interview mit Hans-Jörg Rheinberger. Papierpraktiken im Labor, in: dies. (Hg.), *Notieren, Skizzieren. Schreiben und Zeichnen als Verfahren des Entwurfs*, Zürich, Berlin 2010, 139–158, 151.

[9] Ebd., 152.

[10] Ebd.

[11] Vgl. ebd.

[12] Vgl. Latour, *Die Hoffnung der Pandora*, 85.

[13] Hans-Jörg Rheinberger, Zettelwirtschaft, in: *Epistemologie des Konkreten. Studien zur Geschichte der modernen Biologie*, Frankfurt a. M. 2006, 350–361, 354.

[14] Vgl. Richard Yeo, *Notebooks, English Virtuosi, and Early Modern Science*, Chicago, London 2014, 23–25.

[15] Ebd., 25.

[16] Vgl. Staffan Müller-Wille, Isabelle Charmantier, Natural History and Information Overload. The Case of Linnaeus, in: *Studies in the History and Philosophy of Biological and Biomedical Sciences* 43 (2012), 4–15.

[17] Ebd., 5.

[18] Vgl. Staffan Müller-Wille, Isabelle Charmantier, Lists as Research Technologies, in: *ISIS* 103 (2012), 743–752, 745.

[19] Vgl. Helmut Zedelmaier, Buch, Exzerpt, Zettelschrank, Zettelkasten, in: Hedwig Pompe, Leander Scholz (Hg.), *Archivprozesse. Die Kommunikation der Aufbewahrung*, Köln 2002, 38–53, 49.

[20] Ebd.

[21] Latour, *Die Hoffnung der Pandora*, 38.

[22] Ebd., 50 f.

[23] Ebd., 51.

[24] Bruno Latour, Steve Woolgar, *Laboratory Life. The Construction of Scientific Facts* (1979), 2. Auflage, Princeton/NJ 1986, 245.

[25] Vgl. Nachlaß Karl von Frisch, Ana 540, A III, 1944 V, eingelegte Blätter, Bl. 1–26, *Bayerische Staatsbibliothek*, München, Handschriftensammlung.

[26] Ebd., eingelegte Blätter „Desiderata I" und „Desiderata II."; ohne Zählung.

[27] Ebd., eingelegte Blätter, Bl. 3.

[28] Vgl. kurz zusammengefaßt in Karl von Frisch, *Aus dem Leben der Bienen*, Berlin 1927.

[29] Christian Driesen, Rea Köppel, Benjamin Meyer-Krahmer, Eike Wittrock, Einleitung, in: dies. (Hg.), *Über Kritzeln. Graphismen zwischen Schrift, Bild, Text und Zeichen*, Zürich, Berlin 2012, 7–21, 9.

[30] Sybille Krämer, ‚Operationsraum Schrift'. Über einen Perspektivenwechsel in der Betrachtung der Schrift, in: Gernot Grube, Werner Kogge, Sybille Krämer (Hg.), *Schrift. Kulturtechnik zwischen Auge, Hand und Maschine*, München 2005, 23–57, 41.

[31] Bruno Latour, Drawing Things Together, in: Michael Lynch, Steve Woolgar (Hg.), *Representation in Scientific Practice*, Cambridge/Mass, London 1990, 19–68, 45.

[32] Vgl. Ernst Mach, Über den Einfluß zufälliger Umstände auf die Entwicklung von Erfindungen und Entdeckungen (1895), in: *Populär-Wissenschaftliche Vorlesungen*, 4. Auflage, Leipzig 1910, 290–312.

[33] Vgl. Notizbuch 38, Bl. 31–36, meine Zählung. Nachlaß Ernst Mach, NL 174/0542, *Archiv des Deutschen Museums*, München.

[34] Ann Cotten, *Nach der Welt. Die Listen der Konkreten Poesie und ihre Folgen*, Wien 2008, 162.

[35] Notizbuch 38, Bl. 31Vs., meine Zählung. Nachlaß Ernst Mach, NL 174/0542, *Archiv des Deutschen Museums*, München.

[36] Ebd., Bl. 36Vs, meine Zählung.

[37] Sergej Tschachotin, Rationelle Technik der geistigen Arbeit des Forschers, in: *Handbuch der biologischen Arbeitsmethoden. Abt. V: Methoden zum Studium der Funktion der einzelnen Organe des tierischen Organismus. Teil 2: Methoden der allgemeinen vergleichenden Physiologie, 2. Hälfte*, Berlin 1932, 1651–1702, Zitate 1675 und 1678.

[38] Vgl. James Griesemer, Modeling in the Museum. On the Role of Remnant Models in the Work of Joseph Grinell, in: *Biology and Philosophy* 5 (1990), 3–36.

[39] Ebd., 24.

[40] Nachlaß Karl von Frisch, Ana 540, A IV, 2, *Bayerische Staatsbibliothek*, München, Handschriftensammlung.

[41] Ebd., Versuchsnummernprotokoll 1944.

[42] Ebd., Versuchsnummernprotokoll 1945.

[43] Vgl. Omar W. Nasim, Zeichnen als Mittel der ‚Familiarization'. Zur Erkundung der Nebel im Lord Rosse-Projekt, in: Krauthausen, Nasim (Hg.), *Notieren, Skizzieren*, 159–188.

[44] Omar W. Nasim, *Observing by Hand. Sketching the Nebulae in the Nineteenth Century*, Chicago, London 2013, 36.

[45] Alexandre Métraux, Paul Valéry als Selbstaufschreiber. Analysen einiger autographischer Bruchstücke, in: Davide Giuriato, Martin Stingelin, Sandro Zanetti (Hg.), *„Schreiben heißt: sich selber lesen". Schreibszenen als Selbstlektüren,* München 2008, 217–248, 225.

[46] Ebd.

[47] Benjamin Meyer-Krahmer, My brain is localized in my inkstand. Zur graphischen Praxis von Charles Sanders Peirce, in: Sybille Krämer, Eva Cancik-Kirschbaum, Rainer Totzke (Hg.), *Schriftbildlichkeit. Wahrnehmbarkeit, Materialität und Operativität von Notationen*, Berlin 2012, 401–414, 412.

[48] Notizbuch 25, Bl. 46Rs, meine Zählung. Nachlaß Ernst Mach, NL 174/0529, *Archiv des Deutschen Museums*, München.

[49] Siehe hierzu insgesamt Christoph Hoffmann, Peter Berz (Hg.), *Über Schall. Ernst Machs und Peter Salchers Geschoßfotografien*, Göttingen 2001.

[50] Nasim, *Observing by Hand*, 47, Abb. 1.3. Transkription, ebd., 48.

[51] Ebd., 53, Abb. 1.7.

[52] Notebook B [1837], in: *Charles Darwin's Notebooks, 1836–1844. Geology, Transmutation of Species, Metaphysical Enquiries* (1987), hgg. von Paul H. Barrett, Peter J. Gautrey, Sandra Herbert, David Kohn und Sydney Smith, Cambridge, New York 2008, 180.

[53] Ebd. Mit „Diagram" ist die Skizze (Abb. 9) gemeint.

[54] Ebd.

[55] Julia Voss, *Darwins Bilder. Ansichten der Evolutionstheorie 1837–1874*, Frankfurt a. M. 2007, 96.

[56] Horst Bredekamp, *Darwins Korallen. Die frühen Evolutionsdiagramme und die Tradition der Naturgeschichte*, Berlin 2005, 24.

[57] Vgl. ebd., 25 f.

[58] Voss, *Darwins Bilder*, 97.

[59] Notizbuch 25, Bl. 5Vs, meine Zählung. Nachlaß Ernst Mach, NL 174/0529, *Archiv des Deutschen Museums*, München.

[60] Ernst Mach, Über das Prinzip der Vergleichung in der Physik (1894), in: *Populär-Wissenschaftliche Vorlesungen*, 266–289, 280.

[61] Jack Goody, *The Domestication of the Savage Mind*, Cambridge, New York 1977, 53.

[62] Ebd., 70.

[63] Ein Beispiel hierfür aus der Geschichte der Philologie bei Ernst-Christian Steinecke, Formen ordnen. Friedrich Thierschs Griechische Grammatik oder Arbeitstechniken eines Philologen

um 1810, in: *Zeitschrift für Germanistik* N. F. 23 (2013), 311–328, 319 f.

[64] Ähnliches ließe sich über Netzwerkdiagramme sagen, die in der Visualisierung zwar mehrfache Beziehungen zwischen Tabelleneinträgen hervorkehren, die Analyse aber analog der Tabelle auf die *Beziehungen* zwischen Einträgen respektive Punkten und Knoten zuspitzen. Zur Rolle von Netzwerkdiagrammen in der sozialwissenschaftlichen Forschung siehe grundlegend Katja Mayer, *Imag(in)ing Social Networks. Zur epistemischen Praxis der Visualisierung sozialer Netzwerke*, Diss. Phil., Universität Wien, 2011.

[65] Pierre Bourdieu, *Sozialer Sinn. Kritik der theoretischen Vernunft* (1980), übers. von Günter Seib, Frankfurt a. M. 1987, 26.

[66] Ebd., 25.

[67] Vgl. ebd., 148 f.

[68] Vgl. James Griesemer, Grant Yamashita, Zeitmanagement bei Modellsystemen. Drei Beispiele aus der Evolutionsbiologie, in: Henning Schmidgen (Hg.), *Lebendige Zeit. Wissenskulturen im Werden*, Berlin 2005, 213–241.

[69] Vgl. Bourdieu, *Sozialer Sinn*, 149–155.

[70] Ebd., 157.

Im Dienst des Titelblatts

Wer sagt, daß er gerade daran sitze, ein Buch zu schreiben, drückt sich ungenau aus. Der Forscher mag am Rechner tippen oder mit dem Stift in der Hand Blätter füllen, mit Typographie und Satz, Papier, Druck, Bindung, Karton und Leim hat er dabei aber nichts zu tun.

„Whatever they may do, authors do *not* write books. Books are not written at all. They are manufactured by scribes and other artisans, by mechanics and other engineers, and by printing presses and other machines."[1]

Zwischen der Arbeit des Schreibens und der Herstellung eines Buchs verläuft deshalb für Roger Chartier ein tiefer Graben. Auf der einen Seite stehen die Verfasser, die ihre Überlegungen und Absichten formulieren, auf der anderen Seite die Verlage, Layouter und Druckereien, die dem vorliegenden Text mit Gestaltung, Ausstattung, Logos und Werbemaßnahmen einen spezifischen Auftritt verschaffen.[2]

Friedrich Nietzsche hat diese Arbeitsteilung nie anerkannt. Sein Interesse an Schriftarten, Papierqualitäten und Formatfragen ist ebenso einschlägig wie der Umstand, daß er geplante Bücher auf die Zahl der Druckseiten hin genau kalkulierte.[3] Darüber hinaus stand ihm der Druck aber manchmal auch direkt beim Schreiben vor Augen. In seinen Notizbüchern und Arbeitsheften aus den 1880er Jahren finden sich eingestreut unter anderen Aufzeichnungen immer wieder Werkpläne und Inhaltsverzeichnisse. Vor allem aber sticht Nietzsches „Titelmanie" hervor.[4] Einige Titelentwürfe sind in den Arbeitsheften enthalten, die meisten aber, rund 30 Stück, in den drei Notizbüchern aus der Zeit von Mitte 1885 bis Mitte 1887.[5] Teilweise handelt es sich um Titel, die wir heute als solche von Nietzsches Werken kennen. Etwa: „Zur Genealogie der Moral" und „Jenseits von Gut und Böse". Dann steht da der Titel „Der Wille zur Macht. Versuch einer Umwerthung aller Werthe"; also ein Titel, der es posthum zum Druck gebracht hat, und schließlich gibt es all jene Titel, die niemals ein Titelblatt zieren sollten. Auch hierfür einige Beispiele: „Mittag und Ewigkeit. Eine Philosophie der ewigen Wiederkunft", „Nux et crux. Eine Philosophie für gute Zähne", „Jenseits von Ja und Nein. Fragen u. Fragezeichen für Fragwürdige", „Der Versucher. Fragen für Fragwürdige" und so weiter.

Rainer Totzke spricht in diesem Zusammenhang von einem „Denken in Überschriften", das darauf abzielt, „die rechte Konfiguration der Überschriften – und damit die rechte Konfiguration der ‚hinter' diesen Überschriften stehenden (bzw. gerade erst noch zu schreibenden) Texte – zu (er-)finden."[6] Im Falle Nietzsches liegen die Dinge aber noch etwas spezieller. Gesucht werden in den Notizbüchern und Werkheften nicht einfach Überschriften, es werden auch nicht bloß Überschriften auf Vorrat gesammelt, vielmehr entwirft Nietzsche regelrechte Titelblätter. Auf der Heftseite mittig angeordnet, um die Vertikale zentriert steht zuoberst, oft unterstrichen, der Titel, es folgt in einer eigenen Zeile, manchmal in kleinerer Schrift, der Untertitel, darunter steht leicht abgesetzt ein „von" sowie danach, noch einmal in einer eigenen Zeile, die Verfasserangabe „Friedrich Nietzsche" (Abb. 11). Viele dieser Entwürfe sind zudem von einem Rahmen umgeben, der den Eindruck eines eigenen Blatts auf dem Hintergrund der Seite verstärkt. Schließlich ist das Ganze sorgfältig in

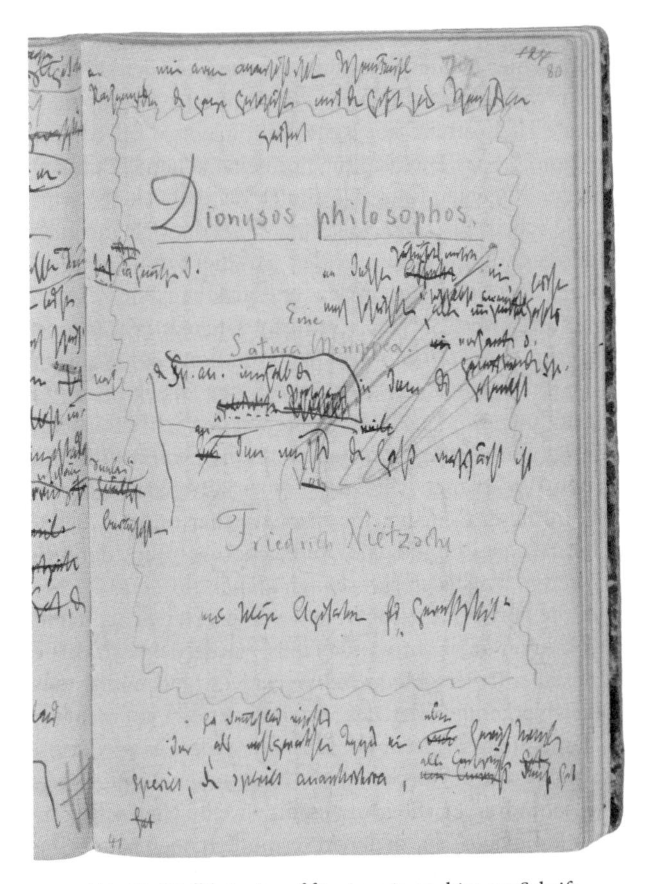

Abb. 11: Titelblattentwurf für eine nie erschienene Schrift namens „Dionysos philosophos“, Untertitel „Eine Satura Menippea“, „Von“ „Friedrich Nietzsche“, aus der Zeit Anfang 1887.

lateinischer Schrift ausgeführt, wie sie Nietzsche für den Druck seiner Bücher bevorzugte.[7] So besehen denkt Nietzsche nicht in Überschriften, er imaginiert typographisch akurate Titelblätter. Dabei geht es nur in einem Fall darum, sich konkret das Titelblatt für eine bevorstehende Publikation vor Augen zu führen: Nämlich bei dem Titelentwurf für die Schrift *Zur Genealogie der Moral*, der sich von allen anderen dadurch unterscheidet, daß hier zusätzlich Verlagsort und Name des Verlags an der korrekten Position aufgeführt werden.[8] Den übrigen Titelblättern kommt hingegen eine stärker projektive Funktion zu. Sie stehen nicht unmittelbar mit dem Prozeß der Drucklegung in Verbindung, sondern intervenieren in den Schreibprozeß.

Folgt man den textgenetischen Studien von Beat Röllin zu den Werkplänen Mitte der 1880er Jahre, häufte Nietzsche in dieser Zeit in seinen Notizbüchern und Arbeitsheften einen Bestand von Aufzeichnungen an, der mit mehreren, meist sich ablösenden Plänen für neue Bücher oder die Fortsetzung von bereits publizierten Schriften in Verbindung gebracht wurde. Teils wurde dabei dasselbe Material mit verschiedenen Werkideen verknüpft, teils läßt sich erkennen, daß das Material getrennt auf mehrere geplante Bücher verteilt werden sollte, wobei es wiederum anzupassen und durch weitere Materialien zu ergänzen gewesen wäre.[9] Darüberhinaus entwickelte Nietzsche Pläne zu Publikationen, zu denen vermutlich noch kaum eine Zeile geschrieben war. Dies gilt auch für die Idee zu einer Schrift namens „Der Wille zur Macht. Versuch einer neuen Auslegung alles Geschehens“, deren Titelblatt Nietzsche im Sommer 1885 in sein Notizheft zeichnet. Nachträglich vielfach überschrieben kann dieser Entwurf als „Sinnbild für das Provisorische an Nietzsches Plänen“ einstehen.[10]

Wie Röllin am Beispiel der Entstehung von *Jenseits von Gut und Böse* zeigt, verschwand der Hang zum Ausprobieren auch dann nicht, wenn ein Plan umgesetzt wurde. Die „eigentliche Werkkonzeption“ erfolgte hier „mit Schere und Leim“, indem Nietzsche die auf Foliobögen hintereinanderweg aufgeführten Abschriften aus seinen Heften (sogenannte Reinschriften) zerschnitt und die Schnipsel über Monate hin und her schob, bis das Ergebnis in Druck ging – und selbst dann wurden noch einzelne Aphorismen umgestellt.[11] Das fertige Buch gleicht damit einer Kompilation: Ihm liegt kein Manuskript aus einem Guß zugrunde, sondern eine Zusammenstellung, die „bei allen werkkompositorischen Bemühungen Nietzsches“ auch anders hätte ausfallen können und letztlich nur durch die zwei Buchdeckel fixiert wurde.[12]

Zieht man die Konsequenz aus Nietzsches Projektemacherei und der Genese von *Jenseits von Gut und Böse*, muß man davon ausgehen, daß sich für ihn Mitte der 1880er das Verhältnis von Schreiben und Publizieren merkwürdig verkehrt hatte. Nietzsches Schreiben zielte nicht mehr (wobei man sich anschauen müßte, ob die Dinge vorher grundsätzlich anders ausschauten) auf ein organisches Ganzes, das nach und nach zu Tage trat, sondern schaffte Vorräte, über die man disponieren konnte. Entsprechend wurde das Buch nicht als Behälter begriffen, in den man ein aus sich heraus gewachsenes Manuskript quasi bloß einzufüllen brauchte. Vielmehr wurde das Buch zur materiellen Form, in der durch Auswahl und Anordnung erst ein Zusammenhang entstand; ein Zusammenhang allerdings, der flexibel gehalten war und je nach Organisationsprinzip anders ausschauen konnte. Es ist deshalb nicht falsch, daß sich Nietzsches Schreiben in dieser Zeit „nicht mehr zu Text und Buch verdichten wollte".[13] Diese Diagnose trifft aber einzig dann zu, wenn man Text und Buch als Entwurf und Verkörperung eines unverrückbaren Ganzen versteht. Wer seine Bücher aus Schnipseln zusammenklebte, hatte diese Vorstellung jedoch, ob aus der Not heraus oder absichtsvoll, schon hinter sich gelassen.

Die Schwierigkeit eines solchen Produktionsmodus liegt darin, daß er kein natürliches Ende kennt. Nietzsche kam mit seinen Schreibereien in dem Sinne nie an ein Ende, daß sie ihm fertig erschienen. Das Schreiben lief nicht auf ein Ziel zu, das nach dem Empfinden des Schreibers zu einem bestimmten Zeitpunkt mehr oder weniger vollständig eingelöst worden war. Um einhalten zu können, mußte man sich in diesem Fall vielmehr eigens einen Anreiz schaffen. Genau hierin liegt die Bedeutung von Nietzsches „Titelmanie": Schon vor mehr als 50 Jahren hat Erich F. Podach festgestellt, daß Nietzsches Titel „der Darstellung das anzusteuernde Ziel setzen" sollten.[14] Dies geschieht aber weit weniger (oder zumindest nicht allein) dadurch, wie Titel und Untertitel lauten, als vielmehr dadurch, wie sie aussehen. In ihrer typographischen Machart führen die Entwürfe die Möglichkeit, die Aufzeichnungen in einem gedruckten Werk zu bündeln, buchstäblich vor Augen. Der „Anschein der Unveränderlichkeit", der jedes Druckwerk umgibt,[15] wird von Nietzsche in Dienst genommen. Die Titelblätter helfen, wie Hubert Thüring schreibt, „den Schreibprozess in Gang zu halten, Stockungen zu überwinden, aber auch Zäsuren zu setzen, Impulse und Richtung zu geben."[16] Wenn Nietzsche ein Titelblatt entwarf, machte er deshalb nichts anderes, als seine Schreibszene einem Imperativ zu unterstellen. Die Antizipation des Drucks verklammerte Geste, Sprache und Instrumentalität. Vom Entwurf des Titelblatts her wurde das proliferierende Schreiben organisiert. Deshalb ist es im Falle Nietzsches vielleicht doch angebracht, davon zu sprechen, daß er von Anfang an in seinen Notizbüchern und Arbeitsheften Bücher schrieb.

[1] Roger E. Stoddard, Morphology and the Book from an American Perspective, in: *Printing History* 17 (1987), 2–14, 4. Das Zitat bei Roger Chartier, Texts, Prints, Readings, in: Lynn Hunt (Hg.), *The New Cultural History*, Berkeley, Los Angeles, London 1989, 154–175, 161.

[2] Vgl. Chartier, Texts, Prints, Readings, 161. Für die Rolle der Gestaltung in der Rezeptionssteuerung wissenschaftlicher Schriften siehe die grundsätzlichen Überlegungen von Christof Windgätter, Vom „Blattwerk der Signifikanz" oder: Auf dem Weg zu einer Epistemologie der Buchgestaltung, in: ders. (Hg.), *Wissen im Druck. Zur Epistemologie der modernen Buchgestaltung*, Wiesbaden 2010, 6–50.

[3] Vgl. Christof Windgätter, *Medienwechsel. Vom Nutzen und Nachteil der Sprache für die Schrift*, Berlin 2006, 314–321. Für die Kalkulation des Manuskripts nach Druckseiten siehe Beat Röllin, *Nietzsches Werkpläne vom Sommer 1885: eine Nachlass-Lektüre. Philologisch-chronologische Erschließung der Manuskripte*, München 2012, 99. Dem flüchtigen Eindruck nach könnte ein verstärktes Interesse an Ausstattungsfragen mit der räumlichen Nähe von Textproduktion, Verlag und Druckerei zusammenhängen. Je enger miteinander verknüpft, desto stärker ausgeprägt. Siehe für Weimar um 1800 Cornelia Ortlieb, Schöpfen und Schreiben. Weimarer Papierarbeiten, in: Sebastian Böhmer, Christiane Holm, Veronika Spinner, Thorsten Valk (Hg.), *Weimarer Klassik. Kultur des Sinnlichen*, Berlin, München 2012, 76–85.

[4] Hubert Thüring, Der alte Text und das moderne Schreiben. Zur Genealogie von Nietzsches Lektüreweisen, Schreibprozessen und Denkmethoden, in: Friedrich Balke, Joseph Vogl, Benno

Wagner (Hg.), *Für Alle und Keinen. Lektüre, Schrift und Leben bei Nietzsche und Kafka*, Zürich, Berlin 2008, 121–147, 135.

[5] Vgl. die Edition der Notizhefte N VII 1 bis N VII 3 in Friedrich Nietzsche, *Werke. Kritische Gesamtausgabe. Neunte Abteilung: Der handschriftliche Nachlaß ab Frühjahr 1885 in differenzierter Transkription*, hgg. von Marie-Luise Haase und Michael Kohlenbach in Verbindung mit der Berlin-Brandenburgischen Akademie der Wissenschaften, Berlin, New York 2001, Bd. 1–3.

[6] Rainer Totzke, „Assoziagrammatik des Denkens". Zur Rolle nichttextueller Schriftspiele in philosophischen Manuskripten, in: Sybille Krämer, Eva Cancik-Kirschbaum, Rainer Totzke (Hg.), *Schriftbildlichkeit. Wahrnehmbarkeit, Materialität und Operativität von Notationen*, Berlin 2012, 415–436, 430.

[7] Vgl. Windgätter, *Medienwechsel*, 319 f.

[8] Vgl. Nietzsche, *Werke. Kritische Gesamtausgabe. Neunte Abteilung: Der handschriftliche Nachlaß ab Frühjahr 1885 in differenzierter Transkription*, Bd. 3, Notizheft N VII 3, 32.

[9] Vgl. Röllin, *Nietzsches Werkpläne vom Sommer 1885*, 177–179.

[10] Ebd., 116.

[11] Beat Röllin, Ein Fädchen um's Druckmanuskript und fertig? Zur Werkgenese von *Jenseits von Gut und Böse*, in: Marcus Andreas Born, Axel Pichler (Hg.), *Texturen des Denkens. Nietzsches Inszenierung der Philosophie in* Jenseits von Gut und Böse, Berlin, Boston 2013, 47–67, 49.

[12] Ebd., 60.

[13] Thüring, Der alte Text und das moderne Schreiben, 135.

[14] Erich F. Podach, *Ein Blick in Notizbücher Nietzsches. Ewige Wiederkunft, Wille zur Macht, Ariadne. Eine schaffensanalytische Studie*, Heidelberg 1963, 63.

[15] Michael Cahn, Die Medien des Wissens. Sprache, Schrift und Druck, in: ders. (Hg.), *Der Druck des Wissens. Geschichte und Medium der wissenschaftlichen Publikation*, Berlin 1991, 31–64, 57.

[16] Thüring, Der alte Text und das moderne Schreiben, 136 f.

Publizieren

Im Juni 1886 erschien im *Anzeiger der kaiserlichen Akademie der Wissenschaften* zu Wien eine vorläufige Mitteilung Ernst Machs mit dem Titel *Über die Abbildung der von Projectilen mitgeführten Luftmasse durch Momentphotographie*. Der Inhalt ist schnell nacherzählt. Mach berichtet, daß eine frühere Durchführung des Versuchs erfolglos gewesen sei, nun aber bei der Wiederholung mit schnelleren Projektilen das „erwartete Resultat mit voller Schärfe erzielt" worden ist. Im Anschluß wird die Form der auf den Aufnahmen erkennbaren „Luftmasse" beschrieben, gefolgt von dem abschließenden Hinweis, daß sich „an den Bildern" noch „manche Einzelheiten" zeigen, „deren sichere Interpretation sich auf weitere Versuche gründen muss."[1] Die zwölf Druckzeilen waren wohlkalkuliert: Mit dem Hinweis auf den mißlungenen Versuch stellte Mach eine Kontinuität zu früheren Arbeiten her, über die der mitgeteilte Erfolg als Einlösung einer gut begründeten, nun sich doch bestätigenden Annahme erschien. Mochte daher auch das eine oder andere Detail noch unklar sein, blieb bei der Leserschaft doch der Eindruck zurück, als wären im Weiteren die bereits gewonnenen Einsichten bloß zu vertiefen.

Die Klarheit und Festigkeit, die aus Machs Mitteilung sprach, stellte sich als trügerisch heraus. Die annoncierten weiteren Versuche veränderten über den Herbst und Winter 1886 das Verständnis der Vorgänge um das Projektil grundsätzlich. Mit der Verbesserung der Versuchstechnik wurde die Idee einer „Luftmasse" durch die Annahme ersetzt, daß ein ganzes System von Schallwellen das Projektil umhülle. Machs Aufzeichnungen in seinem Notizbuch haben bereits gezeigt, wie schwierig für ihn die theoretische Vertiefung dieser Vorstellung gewesen ist. Als Mach und Salcher im April 1887 eine ausführliche Abhandlung über ihre Versuche vorlegten, war schließlich von Luftmassen nur noch in einem in die Fußnoten verbannten Zitat aus einer eigenen früheren Veröffentlichung die Rede.[2] Der Wandel der Ansichten zeigt sehr schön, daß eine wissenschaftliche Publikation nicht einfach wiedergibt, was vorliegt. An einer Publikation zu schreiben, bedeutet vielmehr, seinen Beobachtungen und Einsichten eine Form zu geben, in der sie Sinn, Plausibilität und Eindeutigkeit gewinnen. Daß sich Mach im Juni 1886 irrte, macht es uns nur leichter, seine Mitteilung als das zu verstehen, was sie auch dann wäre, wenn er bereits damals von Wellen und Strömungen statt von Luftmassen berichtet hätte: Nämlich als eine Version seiner Unternehmung, die in uns einen bestimmten Eindruck hervorruft.

Noch besser greifbar wird dies, wenn man sich Machs Korrekturabzug der Mitteilung an die Akademie anschaut (Abb. 12). Von Interesse sind weniger die zwei Papierkopien von Negativen, die unter der Mitteilung aufgeklebt sind, als die handschriftliche Ergänzung kurz vor Schluß. Durch sie wird aus dem „Resultat" des Versuchs das „erwartete Resultat". Mit diesem einen Wort ändert sich der Charakter der Mitteilung erheblich. Erwarten läßt sich nur, was man im Kern begriffen hat. Wo sich Erwartetes bestätigt, wächst der Eindruck, daß es sich bei den präsentierten Versuchsergebnissen um einen wohlgegründeten Sachverhalt handelt. Zum Verständnis der mitgeteilten Erscheinungen trägt das Adjektiv nichts bei. Aus der Vorstellung, die ein Leser von Machs Unterneh-

Kaiserliche Akademie der Wissenschaften in Wien.

Sitzung der mathematisch-naturwissenschaftlichen Classe vom 10. Juni 1886.

(Sonderabdruck aus dem akademischen Anzeiger Nr. XV.)

Das w. M. Herr Regierungsrath Prof. E. Mach in Prag übersendet ~~folgende~~ vorläufige Mittheilung: „Über die Abbildung der von Projectilen mitgeführten Luftmasse durch Momentphotographie."

Auf Mach's Bitte haben die Herren Professoren Dr. P. Salcher und S. Riegler in Fiume einen von Mach und Wentzel mit negativem Erfolg ausgeführten Versuch (Vergl. Akadem. Anzeiger 1884, Nr. XV und Sitzungsberichte 1885, Bd. 92, II. Abth., S. 636) mit grösseren Projectilen und grösseren Geschwindigkeiten (Infanteriegewehr, 11 Mm. Geschoss, 440 M. Geschwindigkeit) wiederholt, und haben das Resultat mit voller Schärfe erzielt. Die Luftmasse erscheint als ein das Projectil einhüllendes Rotationshyperboloïd, dessen Achse in der Flugbahn liegt. An den Bildern zeigen sich noch manche Einzelheiten, deren sichere Interpretation sich auf weitere Versuche gründen muss.

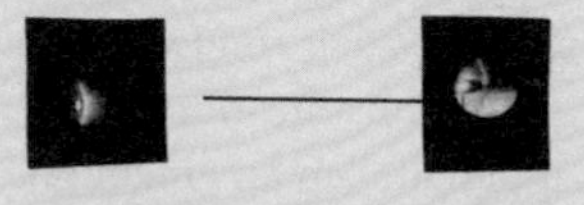

Abb. 12: Machs Korrekturabzug der vorläufigen Mitteilung über die Geschoßversuche aus dem Frühjahr 1886.

men mitnimmt, läßt es sich hingegen nur unter Verlust wegdenken.

Zum Abschluß kommen

Die Schreibszene des wissenschaftlichen Publizierens wird von einem einfachen Befehl zusammengehalten: Einige Punkte mögen noch offen sein, Anderes, auf das man im Lauf seiner Forschungen gestoßen ist, zieht die Aufmerksamkeit bereits in neue Richtungen, aber jetzt ist die Sache für den Druck fertig zu machen. Wann genau der Zeitpunkt dafür gekommen ist, läßt sich nicht sicher sagen. Die Forschungen müssen publikationsreif sein, es braucht eine gewisse Menge von Ergebnissen, eine Dichte an Belegen, ein handliches Argument, einen stabilen theoretischen Rahmen, aber einen bestimmten Moment, an dem sich dieser Schritt aus der Arbeit heraus zwingend aufdrängt, gibt es nicht. Ausschlaggebend sind eher eine Reihe äußerer Beweggründe. Unter den Bedingungen der heute üblichen Projektforschung muß man im Rhythmus der Laufzeiten einen passenden *output* vorweisen. In anderen Fällen verlangt der Druck von Evaluationssystemen eine bestimmte Publikationsrate oder man arbeitet im Rennen um die knappen Stellen an einem gut bestückten CV. Weitere Anlässe bringt der akademische Betrieb mit sich. Man will ein Thema besetzen, Terrain abstecken, auf einen Zug aufspringen, Expertise belegen, wird eingeladen, zu einem Themenheft beizutragen, bedient den Tagungsband, antwortet auf einen *call for papers*.

Alle diese Umstände geben zu verstehen, daß bei der Ausarbeitung einer Publikation immer bereits verschiedene Adressaten im Hinterkopf präsent sind. Forscherinnen und Forscher schreiben nicht für sich und auch nicht allein für die Kolleginnen und Kollegen, sie schreiben heute zunächst für *peers*, Herausgeber, Gutachter, ihr Rating, den Lebenslauf, Förderinstitutionen, Projektanträge, Berufungskommissionen und Evaluationsinstrumente. Steht die Schreibszene des Publizierens unter dem Imperativ, etwas für den Druck fertig zu machen, dann ist dieser Imperativ also wiederum in hohem Maße durch Umstände geprägt, die sich zu den Forschungsgegenständen teilweise kontingent verhalten. Manchmal werden diese selbst sogar schon mit Rücksicht auf Publizierbarkeit ausgewählt.[3] Zugespitzt gesagt steht beim Publizieren anders als beim Aufzeichnen und Durcharbeiten nicht mehr länger ausschließlich die Sache, die einen gerade beschäftigt, im Mittelpunkt der Schreibtätigkeiten. Genauso wichtig sind strategische Überlegungen, die den Publikationsort, die eigene Profilbildung und die Erwartungshaltung von Geldgebern betreffen. Alle diese Aspekte schlagen sich im finalen Produkt nieder, indem sie daran teilhaben, in welcher Version die gewonnenen Einsichten präsentiert werden.

Führt man sich die Kalküle vor Augen, die eine wissenschaftliche Publikation durchziehen, liegt der Gedanke nahe, daß letztlich erst mit ihrer Abfassung entschieden wird, welche Bedeutung die untersuchte Sache annimmt und in welche Zusammenhänge sie eingerückt wird. Es reicht schon, daran zu denken, daß man je nach Ausrichtung einer Zeitschrift seine Ergebnisse anders rahmen muß. Der Sprachgebrauch mag das Gegenteil signalisieren, aber die Dinge zusammenzuschreiben oder auszuformulieren, meint nicht weniger, als zu umreißen, was im Weiteren der Gegenstand meiner Forschungen gewesen sein wird.

Durch den Druck werden wissenschaftliche Einsichten, so besehen, nicht nur in Umlauf gebracht. Genauso wichtig ist, daß hierdurch die Unternehmung in ihren Absichten rückblickend fixiert wird, „with a beginning, an organized course, and a completion."[4] Während im Durcharbeiten darauf abgezielt wird, Komplexität aufzubauen und im Umgang mit dem Material Bedeutungen einzukreisen, läuft das Publizieren auf Schließung hinaus: Das Spiel der Möglichkeiten kommt an ein Ende, die Unterscheidung von Wichtigem und Unwichtigem wird definitiv, das Unternehmen, auch wenn es vielleicht im Labor oder auf dem Schreibtisch weiterläuft, wird im Schreiben stillgestellt, die Zwischenprodukte der Forschung, Listen, Tabellen, Notizen, Exzerpte, Zusammenstellungen verschwinden respektive tauchen verwandelt als Abbildungen im Fließtext auf, man muß Formate beachten, eine Form finden, im Formulieren gilt es Kohärenz und Evidenz zu generieren.

Unter den Elementen der Schreibszene tritt beim Veröffentlichen die Sprache in den Vordergrund. Man kann dies schon daran sehen, daß die Publikationstätigkeit von den Akteuren als Formulierungstätigkeit verstanden wird. Bei Charles Darwin heißt es hierzu:

> „Früher habe ich immer erst über meine Sätze nachgedacht, bevor ich sie zu Papier brachte; aber schon seit mehreren Jahren finde ich, daß es viel Zeit spart, wenn ich erst ganze Seiten so schnell wie möglich mit eilig hingeworfenen Buchstaben fülle, die Hälfte der Worte dabei abkürze – und dann überlegt korrigiere. Sätze, die ich in dieser Manier flüchtig hingeworfen habe, sind oft besser, als wenn ich sie erst nach langem Nachdenken aufgeschrieben hätte."[5]

Nach seiner Selbstauskunft konzipiert Darwin das Schreiben einer Veröffentlichung als allmähliche Annäherung an den treffenden Ausdruck. Schreiben meint hier, die Dinge auf den Punkt zu bringen. Im Falle Darwins wird dieser Vorgang durch die Relektüre des Geschriebenen vorangetrieben und bleibt von daher schriftverbunden, der Akzent liegt jedoch auf der Ebene der Semantik und der Syntax, des richtigen Wortes und der adäquaten Verkettung von Aussagen.

Im Publizieren gewinnt Sprache den Charakter eines Verfahrens. Im Sinne von Viktor Šklovskij setzen Forscherinnen und Forscher sprachliche Kunstgriffe, im Original „priem", ein, mit denen sie planvoll Effekte erzielen.[6] Um nur einen besonders bekannten Kniff zu erwähnen: Wo in wissenschaftlichen Veröffentlichungen Tatsachen behauptet werden, wird fast immer in der dritten Person gesprochen. Nicht ich stelle fest, sondern aus den Quellen geht hervor, nicht wir legen nahe, sondern die Daten deuten an, nicht die Verfasser des Aufsatzes haben herausgefunden, sondern der Untersuchungsgegenstand zeigt diese oder jene Eigenschaft. Auf diese Weise wird im Text das Subjekt „grammatisch zum Schweigen gebracht."[7] Nicht ihm werden die mitgeteilten Einsichten zugerechnet, sondern diese scheinen direkt in den Quellen, Daten oder Gegenständen der Untersuchung zu hausen.

Obwohl im Publizieren das Element der Sprache dominiert, sind Geste und Instrument nicht zu vernachlässigen. Man muß sich dafür vorstellen, daß das Schreiben an einer Veröffentlichung in einer je eigenen „Infrastruktur" stattfindet.[8] Rüdiger Campe hat dies für die Schreibszene gezeigt, auf die sich Erasmus von Rotterdam im Haus des Druckers Manutius stützte. Zu ihr gehörten der direkte Zugang zur Presse, die reiche Handschriftensammlung in Griffweite und die „*familia* jener Knaben", die als Diener,

Sekretäre und Boten im Einsatz waren.[9] Das Pendant dazu in Darwins Publikationstätigkeit bildeten „dreißig bis vierzig große Mappen", die er „in Schränken auf einzeln beschrifteten Regalbrettern" aufbewahrte, sowie die „Register", die er in seinen Büchern anlegte.

> „Bevor ich mit der Arbeit an einem Thema anfange, sehe ich alle die kurzen Register durch und stelle mir ein allgemeines, nach Gruppen geordnetes Register zusammen, und wenn ich dann die passende Mappe oder Mappen aus meinem Schrank nehme, habe ich alle die im Lauf meines Lebens gesammelten Informationen zur Hand und kann sie nutzen."[10]

Darwins Arbeitszimmer in *Down House* entsprach in Ernst Machs Zeit an der Universität Prag ein Raum im Physikalischen Institut. Eine Fotografie (Abb. 13), aufgenommen 1895 kurz vor seinem Wegzug nach Wien, zeigt seinen Sekretär zusammen mit Schreibpult und Arbeitstisch. An der Wand rechts daneben, auf der Aufnahme nicht zu sehen, befand sich der Bücherschrank, in den benachbarten Zimmern die Instrumentensammlung und Aufbauten für Versuche. Auf relativ engem Raum kamen hier Forschen, Lesen und Schreiben zusammen. Der entscheidende Platz kam dabei dem Sekretär zu. Sieht man genauer hin, liegen dort Bücher, Papiere und einige der Notizbücher Machs, nicht zu vergessen die Briefwaage auf dem oberen Bord, die Lampe daneben und die Familienbilder an der Wand. Hier wurde zusammengetragen, was nebenan beobachtet worden war, hier lag die Literatur bereit, schrieb und las Mach in seinen Notizbüchern und hier wurde ausgearbeitet, was per Post (Briefwaage) zum Verlag gehen sollte.

Heute würde der Institutsvorstand Mach vermutlich in seinem Büro am Schreibtisch sitzen, einen Computerbildschirm vor Augen, das Telefon daneben, Labors und

Abb. 13: Im Prager Laboratorium,
Ernst Machs Schreibtisch im Jahr 1895.

Werkstätten lägen unter Umständen in einem anderen Stockwerk, die Wege wären weiter. Es macht auch kaum einen Unterschied, in welchem Fach man sich umschaut. Docs und Postdocs in den Naturwissenschaften haben weniger Platz, manchmal nur eine Koje neben der Laborbank, man sieht hauptsächlich Papiere und Kladden, seltener Bücher, dafür ein Whiteboard an der Wand. Unter den Forscherinnen und Forschern in den Geistes- und Sozialwissenschaften arbeiten viele lieber zu Hause, andere suchen die Disziplinierungseffekte des Schreibtischs im Büro. Alles ist auf Produktivität getrimmt, schmuckloses Mobiliar, Neonlicht, Rauchverbot, die Welt mit ihren Sorgen und Versuchungen bleibt vor der Tür.[11]

Unabhängig davon, wer schreibt und wo das geschieht, stößt man jedesmal wieder auf eine Grundordnung. Auf dem gegenwärtigen Stand gehören dazu außer einem Tisch, Büchern, Zeitschriften, Papier und Stiften auch noch Rechner, Drucker, Abspielgeräte, Steckdosen und der Internetanschluß. Obwohl sich diese „Mediotope" äußerlich sehr ähneln, beherbergen sie sehr unterschiedliche Routinen.[12] Bei der Arbeit am Rechner können Schreiben und Denken zusammenfallen, ebensogut kann dort aber auch nur abgetippt werden, was anderweitig aufgezeichnet wurde. Einige laden alle ihre Materialien einschließlich der Literatur auf die Festplatte. Wieder Andere beziehen ihre Anstöße beim Blättern in Kopienstapeln, sprechen ihre Einfälle beim Spaziergang provisorisch ins Diktiergerät oder arbeiten mit analogen und digitalen Notizzetteln. Aus der Auswahl und Verknüpfung der einzelnen Elemente ergeben sich je andere Arbeitsformen, mal um den Schreibtisch wuchernd, mal auf den Bildschirm fokussiert, mal Vorfabriziertes zusammenschreibend, mal im Schreiben formulierend, mal als Korrekturprozeß (wie einst bei Darwin), mal als Schreiben unter dem Druck des Abgabetermins, mal schon in der vorgesehenen Reihenfolge hintereinander weg, mal nach dem Baukastenprinzip, eine Passage hier, ein Abschnitt dort. Wo mehrere Forscherinnen und Forscher an einer Veröffentlichung beteiligt sind, gewinnt der Schreibprozeß noch zusätzlich an Dynamik: Die einen arbeiten den Entwurf aus, andere kommentieren und ergänzen. Versionen gehen hin und her, Zuständigkeiten und Hierarchien sind zu berücksichtigen.

Nicht jeder Veröffentlichung wird man die Umstände ihrer Ausarbeitung ansehen, dennoch sind sie davon geprägt. Ein kollektiv verfaßter Aufsatz gibt (in etwa) den gemeinsamen Nenner aller Beteiligten wieder, je nach Maß der abschließenden Redaktion liest sich ein Buch, das zusammenmontiert worden ist, deutlich anders als ein kontinuierlich ausgearbeitetes, wer seine Literatur auf dem Rechner versammelt, tendiert dazu, sich in seinen Überlegungen auf diesen Vorrat zu stützen, ergänzt um alles, was das Netz hergibt. Auch wenn das Element der Sprache hervorsticht, haben deshalb die Infrastrukturen, die sich Forscherinnen und Forscher fürs Schreiben einrichten, entscheidend Anteil am Publizieren. Gegenüber Situationen, in denen aufgezeichnet wird, sind solche Arrangements von Gesten, Instrumenten, Mobiliar und Ressourcen deutlich ausgreifender, dabei aber zugleich in ihren Effekten auf den Forschungsgegenstand subtiler. Bei Notizen im Feld, im Labor, im Archiv und in der Bibliothek regeln die situativen Gegebenheiten, welches Schreibgerät man benutzen kann, wo man zum Aufzeichnen kommt und wann dafür Zeit ist. Die jeweils sich herausbildenden Infrastrukturen tragen in diesem Zusammenhang das Kennzeichen der Notwendigkeit: Man richtet das Aufschreiben so ein, weil es nicht anders geht. Beim Publizieren kann die Infrastruktur der Schreibszene hingegen weitgehend frei nach den eigenen Vorlieben gestaltet werden und gewinnt nach ihrem Ermöglichungscharakter Präsenz: Um schreiben zu können, muß die Infrastruktur bis ins Detail stimmen. Auf den Einwurf der Interviewerin, ob ein großer Tisch fürs Schreiben ideal sei, antwortet die befragte Sozialwissenschaftlerin: „Nee, n'Tisch reicht nicht, in der Regel is das wie ein Halbkreis, Tisch und Fußboden auf mehreren Etagen."[13]

Bereits in der Einleitung wurde darauf hingewiesen, daß Forscherinnen und Forscher, wenn man sie nach dem

Schreiben fragt, fast automatisch an die Ausarbeitung ihrer Veröffentlichungen denken. In diesem Fall tritt das Schreiben nicht nur als aktives Prozessieren hervor, wie beim Durcharbeiten, sondern verdichtet sich zu einem eigenen Arbeitsschritt im Ablauf eines Forschungsunternehmens. Dies liegt sicherlich daran, wie stark das Publizieren das wissenschaftliche Geschäft im Ganzen bestimmt. Es liegt aber enger gesehen auch daran, daß von den Akteuren in diesem Moment zum ersten Mal im Ablauf ihrer Untersuchungen verlangt wird, einen Text zu verfassen (sieht man von den Förderanträgen ab, die unter Umständen dem Unternehmen vorangehen). Weder beim Aufzeichnen noch beim Durcharbeiten geschieht dies, selbst wenn man sich Notizen macht und Kommentare an seine Tabellen und Protokolle heftet. Ein Text im engeren Sinne besitzt einen Aufbau, in dem alle Abschnitte zueinander in Beziehung stehen, und ein wissenschaftlicher Text muß darüber hinaus explizit ein Argument entwickeln. Hierin liegt die Herausforderung: Einen Text zu schreiben, verlangt von den Forscherinnen und Forschern, ein in sich geschlossenes Schriftstück zu fabrizieren. Sie müssen sich entscheiden, welche Ergebnisse sie in der Publikation außen vor lassen und welche sie aufnehmen, mit welchen Problemlagen, Kontroversen oder Theoriedesigns die Ergebnisse verknüpft werden sollen und welche Bedeutung ihnen in den gewählten Zusammenhängen zukommen soll.

Damit ist es aber nicht getan: Enger auf den Text bezogen gilt es, die Version seiner Unternehmung, die man im Kopf hat, in die korrekte Form zu bringen. Was darunter zu verstehen ist und welche Spielräume bestehen, unterscheidet sich nach dem jeweiligen Grad der Schematisierung von Publikationen und den Toleranzschwellen verschiedener Fachtraditionen. Herauskommen muß jedenfalls etwas, das die jeweils vorherrschenden Vorstellungen von einer formgerechten Publikation einlöst. Das Publizieren wird damit im Ganzen betrachtet von drei Direktiven überspannt: Man schreibt mit den Adressaten im Kopf, hat eine Version zu liefern und muß die fachspezifischen Vorgaben treffen. Das macht es nicht einfacher, dem Befehl, eine Sache in den Druck zu bringen, nachzukommen. Die Ansprüche blockieren, man muß sich von liebgewordenen Beobachtungen und Überlegungen trennen, entdeckt möglicherweise, daß ein Aspekt, der im Zuge der Ausarbeitung für den entstehenden Text wichtig wird, nicht hinreichend berücksichtigt worden ist, muß sich deshalb noch einmal ans Forschen machen oder die sich auftuende Lücke irgendwie verdecken.

Was passiert bei der Ausarbeitung einer Publikation?

Im Alltag werden wissenschaftliche Publikationen auf ihren Inhalt hin gelesen. Zwar sind sich Wissenschaftlerinnen und Wissenschaftler im Klaren, daß es sich um Texte mit eigenen Regeln handelt, aber letztlich werden sie als Container von Aussagen gelesen. Dabei wird stillschweigend vorausgesetzt, daß das Mitgeteilte ungefähr wiedergibt, was im Laufe der Untersuchungen herausgefunden wurde. Nur manchmal wird diese Annahme fast schreckhaft durchbrochen. In einem Aufsatz aus dem Jahr 2002 heißt es:

„When one probes beneath the surface of the published report, one will find a hidden research paper that reveals the true diversity of opinion among contributors about the meaning of their research findings. For both readers and editors, the views expressed in a research paper are governed by forces that are clear to nobody, perhaps not even to the contributors themselves."[14]

Der Verfasser des Aufsatzes ist Richard Horton, damals wie heute Herausgeber von *Lancet*, einer der wichtigsten medizinischen Fachzeitschriften. Hortons Überlegungen gelten, wie in den Human- und Naturwissenschaften üblich, Aufsätzen mit mehreren, fünf, zehn oder manchmal dutzenden Verfassern, aber auch für Publikationen mit nur einem Verfasser gilt, daß sie die Synthese von durchaus konkurrierenden Einsichten und Überlegungen darstellen; mit dem Unterschied, daß die Kompromißbildung nur in einem Kopf stattfindet.

Horton schlägt vor, diesem Pluralismus in der Publikation systematisch Raum zu geben.[15] Folgte man dieser Idee, würde sich das Gesicht wissenschaftlicher Publikationen erheblich ändern. Statt einem Text hätte man mehrere, vielleicht unterschieden nach Haupttext und davon abgesetzten Zusätzen oder in Kolumnen nebeneinander gestellt, Vielstimmigkeit zöge ein, Diskussionen würden kenntlich, statt einer Version wäre die Leserschaft mit zwei oder drei konfrontiert, die sich teils vermutlich widersprächen, teils unverbunden nebeneinander stünden. Undenkbar ist dies nicht, aus heutiger Sicht wäre die wissenschaftliche Publikation damit allerdings ihres Zwecks beraubt. Bislang besteht ihre Aufgabe nicht darin, einen Pluralismus der Ansichten und Auffassungen zu repräsentieren, sondern die behandelten Dinge unter Rücksicht auf den Forschungsstand auf den Punkt zu bringen.

In ihrer Studie *Die Fabrikation von Erkenntnis* (dt. 1984) sieht Karin Knorr Cetina Forschungsergebnisse durch eine „doppelte Produktionsweise“ charakterisiert: „Die *instrumentelle Produktionsweise* der Forschung resultiert in fast vollständig entkontextierten Produkten, sieht man ab von den Begründungen der Wissenschaftler in den Laboratoriumsprotokollen. Die *literarische Produktionsweise* des wissenschaftlichen Papiers offeriert eine teilweise *Neukontextierung*, allerdings nicht eine, die einer Erinnerung an die Laboratoriumsarbeit gleichkäme."[16] Den Ausgangspunkt von Knorr Cetinas Überlegungen bildet die Annahme, daß man sich beim Schreiben einer wissenschaftlichen Publikation an der für das jeweilige Feld einschlägigen Literatur orientiert.[17] Sie bildet den Bezugspunkt für die Ausarbeitung, während die Forschungen, von denen die Rede sein soll, möglicherweise von ganz anderen Anliegen angestoßen und gesteuert gewesen sind. Am Beispiel der Genese eines Aufsatzes aus dem Bereich der Biowissenschaften verfolgt Knorr Cetina, wie diese „Neukontextierung" abläuft. Grob zusammengefaßt lassen sich zwei Vorgänge unterscheiden.[18] Zum einen findet eine große Entmischung statt: Während im Forschungsprozeß die Absichten der Akteure, die jeweiligen Vorgehensweisen, die erhaltenen Ergebnisse und die darauf bezogenen Kommentierungen des Geschehens jederzeit situativ ineinander verwickelt sind, werden diese Aspekte für die Publikation verschiedenen vorgegebenen Rubriken zugeordnet. Für einen naturwissenschaftlichen Aufsatz geschieht dies üblicherweise in der Abfolge Einleitung, Methoden, Ergebnisse und Diskussion (auf Englisch kurz als IMRD-Schema bekannt). Zum anderen läuft über die 16 Fassungen (in meinem Sinne sind dies 16 Versionen), die bei der Ausarbeitung des Aufsatzes entstehen, ein Bereinigungsprozeß ab, der sowohl die Argumentation, insbesondere die vorgebrachten Ansprüche, als auch die Darstellungsweise einschließt.

Durch die Entmischung von Aspekten, die im Forschen ineinander verschlungen sind, wird eine neue Logik des Unternehmens etabliert. Von der Abfolge der Rubriken vorgegeben führt sie von der Formulierung eines Erkenntnisinteresses über die Beschreibung der Methoden und der durch diese erhaltenen Ergebnisse zur abschließenden Einordnung der gewonnen Einsichten. Man könnte dies die Papierlogik des wissenschaftlichen Erkenntnisprozesses nennen, die im Ergebnis den Eindruck eines im Höchstmaß geordneten Vorgehens vermittelt. Der Bereinigungsprozeß trägt hierzu ebenfalls bei, insofern im Methodenteil die Darstellung zunehmend typisiert wird, während Begründungen gleichzeitig ausgeschieden werden. Dies führt dazu, daß der im Forschen „mühsam konstruierte[ ] Verfahrensweg (die Methode) als eine *naturgegebene* und *quasi automatische* Konsequenz des in der Einleitung des Papiers festgesetzten Zieles der Arbeit" erscheint.[19] Darüber hinaus wird bei der Bereinigung angestrebt, eine solide, widerstandsfähige Version zu produzieren. Dies wiederum geschieht vor allem dadurch, daß die zunächst formulierten Ansprüche zunehmend zurückgenommen werden.

Auf einige der eben angesprochenen Punkte wird später noch einmal genauer eingegangen. Im Augenblick war es das Ziel, sich in groben Zügen klarzumachen, welche Vorgänge gemeint sind, wenn man in den Naturwissenschaften von der Ausarbeitung einer Publikation spricht. Hieran anschließend stellt sich die Frage, ob sich in den Geistes- und Sozialwissenschaften ähnliche Prozesse abspielen. Zunächst kann man feststellen, daß sich in sehr vielen sozialwissenschaftlichen Zeitschriften das IMRD-Schema ebenfalls als Standardformat etabliert hat. Hingegen scheinen in den Geisteswissenschaften die Vorgaben auf den ersten Blick weniger ausgeprägt zu sein. Verbindliche Richtlinien, wie ein Text strukturiert sein muß, sind hier eine Ausnahme. Dennoch existieren, stärker auf eine besondere Zeitschrift oder ein einzelnes Feld bezogen, sehr wohl Vorstellungen, wie die fachgerechte Form auszusehen hat.

Wer einen wissenschaftshistorischen Aufsatz in einer der maßgeblichen englischsprachigen Zeitschriften veröffentlichen möchte, sieht sich mit der Erwartung konfrontiert, daß in der Einleitung These und Argumentationsgang klar umrissen werden, die angesprochenen Punkte im weiteren Verlauf abgearbeitet und in der obligatorischen Zusammenfassung rekapituliert werden. Dem zugrunde liegt das Modell des *essay writing*, im englischsprachigen akademischen System vom ersten Tag des Studiums an trainiert, das gerade nicht den vor sich hin mäandrierenden deutschen Essay erlaubt. Weil es sich um ungeschriebene Regeln handelt, ist die Toleranz gegenüber Abweichungen zwar höher als beim IMRD-Schema. Gleichzeitig sieht man sich damit aber stärker den Vorlieben von Gutachtern und Herausgebern ausgesetzt. Insgesamt kann man davon ausgehen, daß es bei der Ausarbeitung von geisteswissenschaftlichen Publikationen (Monographien eingeschlossen) ebenfalls zur Trennung und Verteilung von Aspekten kommt, die im Forschungsprozeß ursprünglich eng ineinander verwoben gewesen sind.

Noch in einer anderen Hinsicht lassen sich Knorr Cetinas Überlegungen auf die Verhältnisse in den Geistes- und Sozialwissenschaften übertragen. Denn auch in diesem Kontext kann von einer „doppelten Produktionsweise" der Forschungsresultate gesprochen werden. Denken wir uns eine Germanistin in ihrem heimischen Lesesessel: Sie unterstreicht sich bei der Lektüre Sätze und einzelne Wendungen, verzettelt sie und schreibt die Aufzeichnungen später in einer Datei zusammen, stellt Materialsammlungen her und ergänzt sie mit Hinweisen aus der Forschungsliteratur. In den Geisteswissenschaften wird dieser Teil der Forschung häufig als Literaturstudium und Quellenarbeit, in den Sozialwissenschaften als Datenerhebung und Datenanalyse bezeichnet. Im Ergebnis laufen diese Vorgänge analog zu den Prozeduren der Naturwissenschaften auf eine Dekontextualisierung der Produkte hinaus. Die komplexe Situation einer Befragung oder eines Interviews wird bei der Auswertung durch den Soziologen auf numerische Werte in einer Tabellendatei oder eine Sammlung von codierten Aussagefragmenten reduziert. Die Germanistin, nun vor dem Bildschirm, schöpft nicht mehr aus ihrer Lektüre, sondern aus einem Vorrat von isolierten Stellen.

Im Detail wird dieser Aspekt in Henning Trüpers Fallstudien zu den Forschungspraktiken von Historikern im 20. Jahrhundert behandelt. Der Mediävist François Ganshof pflegte seit Beginn seiner akademischen Laufbahn in den 1920er Jahren umfangreiche Zettelsammlungen anzulegen, die kurze Auszüge aus den studierten Quellen enthielten, oft bereits mit Bewertungen verknüpft. Diese ihrer Zusammenhänge entkleideten, in Umschläge verpackten Archiverträge wurden in den Ausarbeitungen wiederum als Tatsachen, französisch *fait* oder niederländisch *feit*, adressiert, um die herum die Argumentation entstand.[20] Noch deutlicher tritt der Effekt dieser Verfahrensweise bei Johan Huizinga hervor. Huizinga fertigte bei seinen Studien, vermutlich linear der Lektüre folgend, Exzerpte an, die er nacheinander auf Blättern notierte, anschließend aber zerschnitt und teils nach eigenen thematischen Schwerpunkten, teils nach Stichworten des exzerpierten Textes in Briefumschlägen ablegte.[21] Mit Blick auf Huizingas Produktionsmodus bemerkt Trüper:

> „Es ist davon auszugehen, dass er zum Schreiben wissenschaftlicher Publikationen die einzelnen Schnipsel auf der Schreibtischfläche auslegte und in eine Anordnung brachte, mit deren Hilfe er dann den eigenen Text komponierte."[22]

Zwar handelt es sich nur um zwei Beispiele, aber im Grundsatz besteht historische Forschung zunächst darin, aus ihrem Kontext herausgelöste Bestände anzuhäufen. Darin liegt nicht Willkür, es ist vielmehr die Voraussetzung dafür, sich seinen Gegenstand erschließen zu können. „In der Geschichte", schreibt Michel de Certeau, „beginnt alles mit der Geste des *Beiseitelegens*, des Zusammenfügens, der Umwandlung bestimmter, anders klassifizierter Gegenstände in ‚Dokumente'."[23]

Rückwirkung des Publizierens auf das Forschen

Karin Knorr Cetinas Modell der doppelten Produktionsweise wissenschaftlicher Erkenntnisse hat den großen Vorteil, daß mit ihm die Ausarbeitung von Publikationen als eine in ihren Effekten kaum zu überschätzende epistemische Praxis hervorgehoben wird. Gleichzeitig erweckt der klare Schnitt zwischen instrumenteller und literarischer Produktionsweise allerdings den Eindruck, daß die zwei Bereiche zeitlich wie der Sache nach kaum Überschneidungen aufweisen. Dies geschieht durchaus gegen

Knorr Cetinas eigene Auffassung, denn wie sie an einer Stelle betont, beginnt das Schreiben des Papiers, „lange bevor das Manuskript geschrieben wird, beim Generieren der Meßdaten im Rahmen der experimentellen Arbeit.“[24] Dieser Punkt wird nicht weiter ausgeführt, er läßt sich aber im Rückgriff auf Beobachtungen aus anderen Forschungskontexten unterfüttern.

Näher betrachtet bilden Forschen und Publizieren weit weniger aufeinander abfolgende Schritte, als daß sie Hand in Hand gehen. Mit Blick auf die Veröffentlichungen des Physikers Michael Faraday in den *Philosophical Transactions* bemerkt Friedrich Steinle:

„During the process of publication, which went on for several months after submitting the paper, he continued his laboratory work and continuously produced new experimental results and insights. As long as the text of his manuscript was not yet typeset, he called it back repeatedly from the editor to insert these developments.“[25]

Während es Faraday anscheinend einzig darum ging, so viel als möglich an aktuellen Forschungen mit in den Druck zu geben, gibt es andere Fälle, in denen die in der Entstehung befindliche Publikation direkt auf die Versuchstätigkeit einwirkte. Larry Holmes hat dies an einer Reihe von Beispielen aus der Geschichte der Chemie und der Lebenswissenschaften vorgeführt. In einem Gespräch mit Holmes erläutert der Biochemiker Hans Krebs, wie seine Veröffentlichungen zur Harnstoffsynthese aus den 1930er Jahren entstanden:

„Ich verbrachte viel Zeit beim Schreiben, aber ich schrieb für gewöhnlich, während die Arbeit immer noch in Entwicklung war. Ich finde vor allem, daß man die Lücken erst dann bemerkt, wenn man sich ans Schreiben macht. Ich kann nicht eine Untersuchung beenden und mich erst dann niedersetzen, um einen Bericht darüber zu schreiben."[26]

Folgt man Krebs, diente ihm die Ausarbeitung seiner Veröffentlichungen dazu, die je vorliegenden Ergebnisse zu sondieren: Mängel, die sich im Argument ergaben, dirigierten den Fortgang der Untersuchungen im Labor.[27] Ähnlich heißt es bei Bettina Heintz über die Entwicklung von mathematischen Beweisen:

„Oft stellen Mathematiker erst beim Aufschreiben fest, dass die ursprüngliche Gewissheit trügerisch war – dass die Beweisidee nicht umsetzbar ist, ein wichtiges Resultat, das man leicht zu beschaffen glaubte, doch nicht so einfach zu haben ist, oder ein Ergebnis, auf das man sich stützte, falsch ist."[28]

In der ausführlichen Niederschrift wird, so gesehen, der Beweis zuallererst auf seine Haltbarkeit getestet.

Karin Knorr Cetinas Einschätzung, daß das Veröffentlichen mit dem „Generieren der Meßdaten" einsetzt, erfährt durch den folgenden Ratschlag aus einem aktuellen Handbuch für Laboranfänger Unterstützung:

„Publications are important – you can't survive without them. If you consider each experiment to be a separate and publishable entity, you are more likely to remember all the needed controls and variables. Thinking about each experiment as potentially publishable can keep you focused on your experiment."[29]

Man sieht, wie hier die Reputationsökonomie des akademischen Systems den Forschungsprozeß als Verwertungsprozeß zu denken zwingt. In dieser Allgemeinheit gesagt wird dies niemand überraschen. Die Aufforderung, sich jedes Experiment von vornherein als Publikation vorzustellen, deutet jedoch darauf hin, daß die Sache, der man nachspürt, sehr konkret auf eine mögliche Veröffentlichung hin durchdacht wird. In einer Publikation dienen Experimente – genauer die durch sie gewonnenen Daten – als Referenz für Argumente. Sich ein Experiment als potentiell publizierbar vorzustellen, fordert so besehen dazu auf, beim Forschen direkt auf die Argumentation hinzuarbeiten.

Ein besonders schönes Beispiel dafür, wie wissenschaftliche Aktivitäten von einer antizipierten Veröffentlichung geprägt werden, findet sich in Sophie Ledeburs Studie zur Aktenführung in der Nervenklinik der Berliner *Charité*. Ausgehend von zwei 1896 in einem Aufsatz zusammenhängend publizierten Fallgeschichten stellt sie fest, daß die Aufzeichnungen in der Krankenakte des einen, bis dahin schon länger stationär versorgten Patienten ab dem Zeitpunkt der Aufnahme des anderen Patienten merklich „detaillierter und ausführlicher" ausfallen.[30] Könnte man hier noch einen Zufall vermuten, läßt der weitere Verlauf kaum mehr Zweifel zu: „Mit dem Zeitpunkt der Fertigstellung der Kasuistik bricht die Dokumentation in der Krankenakte plötzlich ab, über die weitere Behandlung in den folgenden sechs Monaten findet sich bis zum Tag der Entlassung keine einzige Eintragung."[31] Mit dem neuen Patienten ergab sich offenkundig eine Publikationsperspektive, die direkt die Dichte der Aufzeichnungen in der Akte des früher in die Klinik aufgenommenen Patienten steuerte.

Diese wenigen, leicht um weitere Aspekte zu ergänzenden Hinweise legen nahe, daß von der Anlage der Unternehmung bis zur Art und Menge des Forschungsmaterials, das man zu erhalten sucht (Daten, Beobachtungen, Textstellen, Quellen), immer schon *für die Publikation* geforscht wird. Von dieser Seite her betrachtet setzt die

Veröffentlichung dem Forschen Grenzbedingungen: Man kann daran denken, daß aus Rücksicht auf die Publizierbarkeit ein bestimmtes methodisches Setting gewählt wird, wie das heute etwa in der Verhaltensbiologie oder den Sozialwissenschaften mit der Ausrichtung auf statistische Signifikanz der Fall ist. Gleichzeitig gilt, daß die Arbeit an der Publikation dazu beiträgt, daß man zu neuen, bis dahin nicht vorgesehenen Forschungsaktivitäten angestoßen wird. Dies kann, wie bei Hans Krebs, mehr oder weniger planvoll geschehen, häufiger allerdings wird es so sein, daß man aus der Not geboren schnell noch einige Recherchen nachschiebt. Wie Larry Holmes resümiert: „Innerhalb der kreativen wissenschaftlichen Tätigkeit ist das Schreiben [„writing the paper" im Original] selbst ein Akt von entscheidender Bedeutung."[32]

Wie wird eine Version etabliert?

Der wichtigste Schritt bei einer Veröffentlichung besteht darin, die Untersuchungen durch die Version, die man ausarbeitet, in einen bestimmten Problemhorizont einzurücken. Genau hierdurch wird die Schließung des Forschungsunternehmens bewirkt. Erst jetzt wird endgültig entschieden, was man herausgefunden hat (respektive eventuell zur gleichen Zeit noch dabei ist herauszufinden). Wenn Karin Knorr Cetina diesen Vorgang „Neukontextierung" nennt, ist dies insofern etwas unglücklich gewählt, wie Forscherinnen und Forscher schlecht beraten wären, sich für ihre Untersuchungen einen völlig neuen, originären Kontext auszudenken. Tatsächlich meint „Neukontextierung" bei Knorr Cetina nämlich, daß die Produkte des Forschungsprozesses aus ihrem internen Verständniszusammenhang (das heißt aus der Logik der Arbeit im Labor) herausgelöst und in die aktuell diskutierten Forschungsprobleme (das heißt in die Verständniszusammenhänge des jeweils relevanten wissenschaftlichen Feldes) eingebettet werden.

Eine Version wird gewöhnlich in der Einleitung etabliert.[33] Neben meinem Rechner liegt ein Aufsatz aus dem Jahr 1986 mit dem ausgreifenden Titel *Writing Science – Fact and Fiction: The Analysis of the Process of Reality Construction Through the Application of Socio-Semiotic Methods to Scientific Texts*, verfaßt von der Semiologin Françoise Bastide und dem Wissenschaftsforscher Bruno Latour. Der erste Absatz lautet wie folgt:

„Over the last fifteen years our conception of the scientific article has greatly advanced with the application of methods borrowed from history, literary criticism, rhetoric, semiotics, and finally, the microsociology of science and technology. During the last few years, scientific discourse which was formerly thought to be inaccessible to laymen or written ‚without literary style', has become an almost routine subject for literary criticism. In this chapter we demonstrate some of the results of these studies experimentally."[34]

Als erstes fällt auf, daß der Aufsatz im Gewand einer Chronologie der Ereignisse einsetzt. Die Darstellung führt von der näheren Vergangenheit: „Over the last fifteen years …", über die erweiterte Gegenwart: „During the last few years …", direkt bis ins Heute: „In this chapter …". Gleichzeitig findet eine zunehmende Verengung des Horizonts statt: John Law spricht in diesem Zusammenhang von einem „funnel of interests".[35] Zunächst ist recht breit von „our conception of the scientific article" die Rede, dann wird festgehalten, daß der „scientific discourse" inzwischen „an almost routine subject for literary criticism" geworden ist, am Ende steht das besondere Anliegen des Aufsatzes: Die Ergebnisse dieser früheren Studien sollen „experimentally" vorgeführt werden. Im Resultat haben Latour und Bastide ihre Arbeit mit einem bestimmten, folgt man einer Fußnote, mit zahlreichen Literaturangaben ausgefüllten Forschungskontext verknüpft (Satz 1), der als vollständig gängig charakterisiert wird, also keine esoterische Angelegenheit bildet (Satz 2), und nun ergänzt werden soll (Satz 3).

Im Sinne Knorr Cetinas haben Latour und Bastide damit ihre Forschungen erfolgreich rekontextiert. Oder wie Björn Krey sagen würde: Am Ende des Absatzes haben sie es fertiggebracht, den Aufsatz „einzureihen in eine Genealogie und Tradition von anderen Texten, Autorennamen und theoretischen und methodologischen Ansätzen."[36] Allerdings passiert noch etwas Zweites: Die Verfasser verschaffen gleichzeitig ihrer Untersuchung ein eigenes Profil. Drehen wir dazu eine zweite Runde durch den einleitenden Absatz, diesmal allerdings mit Fokus auf die Zwischentöne. In Satz 1 wird neutral eine Anzahl von methodischen Ansätzen aufgelistet, mit deren Hilfe das Verständnis des wissenschaftlichen Aufsatzes erheblich erweitert worden ist. Ein etwas anderes Bild ergibt sich mit Satz 2: Nun wird ein Ansatz, „literary criticism", herausgegriffen und dessen Zugriff als eine Routineangelegenheit bezeichnet. Satz 3 scheint zunächst hieran anzuschließen: Die Verfasser, „we", versprechen einige der Ergebnisse dieser Studien zu demonstrieren. Nur ein Wort sticht hervor, das Wort „experimentally"; so, experimentell, sollen „some of the results of these studies" vorgeführt werden.

Denkt man diese Akzentuierung zu Ende, dann schließen die Verfasser ihre Untersuchungen keineswegs nahtlos den bisherigen Studien ein. Indem sie ihr Vorhaben als experimentell charakterisieren, wechseln sie gegenüber den vorher erwähnten literaturwissenschaftlichen Studien das methodische Register und bringen zugleich eine andere Epistemologie ins Spiel: systematische Variation statt eingehender Lektüre, Isolierung von Phänomenen statt zusammenhängender Betrachtung, Reproduzierbarkeit statt gedanklichem Nachvollzug. All dies bleibt aber unausgesprochen, man muß sich diese Agenda buchstäblich zusammenreimen. Deutlich wird sie erst, wenn man eine Variante zu dem einleitenden Absatz formuliert; und damit mache ich genau das, was Latour und Bastide unter einer experimentellen Demonstration verstehen und selber am Beispiel einer Einleitung vorführen.[37] Diese Variante könnte äußerst gerafft etwa so lauten: Das Verständnis des wissenschaftlichen Aufsatzes wurde durch eine Reihe von methodischen Ansätzen vertieft, inzwischen sind literaturwissenschaftliche Zugänge bestens eingespielt, wir folgen hier einem anderen Weg, der zwar nichts grundstürzend Neues erbracht hat (deshalb Demonstration), doch können wir für unsere Ergebnisse beanspruchen, daß sie experimentell gegründet sind und damit eine andere Geltungskraft besitzen.

Dies ist in etwa die Version, in die Latour und Bastide ihre Untersuchungen verpackt haben. Ich weiß nicht, ob sie diese Version von vornherein im Sinn hatten, oder ob sie sich erst beim Schreiben des Aufsatzes ergeben hat. Nach der Lektüre der Einleitung weiß ich einzig, welche Bedeutung sie ihren Untersuchungen beimessen, welchem Forschungsfeld ihre Studien dort zugerechnet werden und in welcher Beziehung ihre Studien zu anderen Studien in diesem Forschungsfeld stehen sollen; und selbst all dies weiß ich, wie gesagt, nur *in etwa*. Denn am Interessantesten an dieser Einleitung ist, daß in ihr vollständig vermieden wird, ein Argument zu führen. Die drei Sätze nehmen nicht direkt aufeinander Bezug (nur die Chronologie, an der sie stricken, hält sie zusammen), sprachliche Indikatoren einer Begründung (weil, deshalb, darum usw.) fehlen ebenso wie Wertungen; höchstens könnte man den Hinweis auf das Routineartige literaturwissenschaftlicher Ansätze so verstehen.

Karin Knorr Cetina hat an ihrem Beispiel ähnliche Beobachtungen gemacht.[38] Im Vergleich zwischen erstem und letztem Entwurf der Publikation sticht hervor, daß sprachliche Wendungen, welche die eigenen Resultate mit denen anderer Forschungen kontrastieren, Begründungen liefern und offen Präferenzen andeuten, zunehmend aus dem Manuskript eliminiert werden. Stattdessen werden korrespondierende Befunde aus der Literatur hintereinander weg aufgeführt und ausschließlich Übereinstimmungen und Unterschiede erwähnt, aber nicht bewertet. Gleichwohl lassen die Verfasser auch in der letzten Version des Aufsatzes keineswegs davon ab, daß ihr Vorgehen (in dem Artikel geht es um ein biochemisches Verfahren) bessere Resultate liefert als ältere. Erkennbar wird dies aber nur, wenn die Leserschaft bei der Lektüre der betreffenden Passage den in der Einleitung aufgestellten Kriterienkatalog im Hinterkopf behalten hat. Ausgesprochen wird die Präferenz nicht.

„Die Endfassung *argumentiert* somit weiterhin für ein Abgehen von der traditionellen Verfahrensweise zugunsten der vorgeschlagenen Alternative, aber sie *gibt* nicht länger *zu*, den Vorschlag gemacht zu haben."[39]

Daß in der Endfassung (der publizierten Version) immer noch „argumentiert" wird, scheint allerdings übertrieben, so lange man davon ausgeht, daß es ein Argument auszeichnet, als solches sofort erkennbar zu sein. Eben dies ist aber nicht mehr der Fall: „Wesentliche Teile des wissenschaftlichen Papiers scheinen *gegen* jemanden geschrieben, ohne daß dies aus dem Text klar hervorginge."[40] Genau dasselbe gilt für die Einleitung von Latour und Bastides Aufsatz. Ohne daß man im Text einen klaren Hinweis erhalten hat, ergibt sich der Eindruck, daß sich die Verfasser in Satz 3 sowohl dem vorher skizzierten Forschungsfeld anschließen (sich einreihen), als auch sich von diesem Forschungsfeld absetzen (Position beziehen). Knorr Cetina spricht mit Blick auf solche Vorgehensweisen von einem „Guerilla-Krieg". Statt den eigenen Standpunkt zu markieren und andere Positionen damit unter Druck zu setzen, wird die Auseinandersetzung „unter der Oberfläche versteckt."[41] Diese Entargumentarisierung auf der Ebene des Wortlautes läßt sich als kunstvolle Kunstlosigkeit oder planvolle „Denarrativierung" der wissenschaftlichen Publikation beschreiben.[42]

In Falle von Knorr Cetinas Beispiel begann die Ausarbeitung damit, daß Abbildungen und Tabellen zusammengestellt und diese ansatzweise versprachlicht wurden.[43] Hieraus wurde später ein Kern des Abschnitts Ergebnisse & Diskussion. Danach wurde der Methodenteil angegangen und zuletzt die Einleitung sowie der Abschluß des Diskussionsteils. Diese Hierarchie, die den Empfehlungen heutiger Schreibratgeber für naturwissenschaftliche Aufsätze aufs Haar entspricht,[44] zwingt im Formulieren jedes Abschnitts zu einer fortlaufenden Reaktion auf den bereits vorhandenen Textbestand. Formulieren fällt daher über die vielen Versionen des Aufsatzes im Kern mit Anpassen zusammen. Dies betrifft die Kohärenz des Mitgeteilten und es betrifft insbesondere dessen zunehmende Entargumentarisierung. Zwei sprachliche respektive kompositorische Kniffe spielen hierbei speziell eine Rolle. Erstens wird die Modalität von Aussagen verändert, und zwar teils grammatisch, indem aus faktualen Aussagen (ist) Möglichkeitsaussagen (kann, soll) gemacht werden, und teils dadurch, daß kleine Relativierungen eingefügt werden.[45] Zu denken ist hier zum Beispiel an die Wörter „almost" (has become an *almost* routine subject) und „some" (*some* of the results of these studies), mit denen Latour und Bastide den Anspruch der jeweiligen Aussagen herunterschrauben. Zweitens und noch effektiver findet die Entargumentarisierung des Textes dadurch statt, daß Aussagen wegfallen.[46] Dies kann durch direkte Streichung im Manuskript geschehen oder „immateriell", indem ein Wort, ein Satz oder eine ganze Textpassage von der einen zur nächsten Fassung nicht mehr übernommen werden.[47] Von den vielfältigen Streichvorgängen in literarischen Texten unterscheiden sich diese Operationen dadurch, daß das Gestrichene von den Verfassern nicht notwendig verneint wird.[48] Die Stelle, um die es geht, wird nicht überarbeitet, sondern kassiert. Dies betrifft teils Aussagen, die den Akteuren mit Blick auf ihre Belege überzogen erscheinen, teils Aussagen, die auf Beweggründe und Einschätzungen hindeuten.

Modalisierungen und Streichungen mindern auf den ersten Blick die mit der Publikation verknüpften Ansprüche: Aussagen werden zurückgenommen und Standpunkte verschleiert. Gleichzeitig wird mit dieser Bereinigung die Version aber gestärkt. Reibungspunkte fallen weg oder werden abgeschliffen, Hintergrundannahmen und Schlußfolgerungen, die bei der Abfassung des Textes leitend am Werk sind, werden tendenziell unter der Decke gehalten und die Veröffentlichung insgesamt geglättet. Im Idealfall entsteht auf diese Weise ein Text, der dem Leser nichts *aktiv* zu verstehen gibt. Die Version versteht sich für ihn vielmehr *von selbst*. Dieser Punkt wird im nächsten Abschnitt, wenn es um die Veröffentlichung als rhetorisches Instrument geht, wieder aufzunehmen sein. Denn in der Ausarbeitung geht es offenkundig darum, Stichwort „Guerilla-Taktik", mögliche Einreden eines Gegenübers zu antizipieren. Mit einem Begriff von Latour und Bastide: Man betreibt „foreclosing".[49] Nicht nur wird an einzelnen Stellen ein denkbarer Einwand vorweggenommen (die Modalisierungen „almost" und „some" in Latour und Bastides Aufsatz können als simple Beispiele für ein solches erkennbares „foreclosing" gelten), sondern die Abfassung der Veröffentlichung ist insgesamt hiervon beherrscht.

Daß Aussagen im Zuge der Arbeit am Manuskript modalisiert oder ganz gestrichen werden, hat noch einen zweiten Grund. Nicht nur wird die Version so gestärkt, sondern hier kommen auch soziale Aspekte ins Spiel. Immer dann, wenn eine Veröffentlichung von mehreren Verfassern ausgearbeitet wird, treffen Akteure mit divergierenden Intentionen und Verpflichtungen zusammen. Karin Knorr Cetina zeigt in ihrer Studie, wie in den letzten Versionen des Aufsatzes ein Konflikt zwischen dem eigentlichen Verfasser, der die Arbeit im Labor gemacht hat, und dem Leiter der Forschungseinheit ausgetragen wird; mit dem Ergebnis, daß Ansprüche zurückgeschraubt werden.[50] Solche Autoritätsfragen könnten zu der Annahme verleiten, daß es unter anderen organisatorischen Strukturen weit seltener dazu kommt, daß eine Veröffentlichung bereinigt wird. Dies ist jedoch nicht der Fall. In den Geistes- und Sozialwissenschaften sind Publikationen mit einem, höchstens zwei Verfassern immer noch die Regel. Zudem besitzen Forscherinnen und Forscher in diesen Feldern üblicherweise die vollständige Kontrolle über ihre Publikationstätigkeit. Dennoch stößt man auf ähnliche Taktiken wie im naturwissenschaftlichen Kontext. An Latour und Bastides Artikel wurde bereits gezeigt, daß den Verfassern „foreclosing" und Entargumentarisierung nicht fremd sind. Ich selbst benutze ebenfalls laufend Modalisierungen; gerade eben zum Beispiel die Wendung „üblicherweise". Sicher nicht nur bei mir kommt es außerdem ständig vor, daß Aussagen im Zuge der Redaktion eines Textentwurfs kassiert werden, weil sie nach den Standards des Fachs zu schwach unterlegt sind respektive den Verfasser zu stark exponieren. In ihrer Studie zur Schreibpraxis in den Sozialwissenschaften sprechen Kornelia Engert und Björn Krey etwas neutraler davon, daß die von ihnen beobachteten Forscherinnen und Forscher beim „Überarbeiten von Texten auf deren argumentative Schließung und Zuspitzung" abzielen.[51] Wie man der Reproduktion eines Entwurfs ihrer eigenen Publikation entnehmen kann, heißt dies aber letztlich, Passagen zu streichen und Argumente herabzustimmen.

Ebenfalls an Engerts und Kreys Aufsatz, pars pro toto genommen für jede andere beliebige Publikation aus den Geistes- und Sozialwissenschaften, läßt sich bemerken, daß konkurrierende Ansätze und Positionen wesentlich offener angesprochen und mit den eigenen Zugängen konfrontiert werden, als dies in Knorr Cetinas Beispiel aus den Naturwissenschaften der Fall ist. Dies geschieht in einem eigenen Abschnitt von etwas mehr als zwei Druckseiten, der zwar nicht diesen Titel trägt, aber als Forschungsstand bezeichnet werden kann.[52] Dort finden sich Wendungen wie „gerät dabei jedoch aus dem Blick“ oder „empirisch unterbelichtet“, die den Fokus auf die Begrenztheit der bisherigen Ansätze legen und die eigene Arbeit als substanzielle Erweiterung des Forschungsstands präsentieren. Auch in dem Buch, das Sie in den Händen halten, finden sich in der Einleitung solche Passagen. Verallgemeinernd kann man sagen, daß in geistes- und sozialwissenschaftlichen Publikationen die kritische Rede fast schon einen Pflichtbestandteil jeder Publikation bildet, diese Rede jedoch zugleich regionalisiert wird. Sie ist nicht bis zur Unsichtbarkeit abgeschliffen, wie im naturwissenschaftlichen Aufsatz, wird aber gleichzeitig auf einen bestimmten Platz in der Publikation eingegrenzt.

Die Veröffentlichung als Waffe

Im September 1963 hält der Biologe Peter Medawar für die *BBC* einen Radiovortrag mit dem Titel *Is the scientific paper a fraud?*. Die Antwort fällt eindeutig aus: „The scientific paper in its orthodox form does embody a totally mistaken conception, even a travesty, of the nature of scientific thought.“[53] Medawar meint damit, daß ein Aufsatz, der nach dem IMRD-Schema verfaßt ist, keine Vorstellung davon vermittelt, wie Forscher tatsächlich zu ihren Ergebnissen kommen. Für uns ist Medawars harsches Urteil besonders interessant, weil es in den 1980er Jahren auf ironische Weise dazu beitrug, die Leistung des wissenschaftlichen Aufsatzes in ein neues, glänzendes Licht zu rücken. Gegen Medawars Argumentation gibt Karin Knorr Cetina zu bedenken, daß mit einem *paper* gar nicht beabsichtigt ist, „die Natur wissenschaftlichen Denkens zu porträtieren, und auch nicht, die Laborarbeit zu beschreiben."[54] Positiv gewendet bemerkt Larry Holmes, ebenfalls unter Bezug auf Medawars Diktum:

> „Von einem Forscher wird erwartet, daß er die besten Argumente und Ergebnisse präsentiert, die er zur Unterstützung seines Vorhabens anführen kann, und zwar unabhängig davon, ob diese ursprünglich bereits die Mittel waren, mit denen er zum Ziel kam. In dieser Hinsicht dient ein wissenschaftlicher Artikel nicht dazu, den *Gang* einer Untersuchung zu beschreiben, sondern bloß dazu, deren *Ergebnisse* zu präsentieren."[55]

Von diesem Standpunkt aus betrachtet gewinnt der wissenschaftliche Aufsatz eine grundsätzlich andere Gegebenheit. Statt ihn als Dokument in Betracht zu ziehen, an dem seine Treue zu einem vergangenen Geschehen interessiert, wird das *paper* als Mittel verstanden, mit dem Wissenschaftlerinnen und Wissenschaftler für ihre Forschungsergebnisse werben. Wer sich der wissenschaftlichen Literatur zuwendet, so Bruno Latour, bekommt es mit „the most important and the least studied of all rhetorical vehicles" zu tun.[56] Was wie ein harmloses Stück Papier ausschaut, enthüllt sich unter dieser Perspektive als gut getarntes Rüstzeug, mit dem man die Kolleginnen und Kollegen für die eigene Arbeit einzunehmen sucht. John Law leitet seine Überlegungen zur Aufgabe wissenschaftlicher Publikationen mit der Feststellung ein:

> „The text is the secret weapon of science. It is sent out from the laboratory and, if it does not strike terror into the hearts of those who read it, at least they are often obliged to take it seriously."[57]

Etwas weniger martialisch ausgedrückt begegnet die wissenschaftliche Publikation als verlängerter Arm der Forscher. Wissenschaftliche Kommunikation darf nicht mit dem rational geleiteten Austausch von Argumenten verwechselt werden, beziehungsweise rational zu agieren meint in diesem Kontext, sich planvoll Vorteile zu verschaffen, opportunistisch zu handeln, die Situation zu seinen Gunsten zu wenden, Verbündete zu gewinnen und Konkurrenten schachmatt zu setzen.

Wenn das Publizieren davon beherrscht ist, daß man stets *in Rücksicht auf jemanden* schreibt, seine Adressaten einkalkuliert und strategisch vorgeht, dann konkretisiert sich diese Situation jetzt dahingehend, daß es beim Publizieren wesentlich darum geht, die Rezeption seiner Forschungen zu steuern. Dies geschieht auf mehreren Ebenen und mit verschiedensten Mitteln: Für Monographien bilden zunächst Verlagswahl, Buchgestaltung, Werbung, Versand von Widmungs- und Rezensionsexemplaren, Ansprache potentieller Rezensenten und Platzierung von Besprechungen in ausgewählten Zeitschriften wichtige Lenkungsmöglichkeiten, für Aufsätze analog die Wahl der Zeitschrift, Formulierung des Abstract, Auswahl der *keywords* und die Zirkulation von Sonderdrucken respektive heute eines PDF.[58] Hat die Publikation einmal den Weg zur Leserschaft gefunden, spielt sich der Versuch der Rezeptionssteuerung aber wesentlich auf der Ebene der Sprachgebung ab. Beim Verfasser übersetzt sich der Imperativ: Diese Sache muß jetzt in den Druck, in den Wunsch zu bestimmen, wie das, was mitgeteilt wird, zu verstehen ist. Man will in die Hand bekommen, welchen Platz die eigene Forschung im adressierten Kontext einnimmt. Mit dieser Formulierung ist zugleich klargestellt, daß es sich um eine delikate Situation handelt. Denn wer etwas in die Hand bekommen will, gesteht implizit zu, daß er im gleichen Zug etwas aus der Hand geben muß: „The fate of a claim is in the hands of the reader".[59] Wer publiziert, überliefert seine Überlegungen einem ungewissen Schicksal. Aus dem Widerstreit des einen mit dem anderen – seiner Sache einen Platz zu sichern und seine Sache damit preiszugeben – resultiert ein eigentümliches Paradox der Schreibszene. Man teilt etwas mit, indem man das Mitgeteilte möglichst fest verpackt.

Eine Lösung dieser Aufgabe wurde bereits angesprochen. Wer eine glatte Version produziert, einige Aussagen modalisiert, andere Aussagen lieber doch wegläßt und seine Ansprüche unter die Schwelle der direkten Formulierung drückt, verringert die Angriffsfläche seiner Publikation. Man bekommt den Text nicht recht zu fassen, sieht sich entweder mit Einschränkungen konfrontiert, die Widerreden von vornherein die Spitze abbrechen, oder muß selbst herauspräparieren, was die Verfasser vermeintlich sagen, um sogleich zu hören, daß man dies *so* nie behauptet habe: Wo steht das geschrieben? Eben dieses Problem hatte ich bei meiner Auseinandersetzung mit dem Aufsatz von Latour und Bastide. Ich konnte mir nur zusammenreimen, was die zwei in der Einleitung *in etwa* für ihre Untersuchung in Anspruch nehmen, weil der Absatz so formuliert ist, daß in ihm direkt kein Argument geführt wird. Diese Lösung hat allerdings den Nachteil, daß mit ihr die getroffenen Aussagen unter Umständen bis zur Unkenntlichkeit verdünnt werden, während die Rezeption letztlich nicht entscheidend beeinflußt wird. Im Gegenteil: Dem Herauslesen wird Tür und Tor geöffnet.

Mit einer glatten Version verhält man sich gegenüber seinen Adressaten eher passiv. Man versucht, den Zugriff auf den Text einzuschränken, entschlägt sich aber der Möglichkeit, die Lesart aktiv zu steuern. Etwas weniger passiv, wenn auch noch immer darauf ausgerichtet, Angriffspunkte zu beseitigen, ist ein Kniff, der ebenfalls schon erwähnt wurde. Als „foreclosing“ bezeichnen Latour und Bastide solche Äußerungen in einem Text, die anzeigen, daß man sich eines bestimmten Einwandes bewußt ist, ohne daß dieser Einwand direkt formuliert wird:

„This sort of self-critique most certainly contributes to the authors' honourable position. The reader will trust the results because the author anticipated not only his objections but also answered in advance questions of which the reader would not have dreamed.“[60]

Man kann hier zum Beispiel an die Klauseln denken, mit denen in einem Aufsatz oder Buch bestimmte Aspekte eines Problems benannt und sogleich von der weiteren Behandlung ausgeschlossen werden, mit dem Subtext: Ich weiß, diese Aspekte spielen auch eine Rolle, X, Y, Z haben dazu publiziert, keine Sorge, ich kenne mich aus, aber jetzt reden wir über etwas Anderes, weshalb ich darauf im Weiteren nicht eingehen werde.

Besonders effektiv lassen sich glättende Verfahrensweisen einsetzen, wenn man seine Version testet. Gelegenheiten dafür bieten Vorträge und Präsentationen auf Konferenzen, interne Kolloquien und vor allem der Begutachtungsprozeß, den fast alle Aufsätze in Zeitschriften, aber auch viele Buchpublikationen durchlaufen. Greg Myers, der diesen Prozeß für zwei naturwissenschaftliche Aufsätze verfolgt hat, führt vor, wie in der Auseinandersetzung mit den Einwänden und Hinweisen der Referees

Zuschnitt und Ansprüche der geplanten Veröffentlichung verändert werden, wie die Verfasser Argumente auswechseln, wenn das Manuskript bei einer anderen Zeitschrift neu eingereicht wird, und wie darüber aus einem Aufsatz schließlich fünf Publikationen werden.[61] Myers spricht in diesem Zusammenhang von der „consensus-building function" des Schreib- und Überarbeitungsprozesses,[62] aber das ist vielleicht etwas zu optimistisch ausgedrückt. Die Sache gleicht eher einem Abnutzungsprozeß, in dessen Verlauf die Verfasser lernen, welcher Version ihrer Forschungen an welchem Ort es gelingt, keine erheblichen Widerstände mehr auszulösen.

Neben eher abschottenden Mitteln verfügen Verfasser von wissenschaftlichen Publikationen aber auch über Mittel, das Schicksal ihres Textes aktiv zu lenken. Erwähnt wurde bereits die Möglichkeit sich einzureihen. In der Einleitung zu ihrem Artikel gehen Latour und Bastide in dieser Hinsicht recht vorsichtig vor. Statt direkt Namen zu nennen, umreißen sie vage ein Forschungsfeld, sprechen abstrakt von verschiedenen Ansätzen und lassen dann ein Anmerkungszeichen folgen. Wer sich dafür interessiert, an welche Arbeiten genau sie denken, muß ans Ende des Aufsatzes weiterblättern, wo auf einer halben Seite über 30 Titel angeführt werden.[63] Dies geschieht in der Art eines Literaturberichts, wobei wie im Haupttext jegliche offene Bewertung unterbleibt. Dafür geschieht dort etwas Anderes: Indem Latour und Bastide die Publikationen nach Problemlagen geordnet in Gruppen zusammenstellen, legen sie die einzelnen Beiträge auf eine bestimmte Bedeutung fest. Über literaturwissenschaftlich gegründete Studien heißt es zum Beispiel: „Several specialists coming from literary studies have found the scientific text interesting as a genre (Bazerman, 1981, 1984; Yearley, 1981)."[64] Im Ergebnis wird mit solchen Feststellungen die Kompetenz von „Bazerman" und „Yearley" eingeschränkt und die Geltungskraft ihrer Publikationen regionalisiert. Wer sich für „genre" interessiert, möge bei ihnen nachschauen. Wer hingegen andere Fragen verfolgt, braucht sich um sie nicht zu kümmern.

Es kommt nicht darauf an, ob „Bazerman" und „Yearley" mit dieser Einordnung eventuell ganz zufrieden sind oder sich umgekehrt über ein banales Etikett ärgern. Wofür sie stehen, liegt im Ermessen von Bastide und Latour. Sie bestimmen, welche Genealogien sich ergeben (wer gehört dazu, wer nicht), wie das Forschungsfeld strukturiert ist (wo haben bislang die Aufmerksamkeiten gelegen) und worin der Beitrag der angeführten Literatur besteht (was haben die genannten Forscher untersucht, wo endet ihre Zuständigkeit). Mit anderen Worten reiht man sich ein, indem man die Referenzen passend für die Version aufreiht, die man von seinen eigenen Forschungen etablieren will. Die Regel, nach der auch Latour selbst in seinem Aufsatz mit Françoise Bastide vorgegangen ist, gibt er in *Science in Action* wie folgt an: „[Do] whatever you need to the former literature to render it as helpful as possible for the claims you are going to make."[65]

Die Verfügungsgewalt, die aus dieser Art von Literaturarbeit spricht, wird noch offenkundiger, wenn direkt zitiert wird. Was ich eben mit einer Stelle von Latours Schrift getan habe, ist mit der Formulierung Björn Kreys zum Zwecke „des Fabrizierens von Zeugen für die eigene Version" geschehen.[66] Ob Latour mein Vorgehen billigt, insbesondere in Anbetracht des Umstands, daß ich gleichzeitig die zitierte Aussage auf seine Publikationspraxis zurückgewendet habe, spielt keine Rolle. Im Zitat setzen die Verfasser von Publikationen andere Texte für sich ein. Sie schneiden die Stelle aus dem zitierten Text aus und verwenden sie für ihre Version. Das ist mit „Fabrizieren" gemeint: Nicht eine Aussage zu entstellen, sondern eine Aussage in Stellung zu bringen. Wer beklagt, seine Äußerungen würden nicht sinngemäß zitiert, hat nicht verstanden, daß dies streng genommen gar nicht anders der Fall sein kann. Was immer aus einem Text in einen anderen wandert, wird in seiner Aussage notwendig durch den neuen Zusammenhang überformt:

> „Das in den Kontext der Rede eingebettete fremde Wort tritt mit der es einrahmenden Rede nicht in einen mechanischen Kontakt, sondern geht mit ihr eine chemische Verbindung (in der Schicht von Sinn und Expression) ein; der Grad der wechselseitigen dialogisierenden Einwirkung ist mitunter enorm."[67]

Wer will, möge überprüfen, wie weit die Überlegungen des Literaturwissenschaftlers Michail Bachtin von dem Kontext, in die ich sie gesetzt habe, verändert wurden.

Referenzen und Zitate stärken eine Version noch auf eine zweite Weise. Nicht nur kann man sich mit ihrer Hilfe eine schöne Genealogie mit den richtigen Namen basteln, Verbündete anführen und die Ansprüche von Konkurrenten einengen. Referenzen und Zitate sorgen ebenso sehr dafür, daß eine Aussage den Charakter einer Tatsache gewinnt. Sie untermauern das „Sosein eines Claims oder eines Objekts" durch eine „extratextuale Instanz".[68] Mit diesem Zitat habe ich vollzogen, wovon in dem Zitat die Rede ist: Ich ziehe eine Äußerung in einem anderen Text, hier einen Satz Björn Kreys, heran, um meine davor platzierte Äußerung durch eine zweite Stimme zu stärken: Krey bestätigt Ihnen, was ich bereits angedeutet habe. Alle

Wissenschaftlerinnen und Wissenschaftler gehen so vor, besonders interessant ist aber der Fall der Geschichtswissenschaft. Mit dem Zitat etwa aus einem Aktenstück wird das vorgebrachte Argument an ein unverrückbares Stück Wirklichkeit zurückgebunden. Man läßt die Quellen sprechen, ganz genauso wie in einem naturwissenschaftlichen Aufsatz die untersuchten Dinge (und nicht die Forscher) das Wort führen. Das Quellenzitat bekräftigt nicht nur eine Behauptung. Mit ihm wird mehr noch gezeigt, daß es sich bei der Behauptung um keine Erfindung handelt. Das Zitat geht in diesem Falle mit einer indexikalischen Geste einher: Schau, da gibt es ein Dokument, vor meiner Zeit entstanden, Überrest eines wirklichen Geschehens, es sagt Dir, daß es so war (wie ich behaupte).

Alle Versuche, die Rezeption einer Publikation zu steuern, setzen voraus, daß sie gelesen wird. Etwas zu veröffentlichen und dessen andauernde Präsenz im Gedächtnis der Forscher sind jedoch verschiedene Dinge. Präsenz gewinnen Publikationen erst dadurch, daß sie berücksichtigt werden. Auf der Ebene der Literatur eines Forschungsfeldes heißt dies, daß sie wiederum selber als Referenz dienen respektive zitiert werden: „However, most papers are never read at all."[69] John Law führt in diesem Zusammenhang den Begriff des „interessement" ein, unter dem er alle Handlungen versteht, die dazu beitragen, eine Publikation so zu positionieren, daß man an ihr *nicht vorbeikommt.*[70] Dieser Vorgang beginnt mit der Auswahl des Forschungsgegenstands und des Publikationsortes. Er setzt sich fort mit dem Titel, der mit einem gerade gängigen Schlagwort, einem Wortspiel, rätselhaft oder ausgreifend deskriptiv auf Aufmerksamkeit angelegt ist. Ein wichtiges Mittel des „interessement" bildet die Verschlagwortung, auf die

Suchmaschinen und Alertfunktionen ansprechen, und der Vorgang endet keineswegs schon damit, daß man sich mit seiner Version in eine attraktive Genealogie einreiht.

Auf diese Weise kann man einiges dafür tun, daß die eigene Publikation vielleicht doch nicht in der Menge untergeht. Ob und wofür man im Erfolgsfall zur Referenz wird oder ein Zitat liefert, läßt sich allerdings nicht vorhersagen. Denn nun wiederholt sich, was man vorher selbst getan hat: „Since each article adapts the former literature to suit its needs, all deformations are fair."[71] Verfasserinnen und Verfasser haben deshalb wenig Einfluß darauf, ob sie so zitiert werden, wie sie es wünschen und für richtig halten. Sie können aber die Wahrscheinlichkeit erhöhen, daß jemand Gefallen daran findet, sie zu zitieren. Es gibt Sätze oder ganze Passagen, die darauf angelegt sind, zitiert zu werden. Ihren Ort haben sie in der Einleitung oder in der Zusammenfassung und generell dort, wo Überlegungen pointiert in ein paar Worten zusammengezogen werden. Latour ist ein Meister in dieser Disziplin. Dankbar habe ich seine Angebote angenommen.

Besteht die Herausforderung wissenschaftlichen Publizierens darin, die Rezeption der mitgeteilten Ergebnisse und Schlußfolgerungen zu steuern, dann ist dieses Ziel anscheinend in dem Moment vollständig erreicht, wenn ein Aufsatz oder ein Buch für einen bestimmten Aspekt (es muß aber nicht der sein, den die Verfasser im Sinn hatten) zur Standardreferenz für viele nachfolgende Veröffentlichungen wird. „This rare event is what people usually have in mind when they talk of a ‚fact'."[72] Um es einmal noch kürzer zu sagen als Latour selbst: Eine Tatsache wäre, was oft genug zitiert würde. Es stellt sich aber die Frage, ob damit nicht die Geltung, die einer Publikation in den Augen der *scientific community* zukommt, systematisch überschätzt wird. In dem agonalen Szenario wissenschaftlicher Kommunikation, das Latour und Law entwerfen, ist vorausgesetzt, daß die Leserschaft stets mitspielt; daß sie also eine Publikation auf ihre Überzeugungskraft hin liest, daß sie sich in einer Auseinandersetzung wähnt, daß sie Abwehrlinien aufbaut oder im Geiste Allianzen schmiedet, daß sie zum eigenen Vorteil Argumente umkehrt oder aus ihrem Zusammenhang herausreißt usw.

Leserinnen und Leser sind in diesem agonalen Szenario wahlweise als hartnäckige Konkurrenten oder als willige Verbündete konzipiert. In manchen Fällen mag dies zutreffen, aber zunächst einmal charakterisiert diese Leserschaft, daß sie mit den einschlägigen Tricks und Kniffen bestens vertraut ist. Nigel Gilbert und Michael Mulkay schließen aus Interviews, die sie mit Forschern aus dem Bereich der Biochemie geführt haben, daß Wissenschaftlerinnen und Wissenschaftler beständig zwischen den Zeilen lesen: „In other words, they translate the formal text into their more extended informal vocabulary."[73] Das heißt noch nicht, daß sie das agonale Szenario ignorieren, sie sind sich aber seiner bewußt und gehen damit aktiv um. Latour und Bastide haben diesen Punkt zwar offen angesprochen, wenn sie darauf hinweisen, daß das Schicksal einer jeden Publikation in den Händen der Leserschaft liegt. Sie bleiben aber dabei, daß es bei der Lektüre darum geht, ob sich eine genügend große Zahl von Forscherinnen und Forschern von den Ergebnissen und Schlußfolgerungen überzeugt zeigt: „The final degree of conviction is thus a mass effect."[74] Was aber, wenn Forscherinnen und Forscher beim Lesen unbekümmert um den rhetorischen Aufwand ganz anderen Rationalitäten folgen? Genau dies deutet Knorr Cetina an, wenn sie am Ende ihrer über 60 Seiten geführten Analyse des *paper*-Schreibens einräumt:

„Die Frage, wer sich von den Objektivierungsstrategien des wissenschaftlichen Texts beeindrucken läßt, kann letztlich nicht ignoriert werden. Laborbeobachtungen legen jedenfalls nahe, daß die im wissenschaftlichen Papier erhobenen Ansprüche von den Lesern im Labor entweder ignoriert oder aber umkontextiert und rekonstruiert (und dabei oft de-konstruiert) werden.“[75]

In den Wissenschaften lassen sich mindestens drei Lektüremodi unterscheiden. Einer zielt auf die Rekonstruktion des Arguments ab, wobei dies mehr oder weniger stark in Form einer Distanzierung geschehen kann (den Extremfall markiert Heideggers Überschreibung seines Handexemplars von Ernst Jüngers *Der Arbeiter*). Ein zweiter Lektüremodus zielt darauf ab, sich einzelne Elemente der Publikation für die eigene Arbeit zu Nutze zu machen. Etwa wenn man sich aufwendige Recherchen dadurch erspart, daß man aus den Literatur- und Quellenverzeichnissen einiger Bücher zusammenschreibt, was anscheinend üblicherweise zu einem bestimmten Thema zu berücksichtigen ist. Ein dritter Lektüremodus charakterisiert schließlich speziell die Literaturarbeit für eine Publikation. Lesen erfolgt in diesem Fall mit Blick auf die Adressaten: „Die Auseinandersetzung mit dem Text wird so mehr und mehr auf eine Bezugnahme auf das Gelesene vor und für Rezipienten, d. h. für kommunikative Dritte adjustiert.“[76] Weniger vornehm ausgedrückt: Beim Lesen für eine Publikation wird das Gelesene vor allem als potentielle Referenz behandelt, jeder Satz nach seiner möglichen Wirkung auf die eigene Leserschaft als Zitat erwogen. Dabei spielen strategische Motive sicher eine zentrale Rolle. Man sortiert und wählt danach aus, was ins Argument paßt oder ihm paßgenau, nämlich leicht zu widerlegen, widerspricht. Manchmal werden ästhetische Kriterien wichtig: Eine schöne Stelle wird übernommen. Und manchmal, nicht zu selten, leitet reine Bequemlichkeit den Umgang mit der Literatur: Wenn X, Y und Z den Aufsatz zitiert haben, dann ist es sicher kein Fehler, wenn ich ihn ebenfalls anführe (auch so entstehen in der Literatur Fakten). Fast nie aber läuft diese verwertende Lektüre auf eine vollständige Ablehnung oder Zustimmung hinaus.

Im agonalen Szenario wird das wissenschaftliche Publikationswesen als Arena konkurrierender Ansprüche begriffen. Aber selbst wenn sich eine Veröffentlichung perfekt wappnet, fallen die Überzeugungseffekte eher bescheiden aus. Man kann deshalb bezweifeln, ob es beim Publizieren ausschließlich darum geht, Geltungsansprüche effektiv zu formulieren und so weit als möglich durchzusetzen. Plausibel erscheint das nur, so lange man das Publizieren von der Seite der Verfasserinnen und Verfasser her betrachtet. Sobald man aber die Seiten wechselt und sich der Leserschaft zuwendet, wird deutlich, daß das agonale Szenario bloß eines und ein eher seltenes Szenario darstellt. Wissenschaftlerinnen und Wissenschaftler verhalten sich zu ihren Lektüren meistens opportunistisch. Sie lesen, was sie interessiert, fleddern die Texte, wie es ihnen paßt und haben dabei auch sehr profane Dinge im Kopf. U ist ein arroganter Schnösel, den zitiere ich nicht, V lebt nur von den Beiträgen seiner Doktorandinnen, dann doch lieber gleich dort nachschauen, W kommt sowieso nie auf den Punkt, die Mühe kann ich mir sparen. Denkt man sich die Lektüre wissenschaftlicher Publikationen aber tatsächlich primär als einen Kampf um Aufmerksamkeit und Anerkennung, wäre es kontraproduktiv, das vorgebrachte Argument unangreifbar aufzurüsten. Aufsätze und Bücher, die sich gar nicht zerpflücken lassen, arbeiten gegen die Interessen ihrer Verfasser. Eine zu glatte Version bietet wenig Anreize, sich weiter mit ihr zu beschäftigen. Die Schreibszene Publizieren wird dadurch nicht einfacher: Die Adressaten im Kopf, damit beschäftigt, seine Untersuchungen auf eine attraktive Version zu bringen, muß man die präsentierten Ergebnisse und Schlußfolgerungen derart kompakt bündeln, daß sie in den Händen der Leserschaft nicht sofort auseinanderfallen, und gleichzeitig hinreichend lose fügen, um ihre weitere Verwendung zu erleichtern.

[1] [Ernst Mach, Über die Abbildung der von Projectilen mitgeführten Luftmasse durch Momentphotographie], in: *Anzeiger der Kaiserlichen Akademie der Wissenschaften* [Wien], *Mathematisch-Naturwissenschaftliche Classe* 23 (1886), 136.

[2] Vgl. Ernst Mach, Peter Salcher, Photographische Fixirung der durch Projectile in der Luft eingeleiteten Vorgänge, in: *Sitzungsberichte der Kaiserlichen Akademie der Wissenschaften* [Wien], *Mathematisch-Naturwissenschaftliche Classe* 95, II. Abtheilung (1887), 764–780, 765, Fn. 1.

[3] Vgl. John Law, The Heterogeneity of Texts, in: Michel Callon, John Law, Arie Rip (Hg.), *Mapping the Dynamics of Science and Technology. Sociology of Science in the Real World*, Houndmills/ Basingstoke, London 1986, 67–83, 69.

[4] Michael Lynch, *Art and Artifact in Laboratory Science. A Study of Shop Work and Shop Talk in a Research Laboratory*, London 1985, 153.

[5] Charles Darwin, *Mein Leben 1809–1882* (1958), hgg. von Nora Barlow, übers. von Christa Krüger, Frankfurt a. M. 2008, 148.

[6] Vgl. Viktor Šklovskij, Die Kunst als Verfahren (1916), in: Jurij Striedter (Hg.), *Texte der russischen Formalisten, Bd. 1: Texte*

zur allgemeinen Literaturtheorie und zur Theorie der Prosa, München 1969, 2–35.

[7] Hans-Jörg Rheinberger, Mischformen des Wissens, in: Norbert Haas, Rainer Nägele, Hans-Jörg Rheinberger (Hg.), *Kontamination*, Eggingen 2001, 63–79, 66.

[8] Siehe bezogen auf die Arbeitsweisen in den heutigen Sozialwissenschaften Kornelia Engert, Björn Krey, Das lesende Schreiben und das schreibende Lesen. Zur epistemischen Arbeit an und mit wissenschaftlichen Texten, in: *Zeitschrift für Soziologie* 42 (2013), 366–384, 370.

[9] Vgl. Rüdiger Campe, Die Schreibszene. Schreiben, in: Hans Ulrich Gumbrecht, K. Ludwig Pfeiffer (Hg.), *Paradoxien, Dissonanzen, Zusammenbrüche. Situationen offener Epistemologie*, Frankfurt a. M. 1991, 759–772, 768.

[10] Darwin, *Mein Leben 1809–1882*, 149.

[11] Vgl. Heidrun Friese, Peter Wagner, *Der Raum des Gelehrten. Eine Topographie akademischer Praxis*, Berlin 1993, Kap. 3. Friese und Wagner beschreiben mit einem genauen Auge für die Ausstattung der Arbeitsplätze, wie an sozialwissenschaftlichen Forschungseinrichtungen, darunter ihrer eigenen, dem Wissenschaftszentrum Berlin, die Forschungstätigkeit in die „Büroordnung des ökonomischen Systems und seiner kontinuierlichen Produktivität" hineingezogen wird (ebd., 86).

[12] Vgl. Alexander Friedrich, Medienwahl und Medienwechsel. Zur Organisation von Operationsketten in Aufschreibesystemen, in: Friedolin Krentel, Katja Barthel, Sebastian Brand, Alexander Friedrich, Anna Rebecca Hoffmann, Laura Meneghello, Jennifer Ch. Müller, Christian Wilke, *Library Life. Werkstätten kulturwissenschaftlichen Forschens*, Lüneburg 2015, 135–193, 187. Friedrichs Überlegungen gründen auf Interviews mit Forscherinnen und Forschern aus den Sozial- und Geisteswissenschaften. Im folgenden Absatz beziehe ich mich teils auf seine Schilderungen, teils auf eigene Beobachtungen.

[13] Engert, Krey, Das lesende Schreiben und das schreibende Lesen, 370.

[14] Richard Horton, The Hidden Research Paper, in: *Journal of the American Medical Association* 287 (2002), 2775–2778, 2778.

[15] Vgl. ebd., 2778.

[16] Karin Knorr-Cetina, *Die Fabrikation von Erkenntnis. Zur Anthropologie der Naturwissenschaft* (1981), Frankfurt a. M. 1984, 240 f.

[17] Vgl. ebd., 176.

[18] Vgl. im Ganzen ebd., Kap. 5 und 6.

[19] Ebd., 220.

[20] Vgl. Henning Trüper, Das Klein-Klein der Arbeit. Die Notizführung des Historikers François Louis Ganshof, in: *Österreichische Zeitschrift für Geschichtswissenschaft* 18/2 (2007), 82–104, hier 91–99.

[21] Vgl. Henning Trüper, Unordnungssysteme. Zur Praxis der Notizführung bei Johan Huizinga, in: *Zeitenblicke* 10/1 (2011), Abschnitte 8–11 http://www.zeitenblicke.de/2011/1/Trueper/index_html (aufgerufen am 12. April 2018).

[22] Ebd., Abschnitt 12.

[23] Michel de Certeau, *Das Schreiben der Geschichte* (1975), übers. von Sylvia M. Schomburg-Scherff, Frankfurt a. M., New York 1991, 93.

[24] Knorr-Cetina, *Die Fabrikation von Erkenntnis*, 240.

[25] Friedrich Steinle, The Practice of Studying Practice. Analyzing Research Records of Ampère and Faraday, in: Frederic L. Holmes, Jürgen Renn, Hans-Jörg Rheinberger (Hg.), *Reworking the Bench. Research Notebooks in the History of Science*, Dordrecht 2003, 93–117, 108.

[26] Zitiert nach Frederic L. Holmes, Wissenschaftliches Schreiben und wissenschaftliches Entdecken (1987), in: Sandro Zanetti (Hg.), *Schreiben als Kulturtechnik. Grundlagentexte*, Berlin 2012, 412–440, 422.

[27] Vgl. ebd., 423.

[28] Bettina Heintz, *Die Innenwelt der Mathematik. Zur Kultur und Praxis einer beweisenden Disziplin*, Wien, New York 2000, 169.

[29] Kathy Barker, *At the Bench. A Laboratory Navigator*, Cold Spring Harbor 2005, 70.

[30] Sophie Ledebur, Schreiben und Beschreiben. Zur epistemischen Funktion von psychiatrischen Krankenakten, ihrer

Archivierung und deren Übersetzung in Fallgeschichten, in: *Berichte zur Wissenschaftsgeschichte* 34 (2011), 102–124, 114.

[31] Ebd.

[32] Holmes, Wissenschaftliches Schreiben und wissenschaftliches Entdecken, 428.

[33] Vgl. Knorr-Cetina, *Die Fabrikation von Erkenntnis*, 178 und 186f; sowie Law, The Heterogeneity of Texts, 73–76.

[34] Bruno Latour, Françoise Bastide, Writing Science – Fact and Fiction. The Analysis of the Process of Reality Construction Through the Application of Socio-Semiotic Methods to Scientific Texts, in: Michel Callon, John Law, Arie Rip (Hg.), *Mapping the Dynamics of Science and Technology. Sociology of Science in the Real World*, Houndmills/Basingstoke, London 1986, 51–66, 51.

[35] Law, The Heterogeneity of Texts, 77.

[36] Björn Krey, *Textuale Praktiken und Artefakte. Soziologie schreiben bei Garfinkel, Bourdieu und Luhmann*, Wiesbaden 2011, 69.

[37] Vgl. Latour, Bastide, Writing Science – Fact and Fiction, 52.

[38] Vgl. für das Folgende Knorr-Cetina, *Die Fabrikation von Erkenntnis*, 229–232.

[39] Ebd., 230.

[40] Ebd., 232.

[41] Ebd., 232.

[42] Vgl. Christina Brandt, Wissenschaftserzählungen. Narrative Strukturen im naturwissenschaftlichen Diskurs, in: Christian Klein, Matías Martínez (Hg.), *Wirklichkeitserzählungen. Felder, Formen und Funktionen nicht-literarischen Erzählens*, Stuttgart, Weimar 2009, 81–109, 104.

[43] Vgl. hier und im Folgenden Knorr-Cetina, *Die Fabrikation von Erkenntnis*, 239f.

[44] Vgl. Aysha Divan, *Communication Skills for the Biosciences. A Graduate Guide*, Oxford, New York 2009, 148.

[45] Vgl. Knorr-Cetina, *Die Fabrikation von Erkenntnis*, 191f.

[46] Vgl. ebd., 190.

[47] Für „immaterielle" Streichungen siehe Almuth Grésillon, *Literarische Handschriften. Einführung in die ‚critique génétique'*

(1994), übers. von Frauke Rother und Wolfgang Günther, Bern 1999, 92 f.

[48] Vgl. hierzu die Beiträge in Lucas Marco Gisi, Hubert Thüring, Irmgard M. Wirtz (Hg.), *Schreiben und Streichen. Zu einem Moment produktiver Negativität*, Göttingen 2011.

[49] Vgl. Latour, Bastide, Writing Science – Fact and Fiction, 59–62.

[50] Vgl. Knorr-Cetina, *Die Fabrikation von Erkenntnis*, 198 f.

[51] Engert, Krey, Das lesende Schreiben und das schreibende Lesen, 376.

[52] Vgl. ebd., 367–369.

[53] Peter Medawar, Is the Scientific Paper a Fraud? (1963), in: *The Strange Case of the Spotted Mice and Other Classic Essays on Science*, Oxford, New York 2006, 33–39, 33.

[54] Knorr-Cetina, *Die Fabrikation von Erkenntnis*, 234.

[55] Holmes, Wissenschaftliches Schreiben und wissenschaftliches Entdecken, 429.

[56] Bruno Latour, *Science in Action. How to Follow Scientists and Engineers through Society*, Cambridge/Mass 1987, 31.

[57] Law, The Heterogeneity of Texts, 67.

[58] Von einem gescheiterten Versuch der Rezeptionssteuerung berichtet Ariane Tanner, *Die Mathematisierung des Lebens. Alfred James Lotka und der energetische Holismus im 20. Jahrhundert*, Tübingen 2017, 181–191. Siehe außerdem mit Fokus auf den Internationalen Psychoanalytischen Verlag die instruktiven, auf andere Wissenschaftsfelder und -verlage teils übertragbaren Beobachtungen zu Markenbildung, Werbestrategien und typographischer Gestaltung bei Christof Windgätter, *Wissenschaft als Marke. Schaufenster, Buchgestaltung und die Psychoanalyse*, Berlin 2016.

[59] Latour, Bastide, Writing Science – Fact and Fiction, 64.

[60] Ebd., 62.

[61] Vgl. Greg Myers, *Writing Biology. Texts in the Social Construction of Scientific Knowledge*, Madison, London 1990, Kapitel 3.

[62] Ebd., 98.

[63] Vgl. Latour, Bastide, Writing Science – Fact and Fiction, 66, Endnote 2.

[64] Ebd.

[65] Latour, *Science in Action*, 37.

[66] Krey, *Textuale Praktiken und Artefakte*, 79.

[67] Michail M. Bachtin, Das Wort im Roman (1934/35), in: *Die Ästhetik des Wortes*, hgg. von Rainer Grübel, übers. von Rainer Grübel und Sabine Reese, Frankfurt a. M. 1979, 154–300, 227.

[68] Krey, *Textuale Praktiken und Artefakte*, 70.

[69] Latour, *Science in Action*, 40.

[70] Vgl. Law, The Heterogeneity of Texts, 70.

[71] Latour, *Science in Action*, 39 f.

[72] Ebd., 42.

[73] Nigel Gilbert, Michael Mulkay, Contexts of Scientific Discourse. Social Accounting in Experimental Papers, in: Karin D. Knorr, Roger Krohn, Richard Whitley (Hg.), *The Social Process of Scientific Investigation*, Dordrecht 1980, 269–294, 288.

[74] Latour, Bastide, Writing Science – Fact and Fiction, 65.

[75] Knorr-Cetina, *Die Fabrikation von Erkenntnis*, 242.

[76] Engert, Krey, Das lesende Schreiben und das schreibende Lesen, 381.

Die csv-Tabelle

Wir befinden uns in einem biologischen Forschungsinstitut. Der Laborraum ist sehr aufgeräumt, über die wenigen Apparate und Instrumente sind Schutzhüllen gezogen, Waschbecken und Vorratsschränke wirken unbenutzt. Kein Instrument ist zu hören, keine Hantierungen, die Arbeitsflächen sind verweist, nichts liegt herum, nur vor der Fensterseite stehen einige Computer. Der Projektleiter schaltet den Rechner ein und importiert einen Satz JPEG-Dateien in ein Auswertungsprogramm. Es handelt sich um Fotografien, aufgezeichnet von einem Unterwasserobservatorium einige 1000 Kilometer entfernt von der Laborbank, an der wir sitzen. Am Einsatzort vor Spitzbergen nimmt alle halbe Stunde eine Stereokamera ein Bildpaar des Ausschnitts vor dem Observatorium auf. Anschließend wird es per Datenfernübertragung direkt auf einen Server der Forschungseinrichtung weitergeleitet. Woche für Woche fallen mehrere 100 Bilder an, die in Verzeichnisse abgelegt auf ihre Auswertung warten.

Das erste Foto auf dem Monitor zeigt ein Stück Meeresboden mit ein paar Pflanzen, Steinen und Resten von Holzbohlen und Pfählen. Über eine Schaltfläche am rechten Rand des Programmfensters wird die Aufnahme zunächst aufgehellt und der Kontrast verstärkt. Anschließend werden die Wassertrübung und besondere Umstände bei der Aufnahme (zum Beispiel der Ausfall des Blitzgeräts) festgehalten. Danach beginnt die eigentliche Auswertung. Mit geübtem Blick identifiziert der Projektleiter alle auf dem Bild erkennbaren Makroorganismen. Geordnet nach Gruppen klickt er mit der Maus die entsprechend beschrifteten Schaltflächen auf dem Bildschirm an: Einmal „benthic decapod", zweimal „fish". Ein neues Programmfenster wird geöffnet. In der oberen Hälfte des Bildschirms erscheint ein Ausschnitt des Bildes, in dem einer der eben ausgezählten Fische zu sehen ist. Derselbe Ausschnitt aus dem zweiten zum Bildpaar gehörenden Foto nimmt den unteren Rand des Bildschirms ein. Durch den Körper des Fisches wird in beiden Bildern der Länge nach eine Linie gelegt, das Programm berechnet anschließend durch einen stereometrischen Vergleich die Größe des Objekts. Nun wäre der Fisch eigentlich noch nach seiner Art zu bestimmen, aber dies geschieht meistens erst, wenn ein Experte für die lokale Fauna zur Verfügung steht.

Der Vorgang, den ich eben beschrieben habe, liefert die Datenbasis für die Untersuchung eines ufernahen Ökosystems in der Arktischen See: Wann, wie viel, wovon, wie groß. Genauer gesagt entsteht die Datenbasis während der Auswertung der Fotos. Für den Forscher am Bildschirm unsichtbar dokumentiert das Programm alle Arbeitsschritte bei der Auswertung eines Bildes für jeden gefundenen Makroorganismus separat als Zeile in einer einfachen Tabelle, einer sogenannten *comma separated value*- oder kurz csv-Datei (Abb. 14). Von links nach rechts enthält die Zeile den Tag der Auswertung, das Kürzel des Auswerters, den Namen der Bilddatei, Datum und Uhrzeit der Aufnahme, die Wassertiefe, in der das Observatorium sich bei der Aufnahme befunden hat, Angaben zur Bildkorrektur, die Gesamtzahl der beobachteten Objekte für das jeweilige Foto, die grobe Klassifizierung des Objekts, auf das sich die Tabellenzeile bezieht (zum Beispiel „fish"), den Namen der Art und die Länge des Objekts in Zentimetern.

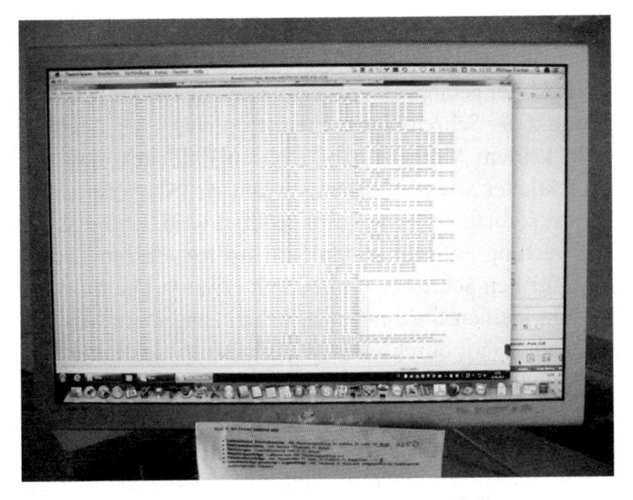

Abb. 14: Bildschirmansicht der csv-Tabelle.
Während der Auswertung der Fotos werden alle Arbeitsschritte und Ergebnisse automatisch in der Tabelle dokumentiert.

Ich brauche einen Moment, bis ich begreife, was hier geschehen ist. Während der Blick auf den Bildschirm gerichtet gewesen ist, hat die Hand mit der Maus *geschrieben*. Mit jedem Klicken auf eine der Schaltflächen schreibt der Projektleiter ein Wort oder eine Ziffer in die Tabelle. Der Einwand, daß hier eigentlich das Programm schreibt, zählt nicht. Wie sonst Stift, Schreibmaschine oder Tastatur bilden Maus, Schaltflächen und Auswertungsprogramm nur das Schreibmittel, mit dessen Hilfe alle Arbeitsschritte und Ergebnisse der Auswertung durch den Forscher fixiert werden. Die Schreibszene an der Laborbank ist allerdings deutlich anders konfiguriert, als wir es gewohnt sind. Zwar sehen wir die Geste, das Klicken, sehen das Instrument, die Maus, und wir sehen auch, wenn wir die Beschriftungen der Schaltflächen lesen, daß die Dinge, die am Rechner getan werden, versprachlicht werden; nur das Produkt der Schreibszene sehen wir nicht.

In keinem Moment habe ich den Eindruck, daß der Projektleiter schreibt. Erkennen läßt sich das erst, wenn die csv-Tabelle im Programm geöffnet wird. Im Zuge der Auswertung entsteht so ein Schriftstück, dessen Erstellung für den Schreiber unmerklich verläuft. Die Journale in dem kleinen Büro nebenan haben ausgedient. Als wir sie gemeinsam durchsehen, erzählt der Projektleiter, wie er vor bald 20 Jahren damit begonnen hat, Meßdaten direkt mit einem Rechner auszulesen. Am Anfang noch im schwankenden Boot auf dem See, dann per *remote control* am Schreibtisch im Institut. Gleichwohl bedeutet der technische Wandel keinen radikalen Bruch mit den früheren Vorgehensweisen. Es läßt sich problemlos zeigen, wie jeder Schritt am Bildschirm genausogut von Hand mit Stift und Papier durchgeführt werden kann. Und ebenso können wir uns vorstellen, wie Karl von Frisch und seine Assistentinnen, statt in der Hochsommerhitze die markierten Bienen an der Futterschale zu zählen, 70 Jahre später vor dem Bildschirm sitzend jeden durch eine Kamera übertragenen Anflug mit einem Klick in eine csv-Tabelle eintragen. Der einzige Unterschied zwischen den zwei Szenen besteht darin, daß der Schreibakt heute in einer *blackbox* abläuft. Während auf der Programmoberfläche ein Bild zu sehen ist, füllen sich im Hintergrund nach und nach die Felder der Tabelle.

Nach dem Papier

In fast allen meinen Beispielen schreiben Forscherinnen und Forscher mit der Hand. Bei der Lektüre dieses Buches könnte man deshalb meinen, wir befänden uns noch ganz in der Epoche von Stift und Papier. Bekanntlich liegen die Dinge anders. Schon in den 1990er Jahren bemerkte der Wissenschaftshistoriker Michel Serres:

> „Wer heute irgendein Labor oder wissenschaftliches Institut betritt, sieht überall dasselbe Bild: Menschen, die vor Computerbildschirmen sitzen und auf ihre Tastaturen hämmern. Der Tanz der Körper lässt keine Unterschiede mehr zwischen ihnen erkennen. Ob Gelehrter, eine im Verschwinden begriffene Spezies, ob Biologe oder Astrophysiker, ob Chemiker oder Topologe, sie alle mühen sich an derselben Maschine ab."[1]

Was folgt hieraus für die vielen Formen des Schriftgebrauchs in den Wissenschaften?

Medientheoretisch betrachtet bringt jedes Schreibwerkzeug seine eigenen Umstände und Möglichkeiten mit sich.[2] Für das Arbeiten mit dem Rechner bedeutet das zunächst, daß man für seinen Betrieb auf eine Stromquelle angewiesen ist. Es bedeutet auch, daß man das Gerät vor Feuchtigkeit schützen muß, daß man unterwegs ein gewisses Gewicht mit sich herumschleppt, daß man das Gerät stoßsicher zu verpacken hat, kurzum, einen Rechner zu benutzen, bringt einige Unbequemlichkeiten mit sich und ist nicht an jedem Ort unbegrenzt möglich. Dafür kann das Gerät ein ganzes Papierbüro ersetzen: Die Festplatte hält im Idealfall eine Bibliothek bereit, versammelt Daten und Notizen, der WLAN-Anschluss dehnt den Aktionsraum bei Netzverbindung weit über den Aufenthaltsort aus.

Geht man einen Schritt weiter zum Schreiben, dann gilt zunächst, daß Formulierungsprozesse am Monitor eine prinzipiell andere Dynamik entwickeln, weil im Gegensatz zum Papier Ersetzungen an derselben Stelle erscheinen, alles Verworfene und Getilgte damit restlos verschwindet (oder extra gesichert werden muß).[3] Ein weiterer Unterschied besteht darin, daß das fließende Zusammenspiel von Notizen und Skizzen, wie wir es bei Mach und Darwin gesehen haben, in gewöhnlichen Textverarbeitungen nicht reproduzierbar ist. Die beliebige Verteilung von Schriftzeichen und die spontane Kombination mit Zeichnungen widerspricht der von der Schreibmaschine übernommenen Zeilen- und Spaltenlogik solcher Programme. Die Liste an Eigenheiten ließe sich leicht verlängern, aber schon jetzt ist klar, daß sich Stift und Papier und Schreiben am Rechner nicht einfach gegeneinander ausspielen lassen. Manches kann man nur mit dem einen tun, manches nur mit dem anderen und insgesamt wird im Abgleich erst deutlich, wie sehr das verwendete Schreibmittel je besondere Vorgehensweisen anstößt.

Ebenfalls zu überlegen ist, ob die Logik schriftlicher Verfahrensweisen beim Transfer vom Papier in den Rechner verändert wird. Stellen wir uns zur Probe vor, Heidegger hätte sein Exemplar von Jüngers *Der Arbeiter* auf einem E-Reader mit Kommentarfunktion gelesen. Randnotizen werden in diesem Fall weiterhin als Randnotizen angezeigt, die Vielfalt der Hervorhebungen würde zwar ein wenig eingeschränkt, die Anmerkungen wären dafür leserlicher, wenn auch kaum übersichtlicher. Die imperative Geste, auf einer leeren Seite ein eigenes Inhaltsverzeichnis anzulegen, bliebe Heidegger hingegen verwehrt; das Programm läßt das nicht zu. Am Effekt dieser Art der

Lektüre ändert sich aber nichts: Der Text wird zerpflückt, nach eigenen Ermessen gegliedert und von Assoziationen überwuchert. Etwas grundsätzlich Neues geschieht hier nicht. Das Verfahren der Annotation bleibt in der digitalen Umgebung stabil, die Werkzeuge imitieren einfach die seit Jahrhunderten eingespielten Arbeitsschritte.

Etwas anders liegt der Fall der Tabelle. Zunächst scheint die Sache nur viel schneller und leichter von der Hand zu gehen. Statt mühsam Linien zu ziehen, hat man sofort ein Raster aus Spalten und Zeilen vor sich. Der Taschenrechner hat nun ebenfalls ausgedient, Summenfunktion und Formelgenerator erledigen das Ausrechnen. Was auch immer man einträgt, liegt schön kompakt bereit. In vielen Fällen mag das noch richtig sein, aber in einem entscheidenden Punkt tendiert die Tabelle im Rechner dazu, mit ihrer Logik aus Papierzeiten zu brechen. Kehren wir für einen Moment zurück zu dem Biologen, der seine Unterwasserfotos auswertet. Wir haben schon gesehen, daß die csv-Tabelle mit den Ergebnissen während ihrer Erstellung im Programmhintergrund verborgen bleibt. Aber das ist noch nicht alles, denn auch danach gerät die Tabelle nicht in Sicht. Für die weitere Auswertung wird sie vielmehr in ein Statistikprogramm importiert. Die Tabelle ist mit anderen Worten nicht dazu da, daß man sie anschaut. Der trainierte Blick kann sich im Labyrinth der Zeilen zwar orientieren, doch dies geschieht einzig, um den Arbeitsstand und eventuelle Fehler zu kontrollieren. Tabellen im Rechner kennen gleichsam kein Augenmaß: Dadurch daß sie ohne Mühe viele 1000 Zeilen umfassen können, sprengen sie den ursprünglich bei ihrer Anlage ausschlaggebenden Verbund von Anordnen und Überblicken. Die Tabelle bleibt ein Schreibverfahren der Verdichtung, aber

Abb. 15: Arbeitsplatz im Laborraum. Links: Arbeitsbank mit Gerätschaften, Verbrauchsmaterialien und Papierkram, daneben die *write-up area*, rechts gegenüber: eine geschlossene Arbeitsfläche mit Abzug.

ihr Gebrauch ist nicht mehr länger auf die Zusammenschau durch den Forscher kalkuliert.

Bleibt die Frage, ob das Schreiben am Computer eventuell Stift und Papier verdrängt. Statt eine pauschale Antwort zu geben, sei von einigen Beobachtungen aus dem Frühjahr 2015 berichtet. Ich betrete den Laborraum einer Forschungsgruppe, die sich mit den genetischen Grundlagen von Sozialverhalten beschäftigt (Abb. 15). Die Einrichtung ist die übliche: Arbeitsbänke mit Schubladen, an einer Stelle ist ein Kühlschrank eingebaut, in Griffhöhe Halterungen für Instrumente und eine Steckdosenleiste, darüber Ablagen für Laborsubstanzen und anderes Verbrauchsmaterial. Am Ende der Arbeitsbank befindet sich eine Schreibfläche mit Bildschirm und Tastatur, dahinter ein Regal vollgestopft mit Unterlagen, an der anschließenden Wand sind Poster und Fotos befestigt. Bis auf die Vorbereitung von Proben finden an diesem Ort keine ‚nassen' Dinge mehr statt: Die Fische, mit denen die Gruppe arbeitet, sind im Keller untergebracht. Ich werfe einen Blick in den Raum nebenan. Hier geht es noch reduzierter zu: Kaum zehn Quadratmeter ohne Tageslicht, vier Arbeitsplätze, durch Trennwände unterteilt, Bildschirm, Tastatur, Maus, darüber Regalbretter, das ist alles.

Das Bild, das Serres so schön beschreibt, hier ist es zu besichtigen: *Grad students* und Postdocs sitzen einträchtig vor dem Computer. Manche arbeiten klassisch verhaltensbiologisch, andere sind ausschließlich *in silico* unterwegs, alle hängen an der Maschine. Etwas fehlt aber in Serres' Beschreibung. Gehen wir den Weg rückwärts: Den prominentesten Platz in dem kleinen Raum mit den Arbeitskojen nimmt ein Whiteboard an der Stirnwand ein. Die Forscherin, die ich für ein Interview treffe, erklärt mir ihr Projekt. Wir schauen gemeinsam auf den Bildschirm. Sie öffnet ein Fenster nach dem anderen, aber sobald ich nachfrage, füllt sie die Tafel mit Skizzen und kurzen Anmerkungen. Sie spricht wortwörtlich durch den Marker in der Hand. Nebenan im Labor treffe ich am nächsten Abend zufällig eine Doktorandin. Am Vormittag haben wir uns über ihre Forschung zur Neurophysiologie von Lernprozessen unterhalten. In ihrem Projekt dreht sich alles um Datenanalysen mit dem Rechner, jetzt holt sie einen Schwung Spiralhefte aus einem Regal. Es handelt sich um die Arbeitsjournale früherer Mitarbeiter, sie gehören dem Labor. Ihr eigenes Journal sieht genauso aus. Von Hand geschrieben enthält es alle Informationen zu den durchgeführten Experimenten: Tabellen mit den für die Aufbereitung der Gewebeproben verwendeten Substanzen, welche Standardprozedur, welche Arbeitsgänge, welche Abweichungen, jeder Schritt ist abgehakt. Ab und zu sind Mikrofotografien eingeklebt; erste Ergebnisse.

Bildschirm und Tastatur dominieren heute unseren Eindruck von Forschungseinrichtungen, aber entstanden sind nicht papierfreie Zonen, sondern neue arbeitsteilige Verhältnisse. Dabei spielt die Flexibilität der alten Schreibmittel eine Rolle. Im Gebäude nebenan befindet sich die *sequencing facility*. Vollgestopft mit teurem Gerät wird dort weiterhin jeder Auftrag auf Papier abgewickelt, einfach weil es sich inmitten der Arbeit leichter mit dem Stift schreibt. Ebenfalls wichtig sind die Traditionen. Der Laborleiter legt Wert auf das von Hand geführte Journal. Für ihn lernt man erst auf diese Weise, sauber zu arbeiten. Ein solches Journal bildet die Eintrittskarte in die Welt der Forschung. Hinzu kommt ein bißchen Mißtrauen gegen die Technik: Dateien kann man überschreiben, eine Kladde nur sehr begrenzt. Und schließlich stimuliert die Situation am Rechner auch das Schreiben von Hand: Man kann sich das Whiteboard in dem kleinen Arbeitsraum wie ein weiteres Bildschirmfenster denken, das immer dann geöffnet wird, wenn es an Überblick mangelt. Ohne das Whiteboard läßt sich, zugespitzt gesagt, der *screen* nicht beherrschen, Schreibfläche und Marker gehören zum Programm dazu. Als *add-in* sind sie zur Hand, wenn die Forscherin sich selbst und anderen erläutern will, was sie am Rechner treibt.

Mit dem Computer sind die alten Schreibmittel nicht ausrangiert und auch nicht an den Rand gerückt worden. Das Gegenteil ist der Fall. Eingebettet in die neue Umgebung hat eine funktionelle Ausdifferenzierung stattgefunden, die mit einer merklichen Aufwertung der Handschrift einher geht. Auch wenn sie fortwährend auf den Bildschirm schauen, nehmen Forscher bei allem, was keinen Zweifel duldet oder nach Klärung verlangt, gerne vom Rechner Abstand. Unter *digital natives* wird dies vielleicht aufhören, aber sogar dann wird weiter geschrieben; selbst wenn man es manchmal wie im Fall der csv-Tabelle nicht merkt. Schreibverfahren wiederum können in Programme eingelagert ihre Logik verändern, sie können wie gewohnt funktionieren und ebensogut ist es möglich, daß sie sich nicht übertragen lassen. Das neue Setting bringt seine eigenen Vorgehenweisen mit sich, Schreibszenen werden entstehen, deren Imperative erst noch zu formulieren sind. Die Schriftverbundenheit des Forschens scheint aber fortzudauern; mit und ohne Papier, Stift, Tastatur oder Maus zur Hand, am, mit und neben dem Rechner.

[1] Michel Serres, Vorwort, in: Michel Serres, Nayla Farouki (Hg.), *Thesaurus der exakten Wissenschaften* (1997), übers. von Michael Bischoff und Ulrike Bischoff, Frankfurt a.M. 2001, IX–XXXIX, XI.

[2] Dies war die Voraussetzung des wegweisenden Basler Schreibszenen-Projekts, das sich nach den Schreibwerkzeugen Hand, Schreibmaschine und Computer gliederte. Siehe Martin Stingelin (Hg.), *„Mir ekelt vor diesem tintenklecksenden Säkulum". Schreibszenen im Zeitalter der Manuskripte*, München 2004; Davide Giuriato, Martin Stingelin, Sandro Zanetti (Hg.), *„Schreibkugel ist ein Ding gleich mir: Von Eisen". Schreibszenen im Zeitalter der Typoskripte*, München 2005; und Davide Giuriato, Martin Stingelin, Sandro Zanetti (Hg.), *„System ohne General". Schreibszenen im digitalen Zeitalter,* München 2006.

[3] Vgl. Till A. Heilmann, *Textverarbeitung. Eine Mediengeschichte des Computers als Schreibmaschine*, Bielefeld 2012, 161 f.

Abbildungsnachweis

Abb. 1: Martin Heidegger, *Gesamtausgabe, 4. Abteilung: Hinweise und Aufzeichnungen, Bd. 90: Zu Ernst Jünger*, hgg. von Peter Trawny, Frankfurt a. M. 2004, zwischen 344 und 345. Mit freundlicher Genehmigung des Verlags Vittorio Klostermann.

Abb. 2: Sektionsprotokoll 151/1913. Prosektur des Westend-Krankenhauses, Charlottenburg. Mit freundlicher Genehmigung durch das *Berliner Medizinhistorische Museum der Charité.*

Abb. 3: Nachlaß Karl von Frisch, Ana 540, A III, 1944 III, Bl. 12Rs–Bl. 13Vs. *Bayerische Staatsbibliothek*, München, Handschriftensammlung. Mit freundlicher Genehmigung durch die Erben Karl von Frischs. Reproduktion Bayerische Staatsbibliothek.

Abb. 4: Sektionsprotokoll 772/1957. Humboldt-Universität, Charité (Universitätskliniken), Pathologisches Institut. Mit freundlicher Genehmigung durch das *Berliner Medizinhistorische Museum der Charité.*

Abb. 5: Sergej Tschachotin, Rationelle Technik der geistigen Arbeit des Forschers, in: *Handbuch der biologischen Arbeitsmethoden. Abt. V: Methoden zum Studium der Funktion der einzelnen Organe des tierischen Organismus. Teil 2: Methoden der allgemeinen vergleichenden Physiologie*, 2. Hälfte, Berlin 1932, 1651–1702, 1670.

Abb. 6: Nachlaß Karl von Frisch, Ana 540, A III, 1944 V, lose eingelegte Blätter, Bl. 3. *Bayerische Staatsbibliothek*, München, Handschriftensammlung. Mit freundlicher Genehmigung durch die Erben Karl von Frischs. Reproduktion Bayerische Staatsbibliothek.

Abb. 7: Nachlaß Ernst Mach, NL 174/0542, Bl. 31Vs, meine Zählung. *Archiv des Deutschen Museums*, München. Reproduktion Archiv des Deutschen Museums.

Abb. 8: Nachlaß Karl von Frisch, Ana 540, A.IV, 2. *Bayerische Staatsbibliothek*, München, Handschriftensammlung. Mit freundlicher Genehmigung durch die Erben Karl von Frischs. Reproduktion Bayerische Staatsbibliothek.

Abb. 9: Darwin Papers, Dar: Ms 121, Notebook B, Bl. 36. *Cambridge University Library*. Reproduktion Cambridge University Library.

Abb. 10: Nachlaß Ernst Mach, NL 174/0529, Bl. 5Vs, meine Zählung. *Archiv des Deutschen Museums*, München. Reproduktion Archiv des Deutschen Museums.

Abb. 11: GSA 71/211, Bl 41r. *Klassik Stiftung Weimar*, Goethe- und Schiller-Archiv.

Abb. 12: Nachlaß Ernst Mach, NL 174/0166 155. *Archiv des Deutschen Museums*, München. Reproduktion Archiv des Deutschen Museums.

Abb. 13: *Archiv des Deutschen Museums*, München, CD 72942. Reproduktion Philosophisches Archiv, Universität Konstanz.

Abb. 14: Hannes Rickli (Zürich).

Abb. 15: Verfasser.

Namens- und Sachregister